DES CANDIDATS AUX [illegible]

QUESTIONS

DE TRIGONOMÉTRIE

OUVRAGES DU MÊME AUTEUR

Théorèmes et problèmes sur les normales aux coniques.
Propriétés nouvelles des normales aux surfaces du second ordre. (Épuisé.)
Questions de Géométrie. — Méthodes et Solutions.

1252. — Abbeville. — Imp. Briez, C. Paillart et Retaux.

QUESTIONS

DE

TRIGONOMÉTRIE

MÉTHODES ET SOLUTIONS

AVEC PLUS DE 400 EXERCICES PROPOSÉS

A L'USAGE

DES CANDIDATS AUX ÉCOLES

ET DE MM.

LES OFFICIERS DE L'ARMÉE ET DE LA MARINE

PAR

A. DESBOVES

AGRÉGÉ ET DOCTEUR ÈS SCIENCES

Professeur au Lycée Condorcet

PARIS

CH. DELAGRAVE ET Cie, LIBRAIRES-ÉDITEURS

58, RUE DES ÉCOLES, 58

1872

PRÉFACE

La Trigonométrie, par l'élégance et la facilité de ses méthodes, est, peut-être, la partie des Mathématiques qui a le plus d'attrait pour les commençants. En Allemagne et en Angleterre, c'est la science préférée dans l'enseignement secondaire. Les Anglais surtout y excellent : rien de plus ingénieux que les énoncés des questions de trigonométrie que les Universités de Cambridge et Dublin proposent aux examens de fin d'année (*).

On trouvera dans cet ouvrage les plus belles questions qui ont pu être extraites des auteurs étrangers, et aussi une grande variété d'autres, comme on pourra s'en assurer par un coup d'œil jeté sur la table des matières.

Outre cet avantage qu'elle présente d'exercer les élèves à l'élégance et à la symétrie des calculs, la Trigonométrie est aussi un instrument logique très-précieux. Les problèmes peuvent être discutés par ses méthodes, dans les plus minutieux détails, comme on le verra par de nombreux exemples. C'est en me plaçant surtout à ce point de vue, c'est-à-dire, en considérant la Trigonométrie comme très-propre à exercer aux raisonnements rigoureux et suivis, que j'ai eu la pensée d'offrir ce livre à la jeunesse si intelligente de nos armées, comme une préparation aux études vraiment sérieuses. D'ailleurs, nos jeunes officiers trouveront, peut-être, dans les exercices proposés, quelques problèmes dont la recherche leur fera oublier les ennuis des garnisons et des longs calmes en mer.

5 février 1872.

A. Desboves.

(*) Voyez, page 266.

ERRATA.

Page 40, ligne 8, au lieu de : a cotg x, lisez : a tg x.
Page 66, ligne 12, au lieu de : les trois angles, lisez : $2p$ et les trois angles.
Page 85, ligne 2,* au lieu de : Σs_p la somme des arcs, lisez : $\Sigma \cos s_p$ la somme des cosinus des arcs.
Page 158, ligne 5,** au lieu de : l'inégalité (14), lisez : l'inégalité (11).
Page 160, ligne 16, au lieu de : formule (4), lisez : formule (2).
Page 187, ligne 5, au lieu de : MCA, lisez : CMA.
Page 192, ligne 10, au lieu de : AB, lisez : AD.
Page 205, ligne 6, au lieu de : x, lisez : n.
Page 235, ligne 2, au lieu de : MB, lisez : MC.
Page 241, ligne 10, au lieu de : $2\lambda-\beta$, lisez : $2\lambda-2\beta$.
Page 244, ligne 13, au lieu de : $i+k$, lisez : $l+k$.
Page 304, ligne 6, au lieu de : $\frac{1}{2}$, lisez : $-\frac{1}{2}$.
Page 319, ligne 10, au lieu de : $p+p'=0$, lisez : $p+p'=1$.

* De bas en haut.
** *Id.*

TABLE ANALYTIQUE DES MATIÈRES

PREMIÈRE PARTIE

RÉSUMÉ DES PRINCIPALES THÉORIES

PRÉLIMINAIRES.

Pages.

CHAPITRE PREMIER.

CHAPITRE II.

CHAPITRE III.

CHAPITRE IV.

CHAPITRE V.

CHAPITRE VI.

CHAPITRE VII.

CHAPITRE VIII.

CHAPITRE IX.

DEUXIÈME PARTIE

QUESTIONS RÉSOLUES ET EXERCICES PROPOSÉS

CHAPITRE PREMIER.

CHAPITRE II.

RÉSOLUTION D'ÉQUATIONS TRIGONOMÉTRIQUES. — ÉQUATIONS DÉDUITES D'ÉQUATIONS DONNÉES. — ÉLIMINATION D'ANGLES ENTRE PLUSIEURS ÉQUATIONS.

CHAPITRE III.

SOMMATION DE QUELQUES SÉRIES TRIGONOMÉTRIQUES. — QUESTIONS QUI S'Y RATTACHENT.

CHAPITRE IV.

FORMULES QUI PEUVENT ÊTRE UTILES DANS LA RÉSOLUTION DES TRIANGLES.

CHAPITRE V.

RÉSOLUTION ET DISCUSSION COMPLÈTE DES TRIANGLES DANS DES CAS AUTRES QUE LES CAS ÉLÉMENTAIRES.

CHAPITRE VI.

QUESTIONS QUI DÉPENDENT DE LA RÉSOLUTION DES TRIANGLES.

CHAPITRE VIII.

DES MAXIMA ET MINIMA EN TRIGONOMÉTRIE. — VALEURS, LIMITES ET VARIATIONS DE CERTAINES FONCTIONS TRIGONOMÉTRIQUES.

CHAPITRE VIII.

APPLICATIONS PRATIQUES DE LA TRIGONOMÉTRIE.

Pages.

CHAPITRE IX.

QUESTIONS CHOISIES.

FIN DE LA TABLE.

1252. — Abbeville. — Imp. Briez, C. Paillart et Retaux.

QUESTIONS
DE TRIGONOMÉTRIE

PREMIÈRE PARTIE

RÉSUMÉ DES PRINCIPALES THÉORIES

PRÉLIMINAIRES

1. La *Trigonométrie* a pour but de calculer les éléments inconnus d'un triangle, quand le nombre des éléments donnés est suffisant. Plus généralement, on peut dire que toute question, traitée par le calcul et où les angles figurent parmi les données et les résultats, est du ressort de la Trigonométrie.

On a appris en Géométrie à mesurer les côtés et les angles des figures, et dès lors on voit que si l'on pouvait trouver des relations entre les angles et les côtés exprimés en nombre, les problèmes de trigonométrie deviendraient immédiatement des problèmes de pure Algèbre. Mais ces relations n'existent pas, du moins sous forme d'équations à nombre de termes limité : on a alors remplacé dans le calcul les arcs servant de mesure aux angles par certains rapports qui sont déterminés en même temps que les angles et qu'on appelle *rapports ou lignes trigonométriques*.

Pour donner une première idée des lignes trigonométriques, prenons un angle aigu O (fig. 1), et d'un point quelconque A d'un de ses côtés, abaissons une perpendiculaire AB sur l'autre. Il est clair que, lorsque l'angle O est connu, les trois rapports $\frac{AB}{OA}$, $\frac{OB}{OA}$, $\frac{AB}{OB}$ sont déterminés quel que soit le point A : on a donné à ces trois rapports les noms de *sinus, cosinus*, *tangente*. On introduit aussi dans le calcul les rapports inverses sous les noms de *cosécante*, *sécante* et *cotangente*. On peut, d'ailleurs, se borner aux angles aigus en supposant que les triangles soient toujours décomposés en triangles rectangles, ou encore admettre provisoirement que les lignes trigonométriques d'un angle obtus sont les mêmes que celles de l'angle aigu supplémentaire.

Mais pour que les questions de trigonométrie soient traitées avec toute la généralité qu'elles comportent, il est indispensable d'envisager les arcs et les lignes trigonométriques sous un point de vue plus étendu que celui où l'on s'est d'abord placé ; c'est ce que nous allons faire dans les chapitres suivants.

CHAPITRE PREMIER.

DE L'ARC. — SES VARIATIONS EN GRANDEUR ET EN SIGNE. — RELATIONS ENTRE CERTAINS ARCS.

2. Cercle trigonométrique et arc. — On compte les arcs servant de mesure aux angles sur un cercle quelconque dont on prend le rayon pour unité ; c'est ce cercle qu'on appelle *cercle trigonométrique*. Ayant pris pour origine des arcs un point arbitraire A de sa circonférence (fig. 2), on mène un diamètre AA' qu'on appelle diamètre origine et un diamètre perpendiculaire BB' ; la circonférence se trouve ainsi divisée en quatre parties égales AB, BA', A'B' et B'A qu'on appelle, respectivement, le premier, le second, le troisième ou le quatrième quadrant. Les arcs étant, d'ailleurs, mesurés en prenant pour unité le rayon du cercle trigonométrique, la circonférence, sa moitié et son quart sont représentés par 2π, π et $\frac{\pi}{2}$.

3. Variations de l'arc. — Supposons qu'un mobile M parte de l'origine A et se meuve dans le sens ABA'. Lorsqu'il marchera de A en B, l'arc croîtra de 0 à $\frac{\pi}{2}$, et lorsqu'il marchera de B en B' l'arc croîtra de 0 à π : les angles aux centres correspondants seront aigus dans le premier intervalle et obtus dans le second. Mais, bien qu'on ait obtenu tous les arcs servant de mesure aux angles des triangles, pour que les formules qui seront ultérieurement démontrées soient générales, on continue le mouvement du mobile, en lui faisant dépasser, non-seulement le point B', mais aussi le point B lui-même, et on le fait tourner indéfiniment sur la circonférence, c'est-à-dire que l'on donne à l'arc toutes les valeurs comprises entre 0 et $+\infty$.

Mais cela ne suffit pas encore ; dans ce même but de généralisation dont nous venons de parler, on considère l'arc comme pouvant prendre toutes les valeurs négatives possibles. A cet effet, on regarde, comme négatifs, les arcs comptés à partir de l'origine A dans le sens AB'A'. On obtiendra évidemment tous ces arcs en faisant tourner indéfiniment le mobile M autour de la circonférence dans le sens indiqué.

En résumé, *l'arc est considéré comme une variable qui prend toutes les valeurs comprises entre* $-\infty$ *et* $+\infty$.

4. Arcs complémentaires et supplémentaires. — Deux arcs sont dits complémentaires ou supplémentaires suivant que leur somme est égale à $\frac{\pi}{2}$ ou à π. Il résulte de cette définition, qu'un arc supérieur à $\frac{\pi}{2}$ a un complément négatif et qu'un arc supérieur à π a un supplément négatif.

Construisons *le rectangle trigonométrique* MM'M''M''' (fig. 2) dont les côtés sont parallèles aux diamètres AA' et BB' : on voit que les compléments des arcs AM, AM', AM'', AM''' sont, respectivement, BM, — BM', — BM'', — BM''' et que les suppléments des mêmes arcs sont, A'M, A'M', — A'M'', — A'M''' ou AM', AM, — AM, — AM'. Il est utile de remarquer que les arcs complémentaires peuvent être considérés comme des arcs ayant leur origine en B, mais qui sont positifs dans le sens BAB' et négatifs dans le sens contraire. Deux arcs complémentaires ont alors toujours une extrémité commune.

5. Arcs associés deux à deux. — Outre les arcs complémentaires et supplémentaires on peut encore prendre, deux à deux, d'autres arcs, et trouver ainsi des relations très-utiles pour la suite.

1° *Les deux arcs ont même extrémité.* — Si un arc est terminé en un point quelconque M du cercle, on aura évidemment tous les arcs plus grands ou plus petits de même extrémité, en lui ajoutant ou lui retranchant des circonférences en nombre quelconque ; on voit donc que si x et α désignent deux arcs quelconques terminés en un même point du cercle, et n un nombre entier positif, négatif ou nul, on a

$$x - \alpha = 2n\pi$$

ou

$$(1) \qquad x = 2n\pi + \alpha.$$

La formule (1) est la formule des arcs ayant même extrémité : x et α y désignent deux arcs quelconques ayant même extrémité, mais on y considère α comme un arc déterminé, quelconque, du reste, tandis que x est une variable qui peut prendre les valeurs de tous les arcs ayant même extrémité, y compris l'arc α lui-même.

2° *Les deux arcs ont leurs extrémités symétriques par rapport au diamètre origine* AA'. — Le rectangle trigonométrique MM'M''M''' étant supposé construit, considérons deux arcs terminés en M et M''' ou bien en M' et M''. Si nous prenons, par exemple, deux arcs terminés en M et en M''', et, d'abord, les deux plus petits en valeur absolue AM et — AM'', la somme des arcs est nulle. Mais pour obtenir deux quelconques des arcs terminés en M et en M''', il faut, d'après la formule (1), augmenter les arcs AM et — AM''', chacun, d'un nombre entier, positif ou négatif, de circonférences : la somme des arcs, primitivement nulle, est donc maintenant un nombre entier de circonférences et, en désignant toujours par n un nombre entier positif, négatif ou nul, on a

$$x + \alpha = 2n\pi$$

ou

$$(2) \qquad x = 2n\pi - \alpha.$$

La formule (2) donne tous les arcs symétriques d'un arc donné α par rapport au diamètre origine.

3° *Les deux arcs ont leurs extrémités symétriques par rapport au diamètre* BB'. — Les deux arcs sont terminés en M et M' ou bien en M'' et M'''. Si l'on prend d'abord les deux plus petits arcs en valeur absolue, la somme est égale à π, dans le premier cas, et à $-\pi$, dans le second. En passant ensuite à deux arcs quelconques, on voit comme précédemment que la somme augmente d'un nombre exact de circonférences positif ou négatif. Elle est donc devenue un nombre impair de demi-circonférences, et, par suite, on a

$$x + \alpha = (2n + 1)\pi$$

ou

$$(3) \qquad x = (2n + 1)\pi - \alpha.$$

4° *Les deux arcs ont leurs extrémités symétriques par rapport au centre.* — On voit d'abord que les deux plus petits arcs positifs terminés en M et M″ ou en M′ et M‴ ont une différence égale à π, il en résulte alors, en raisonnant comme dans les cas précédents, que la différence de deux arcs quelconques terminés en deux points diamétralement opposés est égale à un nombre impair de fois π, on a donc

$$x - \alpha = (2n + 1)\pi$$

ou

$$(4) \qquad x = (2n + 1)\pi + \alpha.$$

Réciproques. — Suivant que deux arcs satisfont à l'une ou l'autre des quatre formules précédentes, c'est-à-dire, suivant que leur différence ou leur somme est un nombre pair ou impair de demi-circonférences, les arcs ont même extrémité ou leurs extrémités symétriques par rapport au centre, au diamètre origine ou au diamètre perpendiculaire : c'est une conséquence évidente de ce que dans les formules n prend toutes les valeurs entières possibles.

CHAPITRE II

DES LIGNES TRIGONOMÉTRIQUES. — LEURS VARIATIONS EN GRANDEUR ET EN SIGNE. — FORMULES QUI DONNENT TOUS LES ARCS CORRESPONDANT A UNE LIGNE TRIGONOMÉTRIQUE DONNÉE.

6. La connaissance des arcs entraîne celle de certaines lignes tracées dans le cercle trigonométrique et qui sont mesurées comme les arcs en prenant pour unité le rayon de ce cercle. Ces lignes s'appellent *lignes trigonométriques ;* par la même raison que pour les arcs, on leur donne des signes. Elles sont toujours comptées, comme on va le voir, ou bien, à partir du centre, sur les deux diamètres AA′ et BB′ prolongés, s'il est nécessaire, ou encore, à partir des origines A et B sur les tangentes indéfinies CC′, DD′ menées en A et B au cercle trigonométrique.

On peut comprendre toutes les règles des signes relatives aux lignes trigonométriques dans l'énoncé général suivant : *Une ligne trigonométrique est positive, lorsqu'elle est comptée, à partir du centre, sur les directions* OA, OB, *ou, à partir des points* A *et* B, *sur les directions* AC *et* BD ; *elle est négative, au contraire, quand elle est comptée sur les directions opposées* OA′, OB′, AC′, *et* BD′.

DU SINUS. — SES VARIATIONS.

7. *On appelle* sinus *d'un arc le nombre positif ou négatif qui mesure la distance du centre au pied de la perpendiculaire abaissée de l'extrémité de l arc sur le diamètre* BB′. Il résulte immédiatement de cette définition que les arcs terminés en M et M′ (fig. 2), c'est-à-dire, dans le premier et le second quadrant ont un sinus positif OQ, tandis que deux arcs du troisième et du quatrième quadrant tels que AM″ et AM‴ ont un sinus négatif — OQ′.

Faisons maintenant croître l'arc, successivement, de 0 à $\frac{\pi}{2}$, de $\frac{\pi}{2}$ à π, de π à $\frac{3}{2}\pi$, et de $\frac{3}{2}\pi$ à 2π. Dans le premier intervalle, le sinus croît de 0 à 1 ; dans le second, il décroît de 1 à 0 ; dans le troisième, il continue de décroître depuis 0 jusqu'à — 1 ; et, dans le quatrième, il augmente depuis — 1 jusqu'à zéro. Si on fait ensuite croître l'arc indéfiniment au delà d'une circonférence, ou si on lui donne des valeurs négatives quelconques, l'extrémité de l'arc revient aux mêmes positions et le sinus reprend les valeurs par lesquelles il a déjà passé.

On exprime ce fait en disant que *le sinus est une fonction périodique de l'arc dont l'amplitude est* 2π.

REMARQUE I. — De $-\frac{\pi}{2}$ à $\frac{\pi}{2}$ le sinus croît en même temps que l'arc, et de $\frac{\pi}{2}$ à $\frac{3\pi}{2}$ il décroît en même temps que l'arc augmente. Il passe d'ailleurs par un maximum et un minimum aux points B et B′ où il prend les valeurs 1 et — 1.

REMARQUE II. — La perpendiculaire MP abaissée de l'extrémité M de l'arc sur le diamètre origine représente toujours la valeur absolue du sinus de l'arc, lorsqu'on la mesure en prenant le rayon pour unité. Si nous considérons spécialement le cas de l'arc AM plus petit que $\frac{\pi}{2}$, on pourra dire que le sinus de cet arc, ou de l'angle au centre correspondant MOP est le rapport de MP au rayon OM : on rentre alors dans la première définition que nous avons donnée du sinus (1).

DE LA TANGENTE. — SES VARIATIONS.

8. *On appelle* tangente *d'un arc le nombre positif ou négatif qui mesure la partie de la tangente indéfinie, menée par l'origine, et comprise entre ce point et le diamètre prolongé qui passe par l'extrémité de l'arc.* On voit alors que deux arcs du premier et du troisième quadrant tels que AM et AM″ ont une tangente positive AC, tandis que deux arcs du second et du quatrième quadrant AM′ et AM‴, par exemple, ont une tangente négative AC′.

Faisons maintenant croître l'arc en considérant les mêmes intervalles que pour le sinus. De 0 à $\frac{\pi}{2}$ la tangente croît de zéro à $+\infty$, et lorsque l'arc dépasse $\frac{\pi}{2}$ la tangente conserve une valeur absolue très-grande mais devient subitement négative : on exprime ce fait en disant que, lorsque l'arc en croissant atteint et dépasse $\frac{\pi}{2}$, *l'arc passe brusquement* de $+\infty$ à $-\infty$.

L'arc croissant de $\frac{\pi}{2}$ à π, la tangente augmente depuis $-\infty$ jusqu'à 0, et, si l'arc augmente de π à $\frac{3\pi}{2}$, la tangente continue de croître jusqu'à $+\infty$; lorsque l'arc atteint et dépasse $\frac{3\pi}{2}$, il y a passage brusque pour la tangente de $+\infty$ à $-\infty$, et l'arc continuant de croître jusqu'à 2π, la tangente augmente depuis $-\infty$ jusqu'à 0.

Si enfin on donne à l'arc des valeurs positives indéfiniment croissantes ou des valeurs négatives quelconques, la tangente comme le sinus reprend les mêmes valeurs. Mais, pour qu'il en soit ainsi, il n'est pas nécessaire, comme pour le sinus, que l'arc augmente ou diminue d'au moins une circonférence, une demi-circonférence suffit ; c'est ce qui résulte évidemment de la fig. (1), où les arcs AM et AM″ dont la différence est π ont la même tangente AC : on dira donc que *la tangente est une fonction périodique de l'arc dont l'amplitude est π.*

Remarque I. — Lorsque l'arc croît de $\frac{-\pi}{2}$ à $\frac{\pi}{2}$ la tangente croît de $-\infty$ à $+\infty$, et lorsque l'arc croît de $\frac{\pi}{2}$ à $\frac{3\pi}{2}$ la tangente croît encore de $-\infty$ à $+\infty$.

Remarque II. — Lorsque l'arc est plus petit que $\frac{\pi}{2}$ la définition nouvelle de la tangente s'accorde avec celle qui a été donnée d'abord (1) : on le voit comme pour le sinus.

DE LA SÉCANTE. — SES VARIATIONS.

9. *On appelle* sécante *d'un arc le nombre positif ou négatif qui mesure la distance du centre au point où le diamètre origine rencontre la tangente menée à l'extrémité de l'arc.* D'après cette définition, si l'on mène les quatre tangentes aux sommets du rectangle trigonométrique, on voit immédiatement que la sécante est positive dans le premier et le quatrième quadrant et négative dans le troisième et le quatrième ; en effet la sécante est toujours OE ou — OE′.

Si l'on fait encore croître l'arc dans les mêmes intervalles, la sécante croît, d'abord, depuis 1 jusqu'à $+\infty$, passe subitement en dépassant $\frac{\pi}{2}$, de $+\infty$ à $-\infty$, croît depuis $-\infty$ jusqu'à -1, décroît depuis -1 jusqu'à $-\infty$, passe subitement, lorsque l'arc atteint et dépasse $\frac{3\pi}{2}$, de $-\infty$ à $+\infty$, puis décroît de $+\infty$ à 1. D'ailleurs, pour des valeurs supérieures à 2π ou négatives, la sécante reprend les mêmes valeurs; la sécante est donc comme le sinus *une fonction périodique de l'arc dont l'amplitude est 2π.*

Remarque I. — La sécante ne peut prendre que les valeurs comprises entre $-\infty$ et -1 ou entre 1 et $+\infty$, c'est-à-dire, les valeurs que ne prend pas le sinus.

Remarque II. — On voit sans difficulté que, pour un angle aigu, la définition nouvelle de la sécante s'accorde avec celle du n° 1.

LIGNES COMPLÉMENTAIRES.

10. On appelle *cosinus*, *cotangente*, *cosécante d'un arc*, le sinus, la tangente et la sécante du *complément* de l'arc, et les trois lignes sont désignées sous le nom commun de lignes *complémentaires.* Il est clair qu'il n'y a pas de nouvelle règle à énoncer pour fixer les signes des lignes complémentaires, car ces signes sont donnés par la définition elle-même. Ainsi les cosinus des quatre arcs ayant leurs extrémités aux sommets du rectangle trigonométrique sont les sinus des arcs AM, — AM′, — AM″, — AM‴, c'est-à-dire, + OP et — OP′. Le premier sinus est positif parce qu'il est compté sur le diamètre perpendiculaire au nouveau diamètre origine BB′ et sur la partie OA qui est dirigée du côté de la nouvelle demi-circonférence positive BAB′, le second est négatif parce qu'il est compté sur la direction opposée à OA.

On voit de même que les cotangentes des quatre mêmes arcs sont BD et — BD′ et leurs cosécantes OF et — OF′.

11. Il est bon de remarquer le théorème suivant qui résulte de ce qui vient d'être dit : *Le cosinus d'un arc est toujours représenté en grandeur et en signe par la distance du centre au pied de la perpendiculaire abaissée de l'extrémité de l'arc sur le diamètre* AA′.

12. Nous ne suivrons pas les lignes complémentaires dans leurs variations qui, à l'ordre près, sont les mêmes que celles des trois premières lignes. D'ailleurs, les deux tableaux suivants résumeront les principaux résultats que l'on obtient en étudiant les variations des quatre lignes trigonométriques.

1er TABLEAU.

	Sinus	Tangente	Sécante	Cosinus	Cotangente	Cosécante
1er quad.	+	+	+	+	+	+
2[e]	+	—	—	—	—	+
3[e]	—	+	—	—	+	—
4[e]	—	—	+	+	—	—

2e TABLEAU.

Arcs		Sinus	Tangente	Sécante	Cosinus	Cotangente	Cosécante
0		0	0	1	1	$+\infty$	$+\infty$
$\frac{\pi}{2}$	$\frac{\pi}{2}-\varepsilon$	1	$+\infty$	$+\infty$	0	0	1
	$\frac{\pi}{2}+\varepsilon$		$-\infty$	$-\infty$			
π	$\pi-\varepsilon$	0	0	-1	-1	$-\infty$	$+\infty$
	$\pi+\varepsilon$					$+\infty$	$-\infty$
$\frac{3\pi}{2}$	$\frac{3\pi}{2}-\varepsilon$	-1	$+\infty$	$-\infty$	0	0	-1
	$\frac{3\pi}{2}+\varepsilon$		$-\infty$	$+\infty$			

Le premier tableau donne les signes que prennent les lignes trigonométriques dans les quatre quadrants. Il fait voir qu'au point de vue des signes, les six lignes peuvent se grouper, deux à deux, le sinus avec la cosécante, la tangente avec la cotangente, la sécante avec le cosinus ; car les lignes trigonométriques de chaque groupe ont le même signe dans les quatre quadrants.

Dans le second tableau où ε désigne une quantité très-petite, ∞ une quantité très-grande, on peut suivre les variations des lignes trigonométriques, y compris les passages brusques de $+\infty$ à $-\infty$ et réciproquement.

Si l'on remarque qu'aux quatre sommets du rectangle trigonométrique les lignes trigonométriques sont les mêmes aux signes près, en se reportant aux formules démontrées au n° 5 et tenant compte des signes tels qu'ils sont inscrits dans le premier tableau, on arrive aux théorèmes suivants.

13. THÉORÈME I. — *Lorsque la différence de deux arcs est un nombre pair de demi-circonférences, les six lignes trigonométriques sont les mêmes en grandeur et en signe.*

14. THÉORÈME II. — *Lorsque la somme de deux arcs est un nombre pair de demi-circonférences, le cosinus et la sécante sont égaux et de même signe, et les autres lignes égales et de signe contraire.*

Le théorème est vrai, en particulier, pour deux arcs égaux et de signes contraires.

15. THÉORÈME III. — *Lorsque la somme de deux arcs est un nombre impair de demi-circonférences, le sinus et la cosécante sont égaux et de mêmes signes et les autres lignes égales et de signes contraires.*

Le théorème s'applique, en particulier, à deux arcs supplémentaires.

16. THÉORÈME IV. — *Lorsque la différence de deux arcs est un nombre impair de demi-circonférences, la tangente et la cotangente sont égales et de même signe et les autres lignes égales et de signes contraires.*

17. Ramener un arc au premier quadrant. — Les théorèmes précédents montrent qu'on peut toujours ramener un arc au premier quadrant, c'est-à-dire, trouver dans le premier quadrant un arc dont les lignes trigonométriques soient les mêmes, au signe près, que celles d'un arc quelconque.

On le voit encore à l'aide du rectangle trigonométrique. En effet, après qu'on aura retranché de l'arc le plus grand nombre de circonférences qu'il contient, trois cas pourront se présenter suivant que l'arc sera terminé en M‴, M″ ou M′. Si l'arc est terminé en M‴ dans le quatrième quadrant, on le retranchera de 2π, s'il est terminé en M″ dans le troisième quadrant on en retranchera π, et enfin, s'il est terminé en M′ dans le second quadrant, on le retranchera lui-même de π. Dans tous les cas, on retombe sur l'arc AM dont les lignes trigonométriques sont les mêmes, en valeur absolue, que celles de l'arc donné.

FORMULES DES ARCS QUI CORRESPONDENT A UNE LIGNE TRIGONOMÉTRIQUE DONNÉE.

18. Un arc connu n'a qu'une ligne trigonométrique d'espèce donnée, mais à une ligne trigonométrique déterminée correspondent évidemment des arcs en nombre infini : il s'agit de trouver les formules qui donnent tous ces arcs pour chaque ligne trigonométrique.

Supposons, d'abord, qu'on donne le *sinus* ou la *cosécante*.

Soit

$$\sin x = b$$

b étant un nombre, positif ou négatif, plus petit que 1 en valeur absolue, et x désignant un quelconque des arcs ayant pour sinus le nombre donné b.

On portera la longueur b sur le diamètre BB′ de O en Q ou de O en Q′, suivant qu'elle sera positive ou négative, et par les points Q et Q′ on mènera des parallèles MM′ et M″M‴ au diamètre AA′. Il est clair que, lorsque le sinus sera positif, tous les arcs ayant pour sinus le sinus donné auront leurs extrémités en M et M′, et qu'à la valeur négative du sinus correspondront tous les arcs terminés en M″ et M‴. Mais, dans un cas comme dans l'autre, les arcs ayant même sinus ont une extrémité commune ou ont leurs extrémités symétriques par rapport au diamètre BB′ : donc, si l'on désigne par α un arc quelconque dont le sinus est égal au sinus donné, en vertu des relations 1 et 3 établies au n° 5, les formules demandées seront

$$(1) \qquad x = 2n\pi + \alpha \qquad x = (2n+1)\pi - \alpha.$$

Si l'on donne la *cosécante*, on la porte sur le diamètre BB' de O en F, lorsqu'elle est positive, et de O en F' lorsqu'elle est négative, et des points F et F' on mène des tangentes au cercle trigonométrique. On obtient ainsi, dans le premier cas, les deux points M et M', et, dans le second, les deux points M'' et M''', c'est-à-dire deux points symétriques par rapport à BB'; les formules sont donc les mêmes que pour le sinus.

On démontrera d'une manière toute semblable que les arcs qui correspondent à un cosinus ou à une sécante donnés, ont même extrémité ou leurs extrémités symétriques par rapport au diamètre AA'. Par conséquent, tous les arcs qui correspondent à un cosinus ou à une sécante donnés sont compris dans la double formule

$$(2) \qquad x = 2n\pi \pm \alpha.$$

On voit enfin que tous les arcs qui ont même tangente ou même cotangente, ayant même extrémité ou leurs extrémités symétriques par rapport au centre, sont donnés par la formule

$$(3) \qquad x = n\pi + \alpha.$$

19. Les formules précédentes conduisent évidemment aux conséquences suivantes :

Pour que deux arcs aient même sinus ou même cosécante, il faut et il suffit que leur différence soit un nombre pair ou que leur somme soit un nombre impair de demi-circonférences.

Pour que deux arcs aient même cosinus ou même sécante, il faut et il suffit que leur somme ou leur différence soit un nombre pair de demi-circonférences.

Pour que deux arcs aient même tangente ou même cotangente, il faut et il suffit que leur différence soit un nombre entier de demi-circonférences.

Remarque. — Les théorèmes précédents sont aussi compris implicitement dans ceux qui ont été démontrés aux numéros (13, 14, 15 et 16); on aurait pu alors les admettre comme connus, et en les traduisant en formules on aurait trouvé celles du numéro précédent.

CHAPITRE III

RELATIONS FONDAMENTALES ENTRE LES LIGNES TRIGONOMÉTRIQUES D'UN MÊME ARC. — ÉQUATIONS QUI S'EN DÉDUISENT.

20. Les cinq relations fondamentales sont les suivantes :

$$\sin^2 a + \cos^2 a = 1 \tag{1}$$

$$\operatorname{tg} a = \frac{\sin a}{\cos a} \tag{2}$$

$$\operatorname{séc} a = \frac{1}{\cos a} \tag{3}$$

$$\operatorname{cotg} a = \frac{\cos a}{\sin a} \tag{4}$$

$$\operatorname{coséc} a = \frac{1}{\sin a}. \tag{5}$$

On établit facilement ces formules, à l'aide d'une figure, pour les arcs inférieurs à $\frac{\pi}{2}$; on les généralise ensuite, comme il suit.

D'abord, on les vérifie directement pour les arcs 0 et $\frac{\pi}{2}$, puis, en ramenant les arcs au premier quadrant (17), on voit qu'elles sont vraies pour tous les arcs, abstraction faite des signes des lignes trigonométriques : reste à tenir compte des signes.

Les formules (1), (3) et (5) sont évidemment vraies quels que soient les signes, la première, puisqu'il n'y entre que des carrés, et les deux autres, parce que dans les quatre quadrants le sinus et la cosécante ont toujours le même signe et qu'il en est de même du cosinus et de la sécante. Si l'on considère maintenant les formules (2) et (4), on observe que, dans le premier et le troisième quadrant, la tangente et la cotangente étant positives et le sinus et le cosinus de même signe, dans le second et le quatrième quadrant la tangente et la cotangente étant négatives et le sinus et le cosinus de signes contraires, les deux membres des équations (2) et (4) sont en même temps positifs ou négatifs.

21. Application. — On peut se servir des cinq formules pour calculer les lignes trigonométriques d'un des arcs ou des demi-arcs qui correspondent à un des polygones réguliers que l'on sait inscrire. On calcule d'abord le sinus de l'arc en s'appuyant sur ce théorème évident :

Le sinus d'un arc positif, compris entre 0 et $\frac{\pi}{2}$ est la moitié de la corde qui sous tend l'arc double.

Le côté du polygone régulier qui sous-tend l'arc double de l'arc donné étant exprimé en parties du rayon, comme on le sait faire par la géométrie, on calcule le sinus de l'arc donné, à l'aide du théorème précédent : le sinus étant connu, la formule (1) résolue par rapport à cos a détermine le cosinus, et les quatre dernières relations permettent alors de calculer les quatre autres lignes trigonométriques.

1er Exemple : **Calcul des lignes trigonométriques de $\frac{\pi}{4}$.**

Sin $\frac{\pi}{4}$ étant la moitié du côté du carré inscrit est égal à $\frac{\sqrt{2}}{2}$. On a ensuite

$$\cos\frac{\pi}{4} = \frac{\sqrt{2}}{2},$$

$$\operatorname{tg}\frac{\pi}{4} = \operatorname{cotg}\frac{\pi}{4} = 1, \qquad \operatorname{séc}\frac{\pi}{4} = \operatorname{coséc}\frac{\pi}{4} = \sqrt{2}.$$

2e EXEMPLE : **Calcul des lignes trigonométriques de $\frac{\pi}{6}$.**

La corde qui sous-tend l'arc $\frac{2\pi}{6}$ étant égale à 1, on a

$$\sin\frac{\pi}{6}=\frac{1}{2},\ \cos\frac{\pi}{6}=\frac{\sqrt{3}}{2},\ \text{tg}\,\frac{\pi}{6}=\frac{\sqrt{3}}{3},\ \text{séc}\,\frac{\pi}{6}=\frac{2\sqrt{3}}{3},$$

$$\text{cotg}\,\frac{\pi}{6}=\sqrt{3}\qquad \text{coséc}\,\frac{\pi}{6}=2.$$

22. On peut déduire des relations fondamentales d'autres relations souvent utiles.

Ainsi, en multipliant, membre à membre, les équations (2) et (4) (20), on trouve

$$(1)\qquad \text{tg}\,a\ \text{cotg}\,a=1.$$

En élevant au carré les deux membres de l'équation (2) et ajoutant l'unité, de part et d'autre, on obtient

$$1+\text{tg}^2 a=\frac{\sin^2 a+\cos^2 a}{\cos^2 a}=\frac{1}{\cos^2 a}=\text{séc}^2 a$$

d'où

$$(2)\qquad \text{séc}\,a=\pm\sqrt{1+\text{tg}^2 a}$$

On peut encore facilement exprimer le sinus et le cosinus en fonction de la tangente. En effet de la formule (3) (20), on déduit

$$\cos a=\frac{1}{\text{séc}\,a}$$

et en remplaçant séc a par la valeur que donne la formule (2), on a

$$(3)\qquad \cos a=\pm\frac{1}{\sqrt{1+\text{tg}^2 a}}$$

Mettant ensuite pour cos a la valeur précédente dans l'équation (2) (20) et résolvant l'équation obtenue par rapport à sin a, il vient

$$(4)\qquad \sin a=\pm\frac{\text{tg}\,a}{\sqrt{1+\text{tg}^2 a}}$$

De la formule (1) rapprochée des formules (3) et (5) du numéro 20, on déduit que les lignes trigonométriques associées, deux à deux, sous le rapport des signes, sont inverses l'une de l'autre. Quant aux formules (2), (3) et (4) on s'en sert souvent pour remplacer dans les équations trigonométriques la sécante, le cosinus et le sinus par leurs valeurs en fonction de la tangente.

On peut se proposer généralement de trouver une relation entre deux lignes trigonométriques d'un même arc. C'est là un problème d'Algèbre qui n'offre aucune difficulté. Il s'agit toujours d'éliminer une ligne trigonométrique entre deux des cinq équations fondamentales, ou deux lignes entre trois de ces mêmes équations.

REMARQUE. — Quand on donne tg a, les formules (2), (3) et (4) montrent que séc a, sin a, tg a, ont chacune deux valeurs égales et de signe contraire : c'est ce qu'il est facile d'expliquer.

En effet, b étant la tangente donnée, posons

$$\text{tg}\, a = b$$

a est alors donné (18) par la formule

$$a = n\pi + \alpha$$

et l'on a

$$\text{séc}\, a = \text{séc}\,(n\pi + \alpha), \quad \cos a = \cos\,(n\pi + \alpha), \quad \sin a = \sin\,(n\pi + \alpha).$$

Si n est pair, on peut retrancher $n\pi$ à l'arc sans changer les valeurs de ses lignes trigonométriques ; on trouve donc un premier système de valeurs : séc α, cos α et sin α.

Si n est impair, quand on retranche $n\pi$ l'extrémité de l'arc passe au point diamétralement opposé, et l'on sait qu'aux extrémités d'un même diamètre la sécante, le cosinus et le sinus ont des valeurs égales et de signe contraire. On a, par conséquent, un second système de valeurs : — séc α, — cos α et — sin α. Chacune des trois lignes trigonométriques a donc bien deux valeurs égales et de signes contraires.

CHAPITRE IV

FORMULES RELATIVES A L'ADDITION ET A LA SOUSTRACTION DES ARCS. — QUESTIONS SUR LES ARCS MULTIPLES OU SOUS-MULTIPLES D'UN ARC DONNÉ.

23. On résout d'abord le problème suivant : *Connaissant les sinus et cosinus de deux arcs* a *et* b, *calculer* sin (a ± b) *et* cos (a ± b). Les formules demandées sont :

$$(1)\qquad \sin(a+b) = \sin a \cos b + \cos a \sin b$$
$$(2)\qquad \sin(a-b) = \sin a \cos b - \cos a \sin b$$
$$(3)\qquad \cos(a+b) = \cos a \cos b - \sin a \sin b$$
$$(4)\qquad \cos(a-b) = \cos a \cos b + \sin a \sin b$$

La démonstration élémentaire de ces formules se trouve dans tous les ouvrages de Trigonométrie. Je ne crois pas devoir la reproduire ici (*). Il faut seulement se rappeler que les formules sont générales, c'est-à-dire, vraies pour toutesles valeurs positives ounégatives de a et de b. On aurait pu, d'ailleurs, se contenter d'écrire les formules (1) et (3), car en y changeant b en $-b$ on obtient les formules (2) et (4).

24. On calcule facilement le sinus et le cosinus de la somme d'autant d'arcs que l'on veut en fonction des sinus et cosinus de ces arcs. En effet, si l'on veut développer $\sin(a+b+c)$ et $\cos(a+b+c)$, on considère $a+b$ comme un seul arc et les deux lignes se trouvent exprimées en fonction de

(*) On trouvera dans le dernier chapitre une démonstration très-générale et très-simple. Pour la démonstration élémentaire, voyez la *Trigonométrie* de M. Serret.

$\sin c$, $\cos c$, $\sin(a+b)$ et $\cos(a+b)$. Remplaçant alors ces dernières lignes par les valeurs que donnent les formules (1) et (3), on a

(1) $\sin(a+b+c) = \sin a \cos b \cos c + \sin b \cos a \cos c + \sin c \cos a \cos b - \sin a \sin b \sin c.$

(2) $\cos(a+b+c) = \cos a \cos b \cos c - \sin a \sin b \cos c - \sin a \sin c \cos b - \sin b \sin c \cos a.$

On passera ensuite du cas de trois arcs au cas de quatre et ainsi de suite.

25. Trouver tg $(a \pm b)$ et cotg $(a \pm b)$, connaissant, dans le premier cas, tg a et tg b, dans le second, cotg a et cotg b. — Divisant, membre à membre, les équations (1) et (3), (23), puis divisant les deux termes de la fraction qui forme le second membre par $\cos a \cos b$, et remplaçant $\frac{\sin a}{\cos a}$, $\frac{\sin b}{\cos b}$ par tg a, tg b, on obtient

(1) $$\operatorname{tg}(a+b) = \frac{\operatorname{tg} a + \operatorname{tg} b}{1 - \operatorname{tg} a \operatorname{tg} b}$$

et en changeant ensuite b en $-b$ dans cette formule, on a

(2) $$\operatorname{tg}(a-b) = \frac{\operatorname{tg} a - \operatorname{tg} b}{1 + \operatorname{tg} a \operatorname{tg} b}$$

On arrive d'une manière analogue aux formules

(3) $$\operatorname{cotg}(a+b) = \frac{\operatorname{cotg} a \operatorname{cotg} b - 1}{\operatorname{cotg} a + \operatorname{cotg} b}$$

(4) $$\operatorname{cotg}(a-b) = \frac{1 + \operatorname{cotg} a \operatorname{cotg} b}{\operatorname{cotg} b - \operatorname{cotg} a}$$

Il serait aussi très-facile de déduire des formules fondamentales les expressions de séc $(a+b)$ et coséc $(a+b)$ en fonction de séc a, coséc a, séc b et coséc b, mais les formules obtenues ne sont d'aucun usage.

MULTIPLICATION DES ARCS.

26. La question générale qu'on se propose de résoudre est celle-ci : *Connaissant une des lignes trigonométriques d'un arc, calculer une quelconque des lignes trigonométriques d'un* *arc qui est un multiple entier du premier.* Ordinairement c'est la ligne trigonométrique de même nom que l'on veut calculer.

1° **Connaissant sin a, cos a ou tg a, on veut trouver successivement sin $2a$, cos $2a$ et tg $2a$.**

On fait pour cela b égal à a dans les formules fondamentales (1) et (3) et dans la formule (1) du n° 25; on a d'abord

$$(1) \qquad \sin 2a = 2 \sin a \cos a$$
$$(2) \qquad \cos 2a = \cos^2 a - \sin^2 a$$
$$(3) \qquad \operatorname{tg} 2a = \frac{2 \operatorname{tg} a}{1 - \operatorname{tg}^2 a}$$

La formule (3) est une des formules demandées. Pour obtenir les deux autres, il suffit évidemment de remplacer dans la formule (1) cos a par $\pm\sqrt{1-\sin^2 a}$ et dans la formule (2) $\sin^2 a$ par $1 - \cos^2 a$; on a ainsi

$$(4) \qquad \sin 2a = \pm 2 \sin a \sqrt{1 - \sin^2 a}$$
$$(5) \qquad \cos 2a = 2 \cos^2 a - 1.$$

2° **Connaissant sin a, cos a ou tg a, on veut trouver les valeurs de sin $3a$, cos $3a$, tg $3a$, correspondant, respectivement, aux trois lignes données.**

Si l'on change b en $2a$ dans les formules fondamentales (1) et (2) et dans la formule (1) du n° 25, puis qu'on fasse usage des formules (4), (5) et (3), on trouve facilement

$$(6) \qquad \sin 3a = 3 \sin a - 4 \sin^3 a$$
$$(7) \qquad \cos 3a = 4 \cos^3 a - 3 \cos a$$
$$(8) \qquad \operatorname{tg} 3a = \frac{3 \operatorname{tg} a - \operatorname{tg}^3 a}{1 - 3 \operatorname{tg}^2 a}$$

On passera ensuite du cas du multiple $3a$ au cas du multiple $4a$ comme on a passé de l'arc $2a$ à l'arc $3a$, et en continuant toujours de la même manière, on exprimera sin ma, cos ma, tg ma, respectivement, en fonction de sin a, cos a et tg a.

DIVISION DES ARCS.

La question générale est celle-ci : *Connaissant une ligne trigonométrique d'un arc, trouver celles d'un arc sous-multiple du premier* ; mais nous ne traiterons que les cas qui conduisent aux formules en usage.

27. Connaissant cos a, trouver sin $\frac{a}{2}$, cos $\frac{a}{2}$ et tg $\frac{a}{2}$. — Changeons a en $\frac{a}{2}$ dans la formule (1) (20) et dans la formule (2) (26), nous aurons

$$\cos^2\frac{a}{2} + \sin^2\frac{a}{2} = 1$$

$$\cos^2\frac{a}{2} - \sin^2\frac{a}{2} = \cos a$$

d'où, en ajoutant et retranchant, membre à membre,

$$(1) \qquad 2\cos^2\frac{a}{2} = 1 + \cos a$$

$$(2) \qquad 2\sin^2\frac{a}{2} = 1 - \cos a.$$

et, par suite, en divisant par 2 les deux membres de chaque équation et extrayant les racines, on a

$$(4) \qquad \sin\frac{a}{2} = \pm\sqrt{\frac{1 - \cos a}{2}}$$

$$(3) \qquad \cos\frac{a}{2} = \pm\sqrt{\frac{1 + \cos a}{2}}$$

Divisant maintenant, membre à membre, les dernières équations, on a aussi

$$(5) \qquad \operatorname{tg}\frac{a}{2} = \pm\sqrt{\frac{1 - \cos a}{1 + \cos a}}$$

Les formules (3), (4) et (5) sont les formules demandées ; les formules intermédiaires (1) et (2) sont souvent utiles, comme nous le verrons par la suite.

28. Connaissant sin a, trouver sin $\frac{a}{2}$ et cos $\frac{a}{2}$.

On change a en $\frac{a}{2}$ dans la formule (1) (20) et dans la formule (1) (26) : on a ainsi

$$(1) \qquad \sin^2\frac{a}{2} + \cos^2\frac{a}{2} = 1$$

$$(2) \qquad 2\sin\frac{a}{2}\cos\frac{a}{2} = \sin a$$

d'où, en ajoutant et retranchant les équations, membre à membre, et extrayant les racines, on déduit

$$(3) \qquad \sin\frac{a}{2} + \cos\frac{a}{2} = \pm\sqrt{1+\sin a}$$

$$(4) \qquad \sin\frac{a}{2} - \cos\frac{a}{2} = \pm\sqrt{1-\sin a}$$

puis en ajoutant et retranchant, membre à membre, ces dernières équations, il vient

$$(5) \quad \sin\frac{a}{2} = \pm\frac{1}{2}\sqrt{1+\sin a} \pm \frac{1}{2}\sqrt{1-\sin a}$$

$$(6) \quad \cos\frac{a}{2} = \pm\frac{1}{2}\sqrt{1+\sin a} \mp \frac{1}{2}\sqrt{1-\sin a}.$$

Dans les formules précédentes les signes supérieurs se correspondent ainsi que les signes inférieurs ; il n'y a donc que quatre systèmes de valeurs satisfaisant aux équations (1) et (2).

On peut voir facilement, par un genre de raisonnement dont on a déjà donné un exemple, pourquoi les formules (3) (4) et (5) du nº 27 donnent deux valeurs, et les formules précédentes, chacune, quatre valeurs. Expliquons, par exemple, ce dernier fait.

La valeur de sin a étant donnée, l'arc a est l'un quelconque des arcs compris dans les formules

$$a = 2n\pi + \alpha \qquad a = 2n\pi + \pi - \alpha.$$

On doit donc trouver les sinus et les cosinus des moitiés de tous les arcs compris dans les formules précédentes, c'est-à-dire que l'on a

$$\sin\frac{a}{2} = \sin\left(n\pi + \frac{\alpha}{2}\right) \qquad \sin\frac{a}{2} = \sin\left(n\pi + \frac{\pi}{2} - \frac{\alpha}{2}\right)$$

et deux formules analogues pour le cosinus.

Si n est pair, on peut retrancher $n\pi$ sans changer la valeur du sinus et l'on obtient les deux valeurs $\sin\frac{\alpha}{2}$, $\cos\frac{\alpha}{2}$; si n est impair, en retranchant $n\pi$, l'extrémité de l'arc passe au point diamétralement opposé et le sinus change de signe, on a alors les valeurs $-\sin\frac{\alpha}{2}$, $-\cos\frac{\alpha}{2}$: $\sin\frac{a}{2}$ a donc bien quatre valeurs égales, deux à deux, et de signe contraire.

On voit facilement de même que $\cos\frac{a}{2}$ a quatre valeurs qui sont, respectivement, égales à celles de $\sin\frac{a}{2}$.

Dans la pratique, l'arc a est donné en même temps que son sinus ; les valeurs de $\sin\frac{a}{2}$ et $\cos\frac{a}{2}$ sont donc alors déterminées et il y a à choisir le système qui convient parmi les quatre systèmes de valeurs satisfaisant aux équations (1) et (2). A cet effet, on remarque que, d'après le calcul effectué pour déduire des équations (3) et (4) les équations (5) et (6), le radical $\sqrt{1+\sin a}$ a dans ces deux dernières équations le même signe que dans l'équation (3), et que le radical $\sqrt{1-\sin a}$ a, dans l'équation (5), le même signe que dans l'équation (4) et le signe contraire dans l'équation (6). La question se trouve ainsi ramenée à déterminer les signes des deux radicaux dans les équations (3) et (4).

On remarque, d'abord, que l'arc $\frac{a}{2}$ étant connu, on peut immédiatement déterminer les signes de $\sin\frac{a}{2}$ et $\cos\frac{a}{2}$, et aussi qu'en ramenant l'arc au premier quadrant, on peut savoir quel est le plus grand en valeur absolue de $\sin\frac{a}{2}$ ou $\cos\frac{a}{2}$. Cela posé, si on a trouvé le même signe pour $\sin\frac{a}{2}$ et $\cos\frac{a}{2}$, ce signe sera celui de $\sqrt{1+\sin a}$; quant au signe de $\sqrt{1-\sin a}$, il pourra toujours être déterminé, puisque l'on connaît les signes de $\sin\frac{a}{2}$ et $\cos\frac{a}{2}$ et que l'on sait qu'elle est la plus grande de ces deux lignes en valeur absolue.

Lorsque $\sin\frac{a}{2}$ et $\cos\frac{a}{2}$ sont de signe contraire, il faut évidemment dire du second radical ce qu'on a dit du premier et réciproquement.

29. Connaissant $\operatorname{tg} a$, trouver $\operatorname{tg}\frac{a}{2}$.

On change a en $\frac{a}{2}$ dans la formule (3) (26). On a ainsi

$$(1) \qquad \operatorname{tg} a = \frac{2\operatorname{tg}\frac{a}{2}}{1-\operatorname{tg}^2\frac{a}{2}}$$

ou

$$(2) \qquad \operatorname{tg} a \operatorname{tg}^2\frac{a}{2} + 2\operatorname{tg}\frac{a}{2} - \operatorname{tg} a = 0$$

En résolvant l'équation (2), on obtient

$$(3) \qquad \operatorname{tg}\frac{a}{2} = \frac{-1 \pm \sqrt{1+\operatorname{tg}^2 a}}{\operatorname{tg} a}$$

On vérifie facilement par le raisonnement ordinaire que $\operatorname{tg}\frac{a}{2}$ doit avoir deux valeurs réelles dont le produit est égal à -1.

30. La formule (1) du n° précédent montre que la tangente, et, par suite, la cotangente d'un arc a s'expriment rationnellement en fonction de $\operatorname{tg}\frac{a}{2}$: on peut faire voir qu'il en est de même des autres lignes trigonométriques. Considérons d'abord $\cos a$. En divisant membre à membre les équations (1) et (2) (27) et remplaçant le rapport de $\sin^2 a$ à $\cos^2 a$ par $\operatorname{tg}^2 a$ on obtient

$$\frac{1-\cos a}{1+\cos a} = \frac{\operatorname{tg}^2\frac{a}{2}}{1}$$

d'où l'on déduit par une transformation connue

$$(1) \qquad \cos a = \frac{1-\operatorname{tg}^2\frac{a}{2}}{1+\operatorname{tg}^2\frac{a}{2}}$$

Remplaçant ensuite, dans la formule (2) (20), tg a et cos a par les valeurs que donnent les formules (1) (29 et 30), on a

$$(2) \qquad \sin a = \frac{2 \operatorname{tg} \frac{a}{2}}{1 + \operatorname{tg}^2 \frac{a}{2}}$$

la sécante et la cosécante étant les inverses de cos a et sin a, le théorème général est démontré.

Ce théorème est très-utile en trigonométrie, car il permet, étant donnée une équation rationnelle par rapport aux lignes trigonométriques d'un même arc a, d'obtenir une équation rationnelle qui ne renferme plus que la seule ligne $\operatorname{tg} \frac{a}{2}$ (*).

31. Connaissant sin a, tg a, trouver les équations qui donnent les valeurs correspondantes de sin $\frac{a}{3}$, cos $\frac{a}{3}$, tg $\frac{a}{3}$.

En changeant a en $\frac{a}{3}$ dans les équations (6), (7) et (8) du n° 26 et désignant sin a, cos a, tg a, sin $\frac{a}{3}$, cos $\frac{a}{3}$, tg $\frac{a}{3}$ respectivement par b, c, d, x, y, z, on obtient les équations suivantes

$$(1) \qquad 4x^3 - 3x + b = 0$$

$$(2) \qquad 4y^3 - 3y - c = 0$$

$$(3) \qquad z^3 - 3dz^2 - 3z + d = 0.$$

(*) Voyez, à ce propos, l'ouvrage intitulé : *Théorèmes et problèmes sur les normales aux coniques.*

CHAPITRE V

FORMULES DE TRANSFORMATION. — MOYENS DIVERS DE RENDRE UNE EXPRESSION CALCULABLE PAR LOGARITHMES. — RÉSOLUTION DE L'ÉQUATION DU SECOND DEGRÉ PAR LES TABLES.

32. Transformer un produit de deux sinus, de deux cosinus, ou d'un sinus par un cosinus en une somme ou une différence de sinus ou de cosinus.

Ajoutant et retranchant, membre à membre, d'abord, les équations fondamentales (1) et (2), puis les équations (3) et (4), on obtient

$$\begin{array}{ll} (1) & \sin(a+b) + \sin(a-b) = 2 \sin a \cos b \\ (2) & \sin(a+b) - \sin(a-b) = 2 \cos a \sin b \\ (3) & \cos(a+b) + \cos(a-b) = 2 \cos a \cos b \\ (4) & \cos(a-b) - \cos(a+b) = 2 \sin a \sin b. \end{array}$$

Les formules précédentes résolvent la question : ainsi, par exemple, le produit de deux cosinus est égal à la demi-somme du cosinus de la somme des deux arcs et du cosinus de leur différence.

Remarque I. — Si l'on multiplie les deux membres de chacune des équations précédentes par $\sin c$ ou $\cos c$, puis qu'on remplace dans les premiers membres les produits des lignes trigonométriques, par des sommes ou des différences, d'après les règles déduites des formules qu'on vient d'établir, on voit qu'un produit de trois lignes trigonométriques qui sont toutes trois des sinus ou des cosinus, ou dont les unes sont des sinus, les autres des cosinus, peut toujours être remplacé par une somme algébrique de termes qui sont des sinus ou des cosinus. On passe ensuite facilement de là au cas général d'un nombre quelconque d'arcs.

REMARQUE II. — La transformation qui vient d'être indiquée n'est pas généralement appliquée dans la Trigonométrie pratique ; mais elle est souvent très-utile dans la solution des problèmes, en particulier, dans la recherche des maxima et minima. La transformation inverse dont nous allons maintenant nous occuper est, au contraire, constamment mise en usage dans les calculs numériques de la Trigonométrie.

33. Transformer une somme ou une différence de deux lignes trigonométriques de même espèce en une expression qui ne contienne que des produits ou des quotients de lignes.

Résolvons, d'abord, la question pour le sinus et le cosinus.

Pour cela, représentons dans les quatre formules du n° 32, par p et q les arcs $a+b$ et $a-b$ que l'on considère comme les arcs donnés : on aura

$$(1) \qquad \sin p + \sin q = 2 \sin \frac{p+q}{2} \cos \frac{p-q}{2}$$

$$(2) \qquad \sin p - \sin q = 2 \cos \frac{p+q}{2} \sin \frac{p-q}{2}$$

$$(3) \qquad \cos p + \cos q = 2 \cos \frac{p+q}{2} \cos \frac{p-q}{2}$$

$$(4) \qquad \cos q - \cos p = 2 \sin \frac{p+q}{2} \sin \frac{p-q}{2}$$

et ces quatre formules permettent d'opérer immédiatement les transformations demandées.

REMARQUE. — En divisant, membre à membre, et deux à deux, les formules précédentes, on en obtient d'autres quelquefois utiles ; nous écrirons seulement la suivante souvent employée

$$(5) \qquad \frac{\sin p - \sin q}{\sin p + \sin q} = \frac{\operatorname{tg} \frac{p-q}{2}}{\operatorname{tg} \frac{p+q}{2}}$$

Formules pour la transformation de tg $a \pm$ **tg** b **cotg** $a \pm$ **cotg** b.

On les obtient immédiatement en remplaçant les tangentes et les cotangentes par des rapports de sinus et de cosinus, et en tenant compte du développement connu de $\sin(a \pm b)$: on a ainsi

$$(6) \qquad \operatorname{tg} a \pm \operatorname{tg} b = \frac{\sin(a \pm b)}{\cos a \cos b}$$

$$(7) \qquad \operatorname{cotg} a \pm \operatorname{cotg} b = \frac{\sin(b \pm a)}{\sin a \sin b}.$$

Formules pour la transformation de séc $a \pm$ **séc** b **et coséc** $a \pm$ **coséc** b.

On trouve facilement

$$(8) \qquad \text{séc}\, a + \text{séc}\, b = \frac{2 \cos \frac{a+b}{2} \cos \frac{a-b}{2}}{\cos a \cos b}.$$

$$(9) \qquad \text{coséc}\, a + \text{coséc}\, b = \frac{2 \sin \frac{a+b}{2} \cos \frac{a-b}{2}}{\sin a \sin b}$$

On aura ensuite les formules relatives à la différence en changeant, dans la première, b en $\pi - b$ et, dans la seconde, b en $-b$. On pourrait aussi changer dans les deux formules b en $\pi + b$.

Remarque. — Si une ligne se trouve ajoutée à la ligne complémentaire, on ramènera ce cas à celui de deux lignes de même espèce, en remplaçant l'un des arcs par son complément. Ainsi on aura

$$\sin a + \cos b = \sin a + \sin\left(\frac{\pi}{2} - b\right)$$
$$= 2 \sin\left(\frac{\pi}{4} + \frac{a-b}{2}\right) \cos\left(\frac{\pi}{4} - \frac{a+b}{2}\right)$$

RENDRE UNE FORMULE CALCULABLE PAR LOGARITHMES (*).

34. Les tables trigonométriques contenant, non point les valeurs des lignes trigonométriques elles-mêmes, mais celles de leurs logarithmes, les formules, pour être appropriées au calcul logarithmique, ne doivent contenir que des indications de multiplication, division, élévation aux puissances, ou extraction de racines des lignes trigonométriques. A ce point de vue, on peut dire que les formules déjà obtenues dans ce chapitre servent à rendre calculables par logarithmes la somme ou la différence de deux lignes trigonométriques de même espèce ou complémentaires.

On peut donner quelques autres formules qui remplissent le même but, c'est-à-dire, qui remplacent certaines expressions, non calculables par logarithmes, par d'autres équivalentes auxquelles le calcul logarithmique s'applique immédiatement. Ainsi, quand on a

$$a + b + c = 180^\circ$$

on démontre facilement les relations suivantes

$$(1) \qquad \operatorname{tg} a + \operatorname{tg} b + \operatorname{tg} c = \operatorname{tg} a \operatorname{tg} b \operatorname{tg} c$$

$$(2) \qquad \operatorname{cotg}\frac{a}{2} + \operatorname{cotg}\frac{b}{2} + \operatorname{cotg}\frac{c}{2} = \operatorname{cotg}\frac{a}{2}\operatorname{cotg}\frac{b}{2}\operatorname{cotg}\frac{c}{2}$$

$$(3) \qquad \sin b + \sin c + \sin a = 4\cos\frac{a}{2}\cos\frac{b}{2}\cos\frac{c}{2}$$

$$(4) \qquad \sin b + \sin c - \sin a = 4\sin\frac{b}{2}\sin\frac{c}{2}\cos\frac{a}{2}$$

$$(5) \qquad \frac{\sin b + \sin c - \sin a}{\sin b + \sin c + \sin a} = \operatorname{tg}\frac{b}{2}\operatorname{tg}\frac{c}{2}$$

Démontrons, par exemple, l'équation (3).

On a

$$\sin a + \sin b = 2\sin\frac{a+b}{2}\cos\frac{a-b}{2}$$

(*) A partir de ce numéro, nous supposerons, le plus souvent, les angles évalués en degrés.

ou, puisque $\frac{a+b}{2}$ est le complément de $\frac{c}{2}$

$$\sin a + \sin b = 2 \cos \frac{c}{2} \cos \frac{a-b}{2}$$

mais on a aussi

$$\sin 0 + \sin c = 2 \cos \frac{c}{2} \sin \frac{c}{2}$$

ajoutant, membre à membre, les deux dernières équations, et remplaçant $\sin \frac{c}{2}$ par $\cos \frac{a+b}{2}$, il vient

$$\sin a + \sin b + \sin c = 2 \cos \frac{c}{2} \left(\cos \frac{a+b}{2} + \cos \frac{a-b}{2}\right)$$

et, en substituant à la somme des deux cosinus le produit $2 \cos \frac{a}{b} \cos \frac{b}{2}$, on obtient la formule demandée.

On aura évidemment l'équation (4) par un calcul tout semblable, et l'équation (5) sera obtenue immédiatement en divisant, membre à membre, les équations (4) et (3).

35. Solution de la question générale. — Emploi des angles auxiliaires.

On demande de calculer le nombre x qui est donné par l'équation

$$x = \pm a \pm b \pm c \pm d$$

dans laquelle a, b, c, d, sont des quantités dont la valeur numérique n'est pas immédiatement connue mais peut toujours se calculer par logarithmes.

Tout revient à traiter la question pour un binôme, car la valeur b' de $\pm a \pm b$ étant connue, on calculera de la même manière $b' \pm c$ et ainsi de suite.

On peut toujours supposer que a et b sont positifs quand ils sont de même signe, et, quand ils sont de signe contraire, on peut supposer que la valeur absolue du terme positif l'emporte sur celle du terme négatif, puisque, s'il en était autrement, on calculerait l'expression de signe contraire : soit donc

$$(1) \qquad x = a \pm b$$

a pouvant être supposé plus grand que b.

36. 1re MÉTHODE. — On met a en facteur dans le second membre de l'équation (1) et l'on a

$$x = a\left(1 \pm \frac{b}{a}\right). \tag{2}$$

Soit maintenant φ un angle auxiliaire déterminé par l'équation

$$\cos \varphi = \frac{b}{a} \tag{3}$$

ce qui est toujours possible puisque, par hypothèse, a est plus grand que b.

On a alors, en remplaçant $\frac{b}{a}$ par $\cos \varphi$ dans l'équation (2)

$$x = a\ (1 \pm \cos \varphi)$$

mais, d'après les formules (1) et (2) du n° 27, les binômes $1 + \cos \varphi$, $1 - \cos \varphi$ sont, respectivement, égaux à $2 \cos^2 \frac{\varphi}{2}$ et $2 \sin^2 \frac{\varphi}{2}$; on aura donc, en désignant par x' la valeur de $a + b$ et par x'' celle de $a - b$.

$$x' = 2a \cos^2 \frac{\varphi}{2} \tag{4}$$

$$x'' = 2a \sin^2 \frac{\varphi}{2} \tag{5}$$

L'angle auxiliaire φ sera déterminé par la formule (1), et on prendra l'angle des tables, c'est-à-dire, l'angle compris entre 0 et 90. On calculera ensuite x par les formules logarithmiques (4) et (5).

37. 2e MÉTHODE. — Supposons d'abord que le binôme soit $a + b$.

On écrit

$$x = a\left(1 + \frac{b}{a}\right) \tag{1}$$

et en posant

$$\operatorname{tg}^2 \varphi = \frac{b}{a} \tag{2}$$

on a

(3) $$x = a(1 + \mathrm{tg}^2 \varphi) = \frac{a}{\cos^2 \varphi}$$

La question est donc résolue.

REMARQUE. — On emploiera de préférence le procédé qu'on vient d'expliquer quand x sera donné par la formule

(4) $$x = \sqrt{a^2 + b^2}$$

en posant

(5) $$\mathrm{tg}^2 \varphi = \frac{b^2}{a^2} \quad \text{ou} \quad \mathrm{tg}\, \varphi = \frac{b}{a}$$

on aura

(6) $$x = \frac{a}{\cos \varphi}.$$

Soit maintenant x égal à $a - b$ et admettons que a soit plus grand que b : si l'on pose

(7) $$\sin^2 \varphi = \frac{b}{a}$$ ou (8) $$\cos^2 \varphi = \frac{b}{a}$$

on aura

(9) $$x = a \cos^2 \varphi$$ ou (10) $$x = a \sin^2 \varphi.$$

REMARQUE. — On emploiera le même procédé avec avantage lorsque x ne sera donné par l'équation

$$x = \sqrt{a^2 - b^2}.$$

38. 3e MÉTHODE. — Dans ce qui précède, sauf dans un seul cas, nous avons supposé que l'on savait quelle était la plus grande des deux quantités a et b ; c'est ce que l'on peut toujours admettre quand les formules sont, d'abord, traduites en nombre. Mais il n'en est plus toujours de même quand on laisse les lettres dans les formules, en vue d'une discussion, par exemple. Voici un procédé indépendant de l'hypothèse : a plus grand que b.

On a

(1) $$x = a \pm b = a\left(1 \pm \frac{b}{a}\right).$$

On peut toujours poser

(2) $$\mathrm{tg}\, \varphi = \frac{b}{a}$$

et l'on a alors

$$x = a(1 \pm \operatorname{tg} \varphi) = \frac{a(\sin \varphi \pm \cos \varphi)}{\cos \varphi}$$

Séparant maintenant les deux valeurs comme dans la première méthode, on aura

$$(3) \qquad x' = \frac{2a \sin 45^\circ \cos (45^\circ - \varphi)}{\cos \varphi}$$

$$(4) \qquad x'' = \frac{2a \cos 45^\circ \sin (45^\circ - \varphi)}{\cos \varphi}$$

39. D'après la méthode générale, on aura à employer autant d'angles auxiliaires qu'il y a de termes moins un dans le polynôme donné : mais on devra, dans chaque exemple particulier, essayer de réduire au plus petit nombre possible les angles auxiliaires.

Exemple I. — Soit

$$(1) \qquad x = 1 + \sin a + \cos a$$

1 et sin a pouvant être considérés, respectivement, comme les sinus de 90° et de 90° — a, on a la somme des sinus de trois arcs dont la somme est égale à 180°; donc, d'après l'équation (3) du n° 34, on aura

$$(2) \qquad x = 4 \cos 45^\circ \cos \frac{a}{2} \cos \left(45^\circ - \frac{a}{2}\right).$$

Exemple II. — Soit

$$(1) \qquad x^2 = a^2 + b^2 - 2ab \cos \gamma.$$

1re Méthode. — On écrit l'équation (1) sous la forme

$$x^2 = a^2 + b^2 + 2ab - 2ab\,(1 + \cos \gamma)$$

mais les trois premiers termes du second membre sont les termes de $(a+b)^2$, et $1 + \cos \gamma$, en vertu de la formule (1) (27), peut être remplacé par $2 \cos^2 \frac{\gamma}{2}$; on a donc

$$x^2 = (a+b)^2 - 4ab \cos^2 \frac{\gamma}{2}.$$

On a pu ainsi transformer un trinôme en un binôme sans emploi d'angle auxiliaire ; on achèvera ensuite le calcul avec un seul auxiliaire φ, en se conformant à la méthode (37).

On aura alors

(2) $$\sin^2 \varphi = \frac{4ab \cos^2 \frac{\gamma}{2}}{(a+b)^2}$$

(3) $$x = (a+b) \cos \varphi.$$

2e Méthode. — On écrit l'équation (1) sous la forme

$$x^2 = (a^2+b^2)\left(\cos^2 \frac{\gamma}{2} + \sin^2 \frac{\gamma}{2}\right) - 2ab\left(\cos^2 \frac{\gamma}{2} - \sin^2 \frac{\gamma}{2}\right)$$

d'où

$$x^2 = (a+b)^2 \sin^2 \frac{\gamma}{2} + (a-b)^2 \cos^2 \frac{\gamma}{2}.$$

Posant maintenant suivant la méthode du n° 37,

(1) $$\operatorname{tg} \varphi = \frac{a-b}{a+b} \operatorname{cotg} \frac{\gamma}{2}$$

on calculera x par l'équation

$$x = \frac{a+b}{\cos \varphi}.$$

40. On modifie quelquefois les méthodes générales.

Exemple I. — Soit

$$x = \frac{a-b}{a+b}$$

ayant divisé les deux termes de la fraction par a, et ayant posé

$$\operatorname{tg} \varphi = \frac{b}{a}$$

comme il est dit au n° 38, on a

$$x = \frac{1 - \operatorname{tg} \varphi}{1 + \operatorname{tg} \varphi}$$

mais, au lieu de continuer le calcul comme au numéro cité, on remarque que tg 45° étant égale à 1, on peut écrire

$$x = \frac{\operatorname{tg} 45^\circ - \operatorname{tg} \varphi}{1 + \operatorname{tg} 45^\circ \operatorname{tg} \varphi} = \operatorname{tg}(45^\circ - \varphi).$$

Exemple II. — Soit

$$x = a \sin \alpha + b \cos \alpha$$

posant

$$\operatorname{tg} \varphi = \frac{b}{a}$$

on trouve

$$x = \frac{a \sin(\alpha + \varphi)}{\cos \varphi}.$$

41. Résolution d'une équation du second degré à l'aide des tables.

L'équation du second degré est donnée sous la forme générale

$$ax^2 + bx + c = 0$$

on supposera, ce qui est généralement permis, que a est positif et on laissera de côté le cas des racines imaginaires.

Premier cas. — On a

$$b^2 - 4ac > 0 \quad \text{et} \quad c > 0.$$

Si l'on appelle x' et x'' les racines de l'équation (1), x' étant la plus petite, on a, d'abord,

$$x' = \frac{-b - \sqrt{b^2 - 4ac}}{2a} = -\frac{b}{2a}\left(1 + \sqrt{1 - \frac{4ac}{b^2}}\right).$$

Si maintenant, d'après la méthode du n° 37, on pose

$$(1) \qquad \sin^2 \varphi = \frac{4ac}{b^2}$$

il viendra

$$(2) \qquad x' = \frac{-b}{2a}(1 + \cos \varphi) = -\frac{b}{a} \cos^2 \frac{\varphi}{2}$$

et on obtiendra de même

$$(3) \qquad x'' = -\frac{b}{a} \sin^2 \frac{\varphi}{2}.$$

Deuxième cas. — On a :

$$b^2 - 4ac > 0 \quad \text{et} \quad c < 0.$$

On change d'abord c en $-c$ dans l'équation du second degré : alors après avoir posé

$$(4) \qquad \operatorname{tg}^2 \varphi = \frac{4ac}{b^2}$$

on trouve facilement, d'après la méthode du n° 37.

(5) $$x' = -\frac{b}{a}\frac{\cos^2\frac{\varphi}{2}}{\cos\varphi},$$

(6) $$x'' = \frac{b}{a}\frac{\sin^2\frac{\varphi}{2}}{\cos\varphi}.$$

Autres formules. — En résolvant les équations (1) et (4) par rapport à b et substituant la première valeur dans les formules (2) et (3), la seconde, dans les formules (5) et (6), on trouvera, dans un cas comme dans l'autre,

(7) $$x' = \pm\sqrt{\frac{c}{a}}\operatorname{cotg}\frac{\varphi}{2}$$

(8) $$x'' = \pm\sqrt{\frac{c}{a}}\operatorname{tg}\frac{\varphi}{2}$$

seulement on doit prendre le radical avec le même signe dans les deux formules quand c est positif, et avec des signes contraires quand c est négatif. Voyons maintenant quel signe doit être attribué à chaque racine en particulier.

1° $\frac{b}{a}$ *est négatif*. Alors, si c est positif les deux racines contiendront toutes deux le radical avec le signe $+$, et si c est négatif, c'est x' qui aura le signe $+$ comme la plus grande en valeur absolue.

2° $\frac{b}{a}$ *est positif*. Les conclusions sont évidemment contraires.

Remarque. — On peut encore résoudre la question proposée en posant *à priori* les formules (7) et (8), ce qui est toujours permis, puisqu'on n'exprime seulement ainsi que le produit des racines de l'équation (1) est égal à $\frac{c}{a}$. L'angle φ sera ensuite déterminé en écrivant que la somme des racines est égale à $-\frac{b}{a}$: on retrouve alors pour déterminer φ la formule (1) ou la formule (4) suivant que c est positif ou négatif.

CHAPITRE VII

RÉSOLUTION DE QUELQUES ÉQUATIONS TRIGONOMÉTRIQUES D'UN FRÉQUENT USAGE.

Un très-grand nombre de problèmes, en particulier, les problèmes sur les triangles, se ramènent à la résolution d'un certain nombre d'équations trigonométriques ; nous allons résoudre les principales dans ce chapitre.

42. On propose de résoudre l'équation

$$a \sin x + b \cos x = c \tag{1}$$

dans laquelle x est un arc inconnu et a, b, c des nombres quelconques positifs ou négatifs. Nous supposerons pour fixer les idées que a, b, c soient positifs.

Divisant les deux membres de l'équation (1) par b, et posant

$$\operatorname{tg} \varphi = \frac{b}{a} \tag{2}$$

on a, en remplaçant $\frac{a}{b}$ par $\operatorname{cotg} \varphi$ ou $\frac{\cos \varphi}{\sin \varphi}$

$$\sin (x + \varphi) = \frac{c}{b} \sin \varphi \tag{3}$$

l'équation (2) détermine un angle auxiliaire φ qu'on peut toujours supposer aigu ; on a ensuite par l'équation (3) un angle aigu α dont le sinus est égal au nombre positif $\frac{c}{b} \sin \varphi$: tous les arcs demandés seront alors donnés par les formules

(4) $$x = n \times 360^\circ + \alpha - \varphi$$

(5) $$x = n \times 360^\circ + 180^\circ - \alpha - \varphi$$

Discussion. — Pour que l'équation (3) puisse donner un angle α, il faut, quels que soient les signes de a, b, c, que le carré de sin α soit, au plus, égal à 1. On aura donc

$$\sin^2 \varphi \leqslant \frac{b^2}{c^2}$$

ou comme

$$\sin^2 \varphi = \frac{\operatorname{tg}^2 \varphi}{1 + \operatorname{tg}^2 \varphi} = \frac{b^2}{a^2 + b^2}$$

on aura

$$\frac{b^2}{a^2 + b^2} \leqslant \frac{b^2}{c^2}$$

ou

(6) $$c^2 \leqslant a^2 + b^2.$$

Le plus souvent dans les applications l'angle x doit être inférieur à 180°, on demande alors quelles valeurs on doit prendre.

Il est, d'abord, visible qu'on doit faire n égal à zéro dans les formules (4) et (5), et que la valeur $180^\circ - \alpha - \varphi$ donnée par la formule (5) est toujours admissible puisque α et φ sont des angles aigus.

Considérons maintenant la valeur $\alpha - \varphi$ donnée par la formule (4). Cette valeur, abstraction faite du signe, est toujours plus petite que 90°, mais il faut aussi qu'elle soit positive : pour cela, on doit avoir

$$\alpha > \varphi \quad \text{ou} \quad \sin \alpha > \sin \varphi,$$

et en remplaçant sin α par la valeur que donne l'équation (3), on a

$$\frac{c}{b} \sin \varphi > \sin \varphi$$

ou

(7) $$b < c.$$

On résout et on discute, d'une manière analogue, l'équation

dans les différents cas où a, b, c ne sont pas tous les trois positifs.

REMARQUE. — On aurait pu aussi poser

$$\text{(8)} \qquad \operatorname{tg} \varphi = \frac{a}{b},$$

et en divisant les deux membres de l'équation (1) par b, on obtiendrait par un calcul analogue au précédent

$$\text{(9)} \qquad \cos(x - \varphi) = \frac{c}{b} \cos \varphi.$$

43. On propose de résoudre l'équation

$$\text{(1)} \qquad a \operatorname{cotg} x + b \operatorname{cotg} x = c,$$

en remplaçant $\operatorname{tg} x$ et $\operatorname{cotg} x$, respectivement, par $\frac{\sin x}{\cos x}$ et $\frac{\cos x}{\sin x}$, et chassant les dénominateurs, il vient

$$a \sin^2 x + b \cos^2 x = c \sin x \cos x.$$

Multiplions maintenant les deux membres de l'équation précédente par 2, et remplaçons $2 \sin^2 x$, $2 \cos^2 x$, $2 \sin x \cos x$, respectivement, par $1 - \cos 2x$, $1 + \cos 2x$ et $\sin 2x$, nous aurons

$$\text{(2)} \qquad c \sin 2x + (a - b) \cos 2x = a + b,$$

et l'on est ramené à résoudre une équation de la même forme que l'équation (1) du numéro précédent.

44. Nouvelle méthode pour la résolution de l'équation du second degré à l'aide des tables.

On peut déduire de ce qui précède une nouvelle méthode pour la résolution de l'équation du second degré à l'aide des tables. Soit l'équation

$$\text{(1)} \qquad ax^2 + bx + c = 0.$$

En divisant les deux membres par x et posant x égal à $\operatorname{tg} y$, on a

$$a \operatorname{tg} y + c \operatorname{cotg} y + b = 0,$$

et l'on est ramené immédiatement à la question précédente.

Mais développons les calculs : en désignant par φ un angle auxiliaire, on obtient facilement

$$(2)\quad \operatorname{tg}\varphi = \frac{c-a}{b} \qquad (3)\quad \sin(2y+\varphi) = \frac{a+c}{a-c}\sin\varphi,$$

ces équations déterminent, la première, un angle φ, la seconde, un angle α, compris tous deux entre $-90°$ et $+90°$, on a alors

$$y = n\times 180 + \frac{\alpha}{2} - \frac{\varphi}{2} \qquad \text{ou} \qquad y = n\times 180° + 90° - \frac{\alpha}{2} - \frac{\varphi}{2}$$

et, par suite,

$$(4)\quad x = \operatorname{tg}\left(\frac{\alpha}{2} - \frac{\varphi}{2}\right) \qquad \text{ou} \qquad x = \operatorname{cotg}\left(\frac{\alpha}{2} + \frac{\varphi}{2}\right).$$

Remarque I. — Pour que la solution précédente puisse être appliquée, il faut et il suffit que la valeur absolue de $\sin(2y+\varphi)$ donnée par l'équation (3) ne soit pas supérieure à l'unité ; mais en écrivant qu'il en est ainsi on retrouve la condition qu'on supposait tacitement remplie, à savoir

$$(5)\qquad b^2 - 4ac \geqslant 0.$$

Remarque II. — La nouvelle méthode qui conduira le plus souvent à des calculs moins simples que la méthode ordinaire a cependant sur elle cet avantage, qu'une fois l'inégalité (5) satisfaite, les formules générales (2), (3) et (4) restent les mêmes, quelles que soient les valeurs réelles représentées par les lettres a, b et c.

Nouvelle méthode pour obtenir les formules ordinaires relatives à la résolution trigonométrique de l'équation du second degré.

En modifiant un peu la méthode qu'on vient d'expliquer, on peut, sans savoir résoudre l'équation du second degré et sans même connaître les relations entre les coefficients et les racines, retrouver les formules (7) et (8) du n° 41 : c'est ce que je vais montrer.

Posons d'abord

$$(6)\qquad x = m\operatorname{tg}\frac{y}{2}.$$

En remplaçant dans l'équation (1) x par $m\operatorname{tg}\frac{y}{2}$ ou $\dfrac{m\sin\frac{y}{2}}{\cos\frac{y}{2}}$

et chassant les dénominateurs, on aura

$$am^2 \sin^2 \frac{y}{2} + bm \sin \frac{y}{2} \cos \frac{y}{2} + c \cos^2 \frac{y}{2} = 0,$$

d'où l'on déduit comme précédemment,

$$bm \sin y + (c - am^2) \cos y + c + am^2 = 0,$$

et, en posant

$$\text{(7)} \qquad \operatorname{tg} \varphi = \frac{c - am^2}{bm},$$

on obtient

$$\text{(8)} \qquad \sin (y + \varphi) = \frac{am^2 + c}{am^2 - c} \sin \varphi,$$

ou encore en remplaçant dans cette dernière équation $am^2 - c$ par la valeur que donne la formule (7)

$$\text{(9)} \qquad \sin (y + \varphi) = -\frac{am^2 + c}{bm} \cos \varphi,$$

la question générale est résolue en donnant à m une valeur arbitraire, et calculant successivement φ, y et x par les équations (7), (8) ou (9), et l'équation (6) ; mais ici nous allons disposer de l'indéterminée m de manière à ne plus avoir à faire de calcul d'angle auxiliaire. On distingue deux cas :

1° a *et* c *sont de même signe.* — Dans ce cas on écrit que la valeur de l'angle φ est nulle, et, pour cela, on pose

$$m = \pm \sqrt{\frac{c}{a}}.$$

Alors la formule (9) donne

$$\sin y = \mp \frac{2a}{b} \sqrt{\frac{c}{a}},$$

les signes — et + correspondant, respectivement, à la valeur positive et à la valeur négative de m.

Supposons, d'abord, que $\frac{b}{a}$ soit positif et prenons pour m la valeur $-\sqrt{\frac{c}{a}}$; il en résultera pour sin y une valeur positive et, si l'on désigne spécialement par y un angle positif et aigu, on aura, en prenant seulement les deux arcs y et $180° - y$,

$$x = -\sqrt{\frac{c}{a}}\ \mathrm{tg}\ \frac{y}{2} \qquad x = -\sqrt{\frac{c}{a}}\ \mathrm{cotg}\ \frac{y}{2}.$$

Si maintenant $\frac{b}{a}$ est négatif, on prendra m égal à $\sqrt{\frac{c}{a}}$ et dans les deux formules précédentes il faudra remplacer les signes $-$ par des signes $+$.

2° a *et* c *sont de signe contraire.* — Dans ce cas on dispose de l'indéterminée m de manière que le premier membre de la formule (8) soit nul, c'est-à-dire qu'on détermine m par la formule

$$m = \pm\sqrt{\frac{-c}{a}},$$

on a alors

$$y + \varphi = n \times 180,$$

et si dans l'équation (7) on remplace m et φ par les valeurs tirées des deux équations précédentes, on a

$$\mathrm{tg}\ y = \pm\frac{2a}{b}\sqrt{\frac{-c}{a}},$$

les signes $+$ et $-$ de cette formule correspondant, respectivement, à la valeur positive et à la valeur négative de m.

Si $\frac{b}{a}$ est positif et que l'on prenne pour m la valeur $+\sqrt{\frac{-c}{a}}$, $\mathrm{tg}\ y$ sera positive, et, en désignant spécialement par y un angle positif et aigu, il suffira de prendre les deux valeurs y et $180 + y$; on aura, par conséquent *,

$$x = +\sqrt{\frac{-c}{a}}\ \mathrm{tg}\ \frac{y}{2} \quad \text{ou} \quad x = -\sqrt{\frac{-c}{a}}\ \mathrm{cotg}\ \frac{y}{2}.$$

Si $\frac{b}{a}$ est négatif, on sera conduit à changer les signes des deux radicaux dans les formules précédentes.

* Dans les formules qui suivent on n'a pas changé c en $-c$ comme au n° 41.

En résumé, on voit que dans tous les cas on est retombé sur les calculs de la première méthode.

Nous allons maintenant nous proposer de résoudre tous les systèmes d'équations qu'on obtient en traitant les questions comprises dans l'énoncé général suivant :

Connaissant la somme ou la différence de deux arcs, et la somme, la différence, le produit ou le quotient de deux lignes trigonométriques, de même espèce, de ces deux arcs, trouver les deux arcs eux-mêmes.

45. PROBLÈME I. — *On donne la somme ou la différence de deux arcs, et la somme, la différence, le produit ou le quotient des sinus de ces deux arcs.*

1° *La somme des arcs et celle des sinus sont données.* — En désignant par a et m les deux sommes données, et par x et y les deux arcs inconnus, on a à résoudre le système

$$(1) \qquad x+y=a \qquad (2) \qquad \sin x+\sin y=m.$$

En remplaçant le premier membre de l'équation (2) par un double produit et en tenant compte de l'équation (1), on a

$$2\sin\frac{a}{2}\cos\frac{x-y}{2}=m,$$

d'où

$$(3) \qquad \cos\frac{x-y}{2}=\frac{m}{2\sin\frac{a}{2}}.$$

Si l'on désigne par α l'un quelconque des arcs ayant pour cosinus $\frac{m}{\sin\frac{a}{2}}$, on aura

$$\frac{x+y}{2}=\frac{a}{2} \qquad \frac{x-y}{2}=n\times 360^\circ\pm\alpha,$$

et, par suite,

$$(4) \quad x=\frac{a}{2}+n\times 360\pm\alpha \qquad y=\frac{a}{2}-n\times 360^\circ\mp\alpha.$$

2° *La différence des arcs et la somme des sinus, la somme*

des arcs et la différence des sinus ou enfin la différence des arcs et celle des sinus sont données.

En représentant toujours par a et m les sommes ou différences données, on trouve que suivant l'un ou l'autre des trois cas qu'on vient d'énoncer, la formule (3) est remplacée successivement par chacune des suivantes :

$$(5)\quad \sin\frac{x+y}{2}=\frac{m}{2\cos\frac{a}{2}}\qquad (6)\quad \sin\frac{x-y}{2}=\frac{m}{2\cos\frac{a}{2}}.$$

$$(7)\qquad \cos\frac{x+y}{2}=\frac{m}{2\sin\frac{a}{2}},$$

on achève ensuite facilement le calcul.

3° *On donne la somme ou la différence de deux arcs et le produit de leurs sinus.*

Considérons d'abord le cas de la somme, en désignant toujours par a et m les deux nombres donnés, on a à résoudre le système

$$(8)\qquad x+y=a\qquad (9)\qquad \sin x\sin y=m,$$

la seconde, par une transformation connue, devient

$$\cos(x-y)-\cos a=2m,$$

d'où

$$(9)\qquad \cos(x-y)=2m+\cos a.$$

Connaissant la somme des deux arcs par la formule (8), et leur différence par la formule (9) qu'on rendra, d'abord, calculable par logarithmes, on achèvera le calcul comme plus haut.

Lorsque la différence des arcs est donnée, on voit facilement que leur somme est déterminée par la formule

$$(10)\qquad \cos(x+y)=\cos a-2m.$$

4° *On donne la somme ou la différence de deux arcs et le rapport de leurs sinus.*

Supposons qu'on donne la somme des arcs, on aura les deux équations

$$(11)\qquad x+y=a\qquad (12)\qquad \frac{\sin x}{\sin y}=m,$$

de la seconde on déduit par une combinaison connue

$$\frac{\sin x - \sin y}{\sin x + \sin y} = \frac{m-1}{m+1},$$

et en remplaçant le premier membre par le rapport de deux tangentes (formule (5), 33), on aura en tenant compte de l'équation (11)

$$(12) \qquad \operatorname{tg}\frac{x-y}{2} = \frac{m-1}{m+1}\operatorname{tg}\frac{a}{2}.$$

α représentant l'un des arcs ayant pour tangente celle de l'arc $\frac{x-y}{2}$ qui est donnée par l'équation (12), on aura

$$\frac{x-y}{2} = n \times 180 + \alpha,$$

et, par suite

$$(13) \quad x = \frac{a}{2} + n \times 180^\circ + \alpha \qquad y = \frac{a}{2} - n \times 180^\circ - \alpha.$$

Remarque. — Si m n'était pas un nombre donné, mais pouvant être calculé par logarithmes, on déterminerait d'abord un angle auxiliaire φ dont la tangente serait égale à m et l'on remplacerait dans la formule (12) $\frac{m-1}{m+1}$, par $\operatorname{tg}(45^\circ - \varphi)$ (40).

46. Problème II. — *Calculer deux arcs connaissant leur somme ou leur différence, et la somme, la différence, le produit ou le quotient de leurs cosinus.*

On peut ramener le problème au précédent en remplaçant x et y par $90^\circ - x'$ et $90^\circ - y'$. Du reste, en traitant la question directement, on a des calculs tout semblables à ceux qu'on vient de faire plus haut.

47. Problème III. — *Calculer deux arcs connaissant leur somme ou leur différence et la somme, la différence, le produit ou le quotient de leurs tangentes.*

1° *On donne la somme des arcs et la somme de leurs tangentes.*

On a

$$(1) \qquad x + y = a$$
$$(2) \qquad \operatorname{tg} x + \operatorname{tg} y = m$$

mais l'équation (2), comme on l'a déjà vu (formule (6) (33)), peut être remplacée par la suivante :

$$\frac{\sin(x+y)}{\cos x \cos y} = m$$

ou

$$\frac{\sin(x+y)}{\cos(x+y) + \cos(x-y)} = \frac{m}{2}$$

ou enremplaçant $x+y$ par a et résolvant par rapport à $\cos(x-y)$

$$(3) \qquad \cos(x-y) = \frac{2}{m}\sin a - \cos a.$$

On rendra cette dernière formule calculable par logarithmes, en posant

$$\operatorname{tg} \varphi = \frac{2}{m}$$

et on achèvera le calcul comme dans les problèmes précédents.

2° *On donne la différence* a *des arcs et la somme* m *de leurs tangentes.*

On arrive par un calcul semblable à celui qu'on vient de faire à l'équation

$$(4) \qquad 2\sin(x+y) - m\cos(x+y) = m\cos a$$

et l'on est ramené à la résolution d'une équation du premier degré par rapport au sinus et au cosinus d'un même arc (42).

3° *On donne la différence ou la somme des arcs et la différence de leurs tangentes.*

Il suffira évidemment pour avoir les formules analogues aux formules (3) et (4) d'y changer y en $-y$: on aura ainsi

$$(5) \qquad \cos(x+y) = \frac{2}{m}\sin a - \cos a$$

$$(6) \qquad 2\sin(x-y) - m\cos(x-y) = m\cos a$$

4° *On donne la somme ou la différence de deux arcs et le produit de leurs tangentes.*

Soit, par exemple,

$$(7) \qquad x + y = a$$
$$(8) \qquad \operatorname{tg} x \operatorname{tg} y = m.$$

La seconde équation peut être remplacée successivement par

$$\frac{\sin x \sin y}{\cos x \cos y} = \frac{m}{1}, \qquad \frac{\cos x \cos y + \sin x \sin y}{\cos x \cos y - \sin x \sin y} = \frac{1+m}{1-m},$$
$$\frac{\cos(x-y)}{\cos(x+y)} = \frac{1+m}{1-m}$$

et en remplaçant dans la dernière $x + y$ par a et résolvant par rapport à $\cos(x - y)$, on a

$$(8) \qquad \cos(x - y) = \frac{1+m}{1-m} \cos a.$$

Le calcul s'achève ensuite facilement.

Si l'on se donne la différence a des arcs au lieu de leur somme, on aura évidemment la nouvelle formule

$$(9) \qquad \cos(x + y) = \frac{1-m}{1+m} \cos a$$

en changeant dans la formule (8) y en $-y$ et m en $-m$.

5° *On donne la somme ou la différence de deux arcs et le quotient de leurs tangentes.*

Soit d'abord donnée la somme des arcs : on a

$$(10) \qquad x + y = a$$
$$(11) \qquad \frac{\operatorname{tg} x}{\operatorname{tg} y} = m.$$

Mais l'équation (11) prend successivement les formes suivantes :

$$\frac{\sin x \cos y}{\cos x \sin y} = \frac{m}{1} \qquad \frac{\sin(x-y)}{\sin(x+y)} = \frac{m-1}{m+1}$$

$$(12) \qquad \sin(x - y) = \frac{m-1}{m+1} \sin a$$

et le problème est résolu.

On a comme précédemment la formule qui convient au cas

où l'on donne la différence des arcs en changeant dans la formule (12) y en $-y$ et m en $-m$, et on a ainsi

$$(13) \qquad \sin(x+y) = \frac{m+1}{m-1} \sin a.$$

48. Problème IV. — *Trouver deux arcs, connaissant leur somme ou leur différence, la somme, la différence, le produit ou le quotient de leurs cotangentes.*

On passe du cas des tangentes à celui des cotangentes comme on a passé du cas des sinus à celui des cosinus.

49. Problème V. — *Calculer deux arcs, connaissant leur somme ou leur différence et la somme, la différence, le produit ou le quotient de leurs sécantes.*

1° *On donne la somme de deux arcs et celle de leurs sécantes.*

On a à résoudre le système

$$(1) \qquad x + y = a$$

$$(2) \qquad \text{séc}\, x + \text{séc}\, y = m$$

la seconde prend successivement les formes suivantes :

$$\frac{1}{\cos x} + \frac{1}{\cos y} = m \qquad \frac{\cos x + \cos y}{\cos x \cos y} = m$$

$$\frac{2\cos\frac{a}{2}\cos\frac{x-y}{2}}{\cos a + \cos(x-y)} = \frac{m}{2} \qquad \frac{2\cos\frac{a}{2}\cos\frac{x-y}{2}}{\cos^2\frac{x-y}{2} - \sin^2\frac{a}{2}} = m$$

$$(3) \quad m\cos^2\frac{x-y}{2} - 2\cos\frac{a}{2}\cos\frac{x-y}{2} - m\sin^2\frac{a}{2} = 0.$$

Dans ces calculs de transformation, on a remplacé $\cos x + \cos y$ par un double produit de cosinus, $\cos x \cos y$ par une demi-somme de cosinus, $\cos a$ par $1 - 2\sin^2\frac{a}{2}$, et enfin $\cos(x-y)$ par $2\cos^2\frac{x-y}{2} - 1$.

Désignons maintenant par z' et z'' les deux racines de l'équation (3) (z' étant la plus petite) et posons (41)

$$(4) \qquad \operatorname{tg}\varphi = m \operatorname{tg}\frac{a}{2}$$

nous aurons

$$(5)\quad z' = \pm \sin\frac{a}{2}\operatorname{cotg}\frac{\varphi}{2} \qquad z'' = \mp \sin\frac{a}{2}\operatorname{tg}\frac{\varphi}{2}$$

les signes étant déterminés comme il a été dit au numéro cité.

2° *On donne la somme de deux arcs et la différence de leurs sécantes, la différence de deux arcs et la somme ou la différence de leurs sécantes.*

Les trois nouveaux cas se ramènent au premier, en remplaçant dans l'équation (3) y successivement par $180^\circ + y'$, $-y'$ et $180^\circ - y'$, car on est toujours ramené ainsi à trouver deux arcs connaissant leur somme et la somme de leurs sécantes.

3° *On donne la somme ou la différence de deux arcs et le produit ou le quotient de leurs sécantes.*

Les deux équations

$$\text{séc}\, x\ \text{séc}\, y = m \qquad \frac{\text{séc}\, x}{\text{séc}\, y} = m$$

peuvent être remplacées par

$$\cos x \cos y = \frac{1}{m} \qquad \frac{\cos x}{\cos y} = \frac{1}{m}$$

et l'on est ramené à des questions déjà traitées.

50. Problème IV. — *Calculer deux arcs, connaissant leur somme ou leur différence et la somme, la différence, le produit ou le quotient de leurs cosécantes.*

On passe du cas des sécantes à celui des cosécantes, comme on l'a déjà fait pour les cosinus et les cotangentes.

CHAPITRE VIII

RÉSOLUTION DES TRIANGLES.

Dorénavant, les angles d'un triangle ABC seront toujours représentés par les lettres de leurs sommets A, B, C et les côtés opposés par a, b, c ; dans le cas d'un triangle rectangle A désignera l'angle droit.

ÉQUATIONS QUI SE RAPPORTENT AUX TRIANGLES RECTANGLES. — RÉSOLUTION DE CES TRIANGLES.

51. En partant de la définition même des lignes trigonométriques, on a immédiatement dans tout triangle rectangle ABC (fig. 3).

$$\text{Sin B} = \cos C = \frac{b}{a}, \quad \sin C = \cos B = \frac{c}{a}, \quad \text{tg B} = \text{cotg C} = \frac{b}{c}$$

ou encore

$$(1) \quad b = a \sin B = a \cos C, \qquad (2) \quad c = a \sin C = a \cos B,$$

$$(3) \qquad b = c \text{ tg B} = c \text{ cotg C}.$$

On peut donc énoncer les deux théorèmes suivants :

52. THÉORÈME I. — *Dans tout triangle rectangle, un côté de l'angle droit est égal au produit de l'hypoténuse par le sinus de l'angle opposé ou le cosinus de l'angle adjacent à ce côté.*

53. THÉORÈME II. — *Dans tout triangle rectangle, un côté de l'angle droit est égal au produit de l'autre côté de l'angle* *droit par la tangente de l'angle opposé ou la cotangente de l'angle adjacent au premier côté.*

On a d'ailleurs les deux équations connues en géométrie

$$B + C = 90^\circ \qquad a^2 = b^2 + c^2.$$

54. Voici le tableau de la résolution des quatre cas.

PREMIER CAS. — *Données*

$$a, \qquad B$$

résultats

$$C = 90^\circ - B \qquad b = a \sin B \qquad c = a \cos B.$$

DEUXIÈME CAS. — *Données*

$$b, \qquad B$$

résultats

$$C = 90^\circ - B \qquad a = \frac{b}{\sin B} \qquad c = b \operatorname{cotg} B.$$

TROISIÈME CAS. — *Données*

$$a, \qquad b$$

résultats

$$c = \sqrt{(a+b)(a-b)} \qquad \operatorname{tg}\frac{C}{2} = \sqrt{\frac{a-b}{a+b}} \qquad B = 90^\circ - C,$$

on déduit la formule qui donne $\operatorname{tg}\frac{C}{2}$ des deux équations

$$\cos C = \frac{b}{a} \qquad \operatorname{tg}\frac{C}{2} = \sqrt{\frac{1-\cos C}{1+\cos C}}.$$

QUATRIÈME CAS. — *Données*

$$b, \qquad c$$

résultats

$$\operatorname{tg} B = \frac{b}{c} \qquad C = 90^\circ - B \qquad a = \frac{b}{\sin B}.$$

RELATIONS ENTRE LES ÉLÉMENTS D'UN TRIANGLE QUELCONQUE.

55. THÉORÈME I. — *Dans tout triangle les côtés sont proportionnels aux sinus des angles opposés.*

Pour démontrer ce théorème, il suffit de mener deux des hauteurs du triangle, et d'appliquer le théorème (I) (52) aux triangles rectangles ainsi obtenus.

56. En adjoignant, aux deux équations données par le théorème, la relation connue entre les angles d'un triangle, on a le système des trois équations

$$(1)\quad A + B + C = 180^{\circ} \qquad \frac{a}{\sin A} = \frac{b}{\sin B} = \frac{c}{\sin C}$$

qui suffit pour la résolution des triangles.

57. THÉORÈME II. — *Dans tout triangle, un côté est égal à la somme des produits qu'on obtient en multipliant chacun des deux autres par le cosinus de l'angle qu'il fait avec le premier.*

Ce théorème se démontre, comme le précédent, en abaissant les hauteurs du triangle et calculant les projections des côtés les uns sur les autres, à l'aide du théorème I (52); il donne les trois équations suivantes :

$$(2)\quad \begin{aligned} a &= b \cos C + c \cos B \\ b &= a \cos C + c \cos A \\ c &= a \cos B + b \cos A. \end{aligned}$$

58. THÉORÈME III. — *Dans tout triangle, le carré d'un côté est égal à la somme des carrés des deux autres diminuée du double produit de ces côtés par le cosinus de l'angle qu'ils comprennent.*

Deux théorèmes de Géométrie bien connus conduisent à l'énoncé précédent, si l'on calcule, comme dans la démonstration du théorème II, les projections des côtés les uns sur les autres; on a alors le système

$$(3)\quad \begin{aligned} a^2 &= b^2 + c^2 - 2bc \cos A \\ b^2 &= a^2 + c^2 - 2ac \cos B \\ c^2 &= a^2 + b^2 - 2ab \cos C. \end{aligned}$$

REMARQUE. — Chacun des systèmes (1), (2) et (3) suffisant à la résolution des triangles entraîne les deux autres : c'est ce que l'on peut facilement vérifier.

59. Résolution des triangles quelconques dans les cas élémentaires.

PREMIER CAS. — *Données*

$$a, \quad B, \quad C,$$

formules pour la résolution

$$A = 180^\circ - B - C \qquad b = \frac{a \sin B}{\sin A} \qquad c = \frac{a \sin C}{\sin A}.$$

DEUXIÈME CAS (1re *Méthode*). — *Données*

$$a, \quad b, \quad C,$$

formules pour la résolution

(1) $$\operatorname{tg} \alpha = \frac{a - b}{a + b} \operatorname{cotg} \frac{C}{2}.$$

(2) $$A = 90^\circ - \frac{C}{2} + \alpha$$ (3) $$B = 90^\circ - \frac{C}{2} - \alpha.$$

(4) $$c = \frac{a \sin C}{\sin A}$$ ou (5) $$c = \frac{(a + b) \sin \frac{C}{2}}{\cos \alpha}.$$

Pour démontrer la formule (1) on remarque que l'on a les relations

$$A + B = 180^\circ - C \qquad \frac{\sin A}{\sin B} = \frac{a}{b}.$$

c'est-à-dire, qu'on est ramené à trouver deux angles connaissant leur somme et le rapport de leurs sinus. En procédant, comme il a été dit (45), et posant $\frac{B - C}{2}$ égal à α, on retombe bien sur la formule (1).

REMARQUE. — L'emploi de la formule (5) est préférable à celui de la formule (4), parce que le logarithme de $a + b$ étant déjà connu quand on détermine c, tout le calcul n'exige que cinq logarithmes au lieu de six.

On trouve, d'ailleurs, facilement la formule (5), comme il suit : on a

$$\frac{c}{\sin C} = \frac{a}{\sin A} = \frac{b}{\sin B} = \frac{a + b}{\sin A + \sin B} = \frac{a + b}{2 \cos \frac{C}{2} \cos \frac{A - B}{2}}.$$

Remplaçant $\sin C$ par $2 \sin \frac{C}{2} \cos \frac{C}{2}$, $\cos \frac{A - B}{2}$ par $\cos \alpha$, puis simplifiant et résolvant par rapport à c, on a la formule demandée.

REMARQUE. — Si a et b étaient connus seulement par leurs logarithmes, on rendrait le rapport $\frac{a-b}{a+b}$ calculable par logarithmes, comme il a été dit au n° (40); alors c'est la formule (4) qu'il faut employer.

DEUXIÈME CAS (2e *Méthode*). — *Données*

$$a, \quad b, \quad C,$$

formules pour la résolution

(1) $\operatorname{tg} A = \dfrac{a \sin C}{b - a \cos C}$ (2) $B = 180° - (A + C)$

(3) $$c = \frac{a \sin C}{\sin A}$$

la formule (1) s'obtient en mettant deux des équations données (56 et 57) sous la forme

$$c \sin A = a \sin C \qquad c \cos A = b - a \cos C$$

et les divisant, membre à membre.

Pour obtenir l'angle A, le procédé le plus simple sera de calculer, d'abord, par logarithmes, la quantité $a \cos C$.

TROISIÈME CAS. — *Données*

$$a, \quad b, \quad c,$$

formules pour la résolution

(1) $$\operatorname{tg} \frac{A}{2} = \sqrt{\frac{(p-b)(p-c)}{p(p-a)}}$$

(2) $$\operatorname{tg} \frac{B}{2} = \sqrt{\frac{(p-a)(p-c)}{p(p-b)}}$$

(3) $$\operatorname{tg} \frac{C}{2} = \sqrt{\frac{(p-a)(p-b)}{p-c}}$$

(p est le demi-périmètre du triangle).

Pour démontrer *directement* ces formules on part de la relation

$$\frac{\sin B + \sin C - \sin A}{\sin B + \sin C + \sin A} = \operatorname{tg} \frac{B}{2} \operatorname{tg} \frac{C}{2}$$

qui a été donnée au n° 34. En y remplaçant sin A, sin B et

sin C par les côtés a, b, c qui leur sont proportionnels, le premier membre devient $\frac{p-a}{p}$, et l'on obtient

$$p-a=p\operatorname{tg}\frac{B}{2}\operatorname{tg}\frac{C}{2},\quad \text{et de même,}$$

$$p-b=p\operatorname{tg}\frac{A}{2}\operatorname{tg}\frac{C}{2},\qquad (4)$$

$$p-c=p\operatorname{tg}\frac{A}{2}\operatorname{tg}\frac{B}{2}.$$

Si maintenant on multiplie, membre à membre, les deux dernières équations et qu'on divise ensuite par les deux membres de la première, on trouve

$$\frac{(p-b)(p-c)}{p-a}=p\operatorname{tg}^2\frac{A}{2}$$

d'où l'on déduit facilement la formule (1). On obtient ensuite les deux autres de la même manière.

Quatrième cas. — *Données*

$$a,\quad b,\quad A,$$

formules pour la résolution

$$(1)\quad \sin B=\frac{b\sin A}{a}\qquad (2)\quad C=180^\circ-A-B$$

$$(3)\quad c=\frac{a\sin C}{\sin A}.$$

Remarque. — La formule (1) donne deux angles supplémentaires, mais la Géométrie apprend dans quel cas on doit prendre l'angle aigu seulement, ou les deux angles. Ces résultats empruntés à la Géométrie vont, d'ailleurs, être confirmés tout à l'heure, par une discussion directe, purement trigonométrique.

60. Remarque générale sur la résolution des triangles. — On peut le plus souvent suivre deux marches dans la résolution des triangles : commencer par le calcul des angles ou par celui des côtés. Le premier procédé est, en général, plus élégant et conduit plus directement à des formules calculables par logarithmes. L'autre procédé, en quelque sorte moins *tri-*

gonométrique, mais, en général, plus facile à mettre en œuvre pour les personnes peu exercées au calcul trigonométrique, ne conduit le plus souvent à des formules calculables par logarithmes qu'à l'aide des angles auxiliaires. D'ailleurs, si l'on compare les résultats obtenus par les deux méthodes, on trouve que les calculs sont équivalents dans leur ensemble, sinon identiques : c'est ce que nous allons vérifier sur quelques exemples.

Exemple I. — *On donne deux côtés* a *et* b *et l'angle compris* C *et l'on demande de calculer d'abord le côté* c.

Si l'on suit la première méthode indiquée exemple, (2) (39), on a un calcul équivalent à celui qu'on aurait fait en calculant, d'abord, les angles; et, par la seconde méthode, on a un calcul identique. (Dans l'exemple (2) (39) c et C sont remplacés par x et γ).

Exemple II. — *Calculer d'abord le côté* c *dans le quatrième cas de résolution des triangles.*

On part de la première des formules (3) (58) que l'on écrit

$$(1) \qquad c^2 - 2b \cos A \,.\, C + b^2 - a^2 = 0$$

en résolvant l'équation, on a

$$(2) \qquad c = b \cos A \pm \sqrt{a^2 - b^2 \sin^2 A}.$$

Posant suivant la méthode générale

$$(3) \qquad \sin \varphi = \frac{b \sin A}{a}$$

l'équation (2) devient

$$c = b \cos A \pm a \cos \varphi$$

ou en remplaçant b par la valeur tirée de l'équation (3)

$$(4) \qquad c = \frac{a \sin (\varphi \pm A)}{\sin A}.$$

On voit facilement que le calcul est identique à celui qui a été fait quand on a résolu le quatrième cas des triangles (59).

En effet, soient B et B′ les valeurs de l'angle B, le premier, étant un angle aigu et le second, son supplément ; il résulte de la comparaison de la formule (3) à la formule (1) (quatrième cas, 59) que l'angle φ peut être considéré comme égal à B′; et, si dans la formule 3 (quatrième cas, 59) on remplace successivement C par $180° - A - B'$ et par $180° - A - B''$ ou $B' - A$, on trouve bien pour c les deux valeurs

$$\frac{a \sin (B' + A)}{\sin A} \quad \text{et} \quad \frac{a \sin (B' - A)}{\sin A}.$$

Exemple III. — *Résoudre un triangle connaissant un côté* a, *l'angle opposé* A *et la somme* s *des deux autres côtés* b *et* c.

Première méthode. — On a

$$(1) \qquad B + C = 180° - A,$$

$$\frac{a}{\sin A} = \frac{b}{\sin C} = \frac{c}{\sin C} = \frac{b + c}{\sin B + \sin C},$$

d'où

$$(2) \qquad \sin B + \sin C = \frac{s \sin A}{a},$$

les équations (1) et (2) montrent qu'on est ramené à trouver deux angles connaissant leur somme et la somme de leurs sinus, en opérant comme au n° 45, et représentant $\frac{B - C}{2}$ par α, on trouve

$$(3) \qquad \cos \frac{\alpha}{2} = \frac{s}{a} \sin \frac{A}{2},$$

puis l'on a

$$(4) \quad B = 90° - \frac{A}{2} + \alpha \qquad (5) \quad C = 90° - \frac{A}{2} - \alpha,$$

$$(6) \quad b = \frac{a \sin B}{\sin A} \qquad (7) \quad c = \frac{a \sin C}{\sin A}.$$

Les formules (3), (4), (5), (6) et (7) résolvent le problème.

Deuxième méthode. — *On veut d'abord calculer les côtés* b *et* c. On est immédiatement ramené à ce problème d'Algèbre: résoudre par rapport aux deux inconnues b et c le système d'équations

$$(8) \quad b + c = s \qquad (9) \quad a^2 = b^2 + c^2 - 2bc \cos A,$$

de la seconde, en y remplaçant $\cos A$ par $2\cos^2\frac{A}{2}-1$, on tire facilement

$$bc=\frac{s^2-a^2}{4\cos^2\frac{A}{2}},$$

b et c sont donc les racines d'une équation du second degré

$$(10)\qquad 4\cos^2\frac{A}{2}x^2-4s\cos^2\frac{A}{2}x+s^2-a^2=0,$$

en résolvant cette équation, on a

$$(11)\qquad \left.\begin{matrix}b\\c\end{matrix}\right\}=\frac{s\pm\sqrt{a^2-s^2\sin^2\frac{A}{2}}}{2\cos\frac{A}{2}}.$$

Posant maintenant

$$(12)\qquad \cos\varphi=\frac{s\sin\frac{A}{2}}{a},$$

on a, par un calcul semblable à celui de l'exemple précédent,

$$(13)\quad b=\frac{a\cos\left(\frac{A}{2}-\varphi\right)}{\sin A}\qquad (14)\quad c=\frac{a\cos\left(\frac{A}{2}+\varphi\right)}{\sin A}.$$

Mais l'angle φ déterminé par la formule (12) n'est autre que l'angle α ou $\frac{B-C}{2}$ de la formule (3), et l'on s'assure facilement que les équations (13) et (14), quand on y remplace φ par $\frac{B-C}{2}$, donnent pour b et c les mêmes valeurs que les équations (6) et (7).

DISCUSSION DE QUELQUES-UNS DES PROBLÈMES PRÉCÉDENTS.

61. On ne veut discuter ici que les problèmes les plus simples ; la discussion des autres sera faite dans la seconde partie.

Exemple I. — *Discussion des formules relatives au troisième cas de résolution des triangles.*

Si l'on observe qu'un quotient $\frac{m}{n}$ et un produit mn ont toujours le même signe, quels que soient les signes de m et n, on voit que la seule condition pour que $\operatorname{tg}\frac{A}{2}$, $\operatorname{tg}\frac{B}{2}$ et $\operatorname{tg}\frac{C}{2}$ aient des valeurs réelles, c'est que le produit $p(p-a)(p-b)(p-c)$ ou simplement $(p-a)(p-b)(p-c)$ soit positif. Mais deux des facteurs du dernier produit ne pouvant être négatifs en même temps puisque leur somme qui représente un côté serait alors négative, on doit avoir les trois facteurs positifs, et, par suite,

$$a < b + c \quad b < a + c \quad c < a + b,$$

on retrouve ainsi les conditions connues en géométrie.

Exemple II. — *Discussion des formules du quatrième cas.*

En désignant par B′ et B″ les deux valeurs de B, la première plus petite que 90°, la seconde plus grande, et par C′, C″, c' c'', les valeurs correspondantes de C et c, on a

Première solution.

$$(1) \quad \sin B' = \frac{b \sin A}{a} \qquad (2) \quad C' = 180° - A - B'$$

$$(3) \qquad c' = \frac{a \sin C'}{\sin A}.$$

Deuxième solution.

$$(4) \quad \sin B'' = \frac{b \sin A}{a} \qquad (5) \quad C'' = 180° - A - B''$$

$$(6) \qquad c'' = \frac{a \sin C''}{\sin A}.$$

On distingue deux cas principaux :

1° *L'angle* A *est obtus ou droit.* — Alors la seconde solution doit évidemment être rejetée : mais cherchons à quelles conditions la première sera admissible. L'équation (1) donne d'abord la condition nécessaire

$$(7) \qquad a > b \sin A,$$

et pour que la valeur de C' soit positive, il faut, d'après l'équation (2), qu'on ait

$$B' < 180 - A,$$

ou comme les angles B' et $180 - A$ sont aigus,

$$\sin B' < \sin A.$$

Mais en remplaçant $\sin B'$ par la valeur que donne l'équation (1), il vient

$$(8) \qquad a > b.$$

Cette dernière inégalité entraîne évidemment l'inégalité (7) et, d'ailleurs, la valeur de c' est toujours admissible; l'inégalité (8) est donc la seule condition de possibilité, et quand elle est satisfaite le problème n'a qu'une solution.

2° *L'angle* A *est aigu.* — On a toujours la condition (7), et quand elle est remplie, la première solution est évidemment toujours admissible. Maintenant pour que la seconde solution existe, on doit avoir

$$A < 180^\circ - B'',$$

et comme les deux angles A et $180^\circ - B''$ sont aigus,

$$\sin A < \sin B''$$

en remplaçant dans cette dernière inégalité $\sin B''$ par sa valeur déduite de l'équation (4), on obtient la condition

$$(9) \qquad a < b,$$

et il n'y en a pas d'autres, car une fois la valeur de C'' déterminée, l'équation (6) permet toujours de calculer c''.

En résumé, dans le cas de l'angle aigu A, le problème a deux solutions quand les inégalités (7) et (9) sont satisfaites en même temps. Mais il n'en a plus qu'une, quand a est égal à b ou est plus grand que b, car, dans le cas de l'égalité, l'angle B'' est nul, et, dans l'autre cas, négatif : la solution existe, d'ailleurs, toujours, car la condition que a égale ou surpasse b entraîne nécessairement l'inégalité (7).

Le problème n'a encore qu'une solution lorsque l'inégalité (7) est remplacée par l'égalité correspondante, parce qu'alors B' étant droit, il en est de même de B''. Enfin le problème est impossible, quand l'inégalité (7) est remplacée, par l'inégalité de sens contraire.

Autre méthode de discussion. — On peut encore discuter le quatrième cas de résolution des triangles en partant des équations données (Ex II, 60).

La considération du dernier terme de l'équation (1) conduit à distinguer trois cas, suivant que a est plus grand que b, égal à b ou plus petit.

Dans le premier cas l'équation (1) a toujours deux racines réelles, l'une positive et l'autre négative, et le problème a toujours une solution et une seule.

Si b et a sont égaux, l'une des valeurs de c est égale à zéro, et l'autre à $2b \cos A$; cette dernière valeur ne sera, d'ailleurs, admissible que si l'angle A est aigu.

Enfin, si b est plus grand que a, on devra d'abord exprimer que les racines sont réelles, ce qui conduira à l'inégalité (7). Quand cette inégalité sera satisfaite et que l'angle A sera aigu, l'équation (1) aura deux racines positives ; le problème a donc alors deux solutions. Ces deux solutions se réduiraient à une seule, si l'inégalité (7) était remplacée par l'égalité correspondante, puisque les racines de l'équation (1) deviendraient égales. Si l'angle A était obtus les deux racines seraient toutes deux négatives et le problème serait impossible.

On voit, qu'à part l'ordre, les résultats sont les mêmes que dans la première méthode.

Exemple III. — *On veut discuter le problème déjà résolu où l'on donne* a, A *et la somme* s *des côtés* b *et* c.

Il s'agit de discuter les formules (3), (4), (5), (6) et (7) données, Ex. (III), (60).

La formule (3) conduit d'abord à la condition

$$a \geqslant s \cdot \sin \frac{A}{2}.$$

On doit exprimer ensuite que les angles B et C donnés par les formules (4) et (5) sont positifs et ont une somme inférieure à 180°.

Mais la somme des angles étant égale à 180° — A est plus petite que 180°, et l'angle B est essentiellement positif ; tout revient donc à écrire la condition pour que l'angle C soit aussi positif. Pour qu'il en soit ainsi, il faut que l'on ait

$$\alpha < 90^\circ - \frac{A}{2} \quad \text{ou} \quad \cos \alpha > \sin \frac{A}{2}.$$

Or en mettant dans la dernière inégalité pour cos α, la valeur donnée par l'équation (3). (Ex. III, 60). il vient :

$$a < s,$$

et l'on retrouve ainsi une condition connue en géométrie. Quant aux formules (6) et (7) du numéro cité, elles donnent toujours pour b et c des valeurs admissibles, une fois les angles déterminés. D'ailleurs, on sait par la géométrie qu'on peut toujours construire un triangle, connaissant un côté et deux angles dont la somme est inférieure à 180° — (Nous ne répéterons plus cette observation dans les discussions des problèmes)

En résumé, on voit que le problème n'a qu'une solution et que cette solution n'existe que si a est compris entre $s . \sin \frac{A}{2}$ et s.

Remarque. — On pourrait encore discuter le problème à l'aide de l'équation (10) (Ex. III, 60). Mais la discussion est toute semblable à celle qui a été faite dans l'exemple précédent.

NOUVELLES FORMULES EMPLOYÉES DANS LA RÉSOLUTION DES TRIANGLES. — CALCUL DE CERTAINS ÉLÉMENTS AUTRES QUE LES COTÉS ET LES ANGLES.

62. On peut calculer les angles d'un triangle connaissant les trois côtés par des formules autres que les formules du troisième cas des triangles (59). Ces formules sont les suivantes

$$(1) \qquad \sin \frac{A}{2} = \sqrt{\frac{(p-b)(p-c)}{bc}}$$

$$(2) \qquad \cos \frac{A}{2} = \sqrt{\frac{p(p-a)}{bc}}$$

$$(3) \qquad \sin A = \frac{2}{bc} \sqrt{p(p-a)(p-b)(p-c)} .$$

et celles qui s'en déduisent par de simples changements de lettres.

On peut les démontrer en exprimant $\sin \frac{A}{2}$, $\cos \frac{A}{2}$ et $\sin A$ en fonction de $\operatorname{tg} \frac{A}{2}$ puis remplaçant $\operatorname{tg} \frac{A}{2}$ par sa valeur connue (59). Mais on peut aussi partir des trois formules

$$\sin\frac{A}{2}=\sqrt{\frac{1-\cos A}{2}},\quad \cos\frac{A}{2}=\sqrt{\frac{1+\cos A}{2}},$$
$$\sin A=\sqrt{1-\cos^2 A},$$

et remplacer dans ces formules cos A par la valeur déduite de la première des équations (3), (58).

63. Exprimer la surface S d'un triangle en fonction des données dans chacun des quatre cas de résolution.

Les quatre formules suivantes répondent à la question :

$$(1)\quad S=\frac{ab\sin C}{2},\qquad (2)\quad S=\frac{a^2\sin B\sin C}{2\sin A},$$
$$(3)\quad S=\sqrt{p(p-a)(p-b)(p-c)},$$
$$(4)\quad S=\frac{b(b\cos A\pm\sqrt{a^2-b^2\sin^2 A})\sin A}{2},$$

la première formule est la conséquence immédiate de la mesure connue en géométrie ; la seconde se déduit de la première en y remplaçant b par la valeur tirée de la proportion entre les côtés et les sinus des angles ; la troisième et la quatrième formules se déduisent aussi de la première ou d'une des deux autres formules semblables, en y remplaçant successivement sin C et c par les valeurs que donnent la formule analogue à la formule (3) du n° 62 et l'équation (2). (Ex. II, 60).

Remarque. — Dans le cas du triangle rectangle, les formules deviennent :

$$(1)\quad S=\frac{bc}{2},\qquad (2)\quad S=\frac{a^2\sin 2B}{4},$$
$$(3)\quad S=\frac{b\sqrt{a^2-b^2}}{2},\qquad (4)\quad S=\frac{b^2\cot g B}{2}.$$

64. Expressions des rayons R, r, r' r'', r''' des cercles circonscrit, inscrit, ou ex-inscrits à un triangle ABC.

(r', r'', r''' désignent, respectivement, les rayons des cercles ex inscrits qui touchent les côtés a, b, c et les prolongements des deux autres). Les formules sont les suivantes :

(1) $$2R = \frac{a}{\sin A} = \frac{b}{\sin B} = \frac{c}{\sin C},$$

(2) $$R = \frac{p}{4 \cos \frac{A}{2} \cos \frac{B}{2} \cos \frac{C}{2}},$$

(3) $$R = \frac{abc}{4S},$$

(4) $$r = (p-a) \operatorname{tg} \frac{A}{2} = (p-b) \operatorname{tg} \frac{B}{2} = (p-c) \operatorname{tg} \frac{C}{2},$$

(5) $$r' = p \operatorname{tg} \frac{A}{2} = (p-b) \operatorname{cotg} \frac{C}{2} = (p-c) \operatorname{cotg} \frac{B}{2},$$

et on a des formules semblables aux formules (5) pour calculer r'' et r'''.

Démonstrations. — Ayant circonscrit un cercle au triangle, on obtient facilement les trois premières expressions de R au moyen de trois triangles rectangles dont l'hypoténuse commune est 2R et l'un des côtés de l'angle droit a, b ou c. On a ensuite facilement la formule (2), par la combinaison ordinaire qui consiste à remplacer plusieurs fractions égales par une seule qui a pour termes les sommes des numérateurs et des dénominateurs des fractions données. Quant à la formule (3), on y arrive en remplaçant, dans la première des formules (1), sin A par la valeur que donne la formule (3) (62) et en tenant compte de la valeur de S donnée par la formule (3) (63).

Les expressions de r, r', r'', r''' se déduisent de triangles rectangles formés par les bissectrices des angles intérieurs ou extérieurs au triangle donné, les rayons des points de contact, et les côtés du triangle.

Remarque I. — Si on égale entr'elles les trois valeurs de r, on voit que les cotangentes des angles $\frac{A}{2}$, $\frac{B}{2}$, $\frac{C}{2}$ sont proportionnelles à $p-a$, $p-b$, $p-c$.

Remarque II. — La première et la troisième valeur de r' étant égales, on trouve

$$p - b = p \operatorname{tg} \frac{A}{2} \operatorname{tg} \frac{C}{2}$$

et l'on obtient, d'une manière semblable, les deux formules analogues.

On a ainsi une nouvelle démonstration des formules (4) (quatrième cas, 59).

REMARQUE III. — Dans le cas du triangle rectangle on trouve facilement les formules

$$r = p - a \qquad r' = p \qquad r'' = p - c \qquad r''' = p - b$$

Il suffit de faire A égal à 90 dans les équations (4) et (5) et les équations analogues qui donnent r'' et r''' et contiennent A.

65. Pour donner une application des formules du n° précédent nous nous proposerons le problème suivant :

Connaissant les trois angles A, B, C *d'un triangle, calculer* a, b, c, S, r, r′, r″, r‴ *et* R.

Voici le tableau de la solution :

$$(1) \quad p - a = p \operatorname{tg} \frac{B}{2} \operatorname{tg} \frac{C}{2} \qquad p - b = p \operatorname{tg} \frac{A}{2} \operatorname{tg} \frac{C}{2} \qquad p - c = p \operatorname{tg} \frac{A}{2} \operatorname{tg} \frac{B}{2}.$$

$$(2) \quad S = p^2 \operatorname{tg} \frac{A}{2} \operatorname{tg} \frac{B}{2} \operatorname{tg} \frac{C}{2}. \quad (3) \quad r = p \operatorname{tg} \frac{A}{2} \operatorname{tg} \frac{B}{2} \operatorname{tg} \frac{C}{2}.$$

$$(4) \quad r' = p \operatorname{tg} \frac{A}{2} \qquad r'' = p \operatorname{tg} \frac{B}{2} \qquad r''' = p \operatorname{tg} \frac{C}{2}.$$

$$(5) \quad R = \frac{p}{4 \cos \frac{A}{2} \cos \frac{B}{2} \cos \frac{C}{2}}.$$

Les formules (2) et 3 n'ont pas encore été démontrées; mais la formule (2) s'obtient en éliminant $p - a$, $p - b$, $p - c$ entre les équations (1) et l'équation (3) du n° 63, et la formule (3) en éliminant $p - a$ entre la première des équations (1) et la première des équations (4) du numéro précédent : il est remarquable qu'en mettant R à part, tous les éléments peuvent se calculer avec quatre logarithmes seulement.

DU QUADRILATÈRE INSCRIPTIBLE.

66. Pour donner de nouvelles applications des formules démontrées dans ce chapitre, nous allons résoudre quelques questions relatives au quadrilatère inscriptible dont on donne les quatre côtés.

PROBLÈME I. — *Connaissant les quatre côtés d'un quadrilatère, calculer les angles.*

Soient a, b, c, d les côtés AB, BC, CD et AD du quadrilatère donné ABCD (fig. 4), $2p$ son périmètre, A, B, C et D, ses angles. En prolongeant jusqu'à leur point de rencontre en G les deux côtés opposés AD et BC, on obtient deux triangles GAB et GCD auxquels on peut appliquer les formules (4) du n° 59 : $2p'$ et $2p''$ représentant les périmètres des deux triangles, on a

$$p'-a=p' \operatorname{tg}\frac{\text{GAB}}{2}\operatorname{tg}\frac{\text{GBA}}{2},\quad p''-c=p''\operatorname{tg}\frac{\text{GCD}}{2}\operatorname{tg}\frac{\text{GDC}}{2},$$

ou encore en remplaçant les tangentes par les cotangentes de leurs compléments

$$p'-a=p'\operatorname{cotg}\frac{A}{2}\operatorname{cotg}\frac{B}{2},\quad p''-c=p''\operatorname{cotg}\frac{A}{2}\operatorname{cotg}\frac{B}{2}.$$

Si maintenant on retranche, membre à membre, les équations précédentes et qu'on observe que les quantités $p''-p'$ et $(p''-c)-(p'-a)$ sont, respectivement, égales à $2(p-a)$ et $2(p-c)$, on obtient

$$(1)\qquad p-a=(p-c)\operatorname{tg}\frac{A}{2}\operatorname{tg}\frac{B}{2}.$$

et, par un simple changement de lettres, il vient ensuite

$$p-b=(p-d)\operatorname{tg}\frac{B}{2}\operatorname{tg}\frac{C}{2}$$

ou encore

$$(2)\qquad p-b=(p-d)\frac{\operatorname{tg}\frac{B}{2}}{\operatorname{tg}\frac{A}{2}}.$$

Si alors on divise et multiplie, membre à membre, les équations (1) et (2) et qu'on résolve ensuite par rapport à $\operatorname{tg}\frac{A}{2}$ et $\operatorname{tg}\frac{B}{2}$, on a

$$(3)\qquad \operatorname{tg}\frac{A}{2}=\sqrt{\frac{(p-a)(p-d)}{(p-b)(p-c)}},$$

$$(4)\qquad \operatorname{tg}\frac{B}{2}=\sqrt{\frac{(p-a)(p-b)}{(p-c)(p-d)}}.$$

Quant aux angles C et D, on les calcule immédiatement puisqu'ils sont les suppléments de A et B.

2° *Calculer l'angle* AFD *des diagonales.* Prenons l'arc BE égal à DC et menons les cordes EB et ED. On obtient ainsi un quadrilatère ABED dans lequel les côtés EB et ED sont, respectivement, égaux à CD et CB. Mais l'arc ADCE est égal à la somme des arcs AD et BC, et, par suite, l'angle ABE du nouveau quadrilatère est égal à l'angle AFD. Appliquant alors au calcul de l'angle AFD la règle exprimée par l'une ou l'autre des formules (3) et (4), on a

$$(5)\qquad \operatorname{tg}\frac{AFD}{2}=\operatorname{tg}\frac{ABE}{2}=\sqrt{\frac{(p-a)(p-c)}{(p-c)(p-d)}}.$$

3° *Calculer l'angle de deux côtés opposés du quadrilatère.* Soit proposé, par exemple, de calculer l'angle DGC. Menons AH parallèle à BC et tirons les cordes HC et HD : l'angle DAH, et, par suite, l'angle DCH, sont égaux à l'angle G. Appliquant alors au triangle DHC la formule 1 (2e cas des triangles 59), on a

$$\operatorname{tg}\frac{DHC-HDC}{2}=\frac{c-a}{c+a}\operatorname{cotg}\frac{DCH}{2}.$$

Mais on voit par la mesure des angles au moyen des arcs de cercle que la différence des angles DHC et HDC est égale à l'angle AFD des diagonales : remplaçant alors le premier membre de l'équation précédente par la valeur de $\operatorname{tg}\frac{AFD}{2}$ donnée par l'équation (5) et résolvant par rapport à $\operatorname{cotg}\frac{DCH}{2}$ ou $\operatorname{cotg}\frac{G}{2}$, on obtient

$$(6)\qquad \operatorname{cotg}\frac{G}{2}=\frac{c+a}{c-a}\sqrt{\frac{(p-a)(p-c)}{(p-b)(p-d)}}.$$

4° *Calculer la surface du quadrilatère.* Cette surface étant la somme de celles des deux triangles DAB et DBC, on a

$$S = \frac{ad + bc}{2} \sin A.$$

Mais en remplaçant, dans l'expression de sin A en fonction de $\operatorname{tg} \frac{A}{2}$, cette dernière ligne trigonométrique par la valeur que donne l'équation (3), on obtient

$$\sin A = \frac{2\sqrt{(p-a)(p-b)(p-c)(p-d)}}{ad + bc}$$

et en substituant la valeur de sin A qu'on vient de trouver dans l'expression de S, on a

$$(7) \qquad S = \sqrt{(p-a)(p-b)(p-c)(p-d)}.$$

5° *Calculer les angles des diagonales avec les côtés.* Soit proposé, par exemple, de calculer les deux angles ABD, ADB. Si l'on veut avoir immédiatement des formules calculables par logarithmes, on calculera les deux angles en appliquant au triangle ABD la première méthode pour la résolution du second cas des triangles (59) ; mais si l'on veut obtenir les expressions d'une ligne trigonométrique de chacun des deux angles donnés en fonction des côtés du quadrilatère, on emploiera la seconde méthode pour la résolution du même cas. Seulement il restera à exprimer le sinus et le cosinus d'un angle du quadrilatère en fonction de la tangente du demi-angle.

6° *Calculer le rayon* R *du cercle circonscrit au quadrilatère.* On a dans le triangle ABD

$$R = \frac{a}{\sin ADB}$$

et comme l'angle ADB peut être calculé, comme il a été dit, on obtiendra R par la formule précédente.

7° *Calculer les diagonales.* Soit, par exemple, la diagonale BD. On a dans le triangle ABD

$$BD = \frac{a \sin A}{\sin ADB}$$

Mais les angles A et ABD pouvant être calculés, comme on l'a fait voir plus haut, on obtiendra la diagonale BD par la formule précédente.

REMARQUE. — On pourrait partir des expressions que nous avons données pour R et BD et arriver à des formules qui ne continssent plus que les quatre côtés; mais ces formules ne seraient pas calculables par logarithmes, et on les trouve plus simplement en géométrie.

CHAPITRE IX

CONSTRUCTION DES RACINES DE CERTAINES ÉQUATIONS TRIGONOMÉTRIQUES.

67. Les équations les plus simples dont on peut avoir à construire les racines sont les suivantes où x désigne une longueur inconnue et α et λ, deux angles, le premier connu, le second inconnu :

(1) $x = a \sin \alpha$, (2) $x = a \cos \alpha$,

(3) $x = \dfrac{a}{\sin \alpha}$, (4) $x = \dfrac{a}{\cos \alpha}$,

(5) $x = a \operatorname{tg} \alpha$, (6) $x = a \operatorname{cotg} \alpha$,

(7) $\sin \lambda = \dfrac{b}{a}$, (8) $\cos \lambda = \dfrac{b}{a}$,

(9) $\operatorname{tg} \lambda = \dfrac{b}{c}$, (10) $\operatorname{cotg} \lambda = \dfrac{b}{c}$.

Les inconnues dans les deux premières équations s'obtiennent en construisant un triangle rectangle ayant a pour hypoténuse et α pour l'un des angles adjacents : le côté opposé à l'angle α est la valeur de x dans la première équation, et le côté adjacent au même angle la valeur de x dans la seconde.

Pour obtenir la valeur de x dans les équations (3) et (4), on construira un triangle rectangle, dont l'un des côtés de l'angle droit sera a et l'angle aigu adjacent $90° - \alpha$ ou α, suivant qu'il s'agira de l'équation (3) ou de l'équation (4) : l'hypoténuse du triangle rectangle sera alors la droite demandée. La même construction que nous venons d'indiquer servira pour les équations (6) et (5), seulement ce sera le second côté de l'angle droit qui représentera l'inconnue.

Quant à l'angle λ donné par les dernières formules, on l'obtiendra en construisant, pour les formules (7) et (8), un triangle rectangle dans lequel a et b soient l'hypoténuse et un côté de l'angle droit, et pour les formules (9) et (10), un triangle rectangle dont les deux côtés de l'angle droit soient b et c : l'angle inconnu λ sera toujours l'angle aigu, opposé ou adjacent au côté b.

68. Les formules connues de la trigonométrie conduisent quelquefois à la construction immédiate de certaines expressions.

Ainsi, par exemple, si x et y sont deux longueurs données par les équations

$$x^2 = a^2 + b^2 - 2ab \cos C, \qquad y^2 = a^2 + b^2 + 2ab \cos C.$$

On est conduit à la construction suivante :

Tracez deux droites indéfinies AB *et* CB (fig 5) *faisant entre elles un angle* ABC, *égal à* C ; *prenez sur la première une longueur* AB *égal à* a, *et, sur la seconde prolongée dans les deux sens, portez, à partir du point* B, *deux longueurs* BC *et* BD *égales à* b ; *puis tirez les deux droites* AC *et* AD ; *ces dernières droites seront les longueurs cherchées.*

69. Construction des racines de l'équation du second degré. — L'équation du second degré est donnée sous la forme homogène

$$(1) \qquad x^2 \mp ax \pm b^2 = 0,$$

a et b représentent alors deux longueurs données et x une longueur inconnue : on suppose, d'ailleurs, que les racines de l'équation (1), sont réelles et inégales, c'est-à-dire, que a est plus grand que $2b$.

Premier cas — L'équation donnée est

$$(2) \qquad x^2 \pm ax + b^2 = 0.$$

En introduisant les nouvelles notations dans les formules (1), (7) et (8) du n° 41, on aura:

$$(3) \qquad \sin\varphi = \frac{2b}{a}, \qquad (4) \qquad x' = \pm b \cot\frac{\varphi}{2},$$

$$(5) \qquad x'' = \pm b \operatorname{tg}\frac{\varphi}{2},$$

les signes supérieurs et inférieurs dans les formules (4) et (5) correspondant, respectivement, aux cas où a est précédé du signe — ou du signe + dans l'équation (2).

On construira d'abord l'angle φ, d'après la formule (3), en suivant la méthode donnée pour l'équation (7), (67) ; puis les valeurs absolues de x' et x'' seront construites d'après les formules (4) et (5) en se conformant aux règles données pour les équations (5), (6) (67).

Deuxième cas. — L'équation donnée est

$$(6) \qquad x^2 \mp ax - b^2 = 0.$$

Dans ce cas, d'après la méthode exposée n° 41, on aura

$$(7) \qquad \operatorname{tg} \varphi = \frac{2b}{a},$$

et l'angle φ se construira comme on l'a fait pour l'équation (9) (67).

On aura ensuite les valeurs de x' et x'', abstraction faite des signes, comme plus haut. Quant aux signes eux-mêmes, nous avons vu (41) comment on les détermine.

Remarque I. — Si x, dans l'équation du second degré, représentait la ligne trigonométrique d'un angle inconnu λ, on remplacerait, dans l'équation, x par le rapport d'une longueur inconnue y à une longueur arbitraire mais connue m. Alors, après qu'on aurait construit y comme il vient d'être dit, on aurait à trouver une ligne trigonométrique égale au rapport $\frac{y}{m}$; or c'est ce que l'on sait toujours faire (67).

Remarque II. — Quand une équation trigonométrique dont on veut construire les racines, contient plusieurs lignes d'un même arc, on les exprime toutes ordinairement, en fonction d'une seule, que cette ligne figure ou non dans l'équation donnée. Le plus souvent on exprimera toutes les lignes trigonométriques en fonction de la tangente de l'arc ou de sa moitié. Il est des cas cependant où il vaut mieux opérer d'une autre manière : c'est ce que l'on va voir immédiatement.

70. Construction des racines de l'équation

$$(1) \qquad a \sin x + b \cos x = c.$$

Nous supposerons pour fixer les idées que les trois nombres donnés a, b, c soient positifs.

PREMIÈRE CONSTRUCTION. — Soient représentées par des longueurs, les trois nombres a, b et c et désignons par u et v deux droites dont les longueurs sont considérées comme des inconnues auxiliaires liées à l'angle cherché x par les équations

$$u = \sqrt{a^2 + b^2} \sin x, \qquad v = \sqrt{a^2 + b^2} \cos x.$$

On voit alors que u et v satisfont aux équations

$$(2) \qquad au + bv = c\sqrt{a^2 + b^2},$$
$$(3) \qquad u^2 + v^2 = a^2 + b^2.$$

La forme de l'équation (2) donne l'idée d'utiliser une propriété connue du quadrilatère inscriptible et l'on est conduit à la construction suivante :

Faites un triangle rectangle ABC (fig. 6) *dont les deux côtés* BC *et* CA *soient* a *et* b, *et tracez le cercle circonscrit ; puis du sommet* C *de l'angle droit, comme centre, avec un rayon égal à* c, *décrivez un cercle et déterminez les points* D *ou* D′ *où les deux cercles se coupent : les droites qui joignent les deux points* D *et* D′ *aux points* A *et* B *donneront deux systèmes de valeurs pour* u *et* v, *et on aura ensuite facilement l'angle cherché.*

Si l'on prend, par exemple, le point D sur la figure (6), on a dans le triangle rectangle ABD

$$\sin \text{ABD} = \frac{u}{\sqrt{a^2 + b^2}}.$$

L'angle ABD est donc l'une des valeurs de l'angle cherché x.

On pourra facilement, en discutant la solution précédente, retrouver les résultats obtenus au n° 42 : les nombres a, b et c peuvent aussi être supposés avoir des signes quelconques.

DEUXIÈME CONSTRUCTION. — Les deux termes du premier membre de l'équation (1) peuvent être considérés comme les deux projections sur une troisième droite de deux droites rectangulaires dont les longueurs sont, respectivement, a et b. Il est clair alors que si la troisième droite était la somme des projections des deux autres et qu'elle eût pour longueur c, le problème serait résolu. On est ainsi conduit à la construction suivante :

Sur les deux côtés d'un angle droit C, prenez deux longueurs BC et AC, respectivement, égales à a *et* b, *du point A comme centre avec* c, *comme rayon, décrivez un cercle, du point B menez une tangente BD à ce cercle et tirez AD : l'angle DAC sera l'une des valeurs de l'angle x.*

On voit bien, en effet, que la droite AD a pour longueur c et qu'elle est la somme des projections de deux droites rectangulaires BC et AC dont les longueurs sont a et b.

Remarque. — Dans les deux solutions précédentes on a obtenu l'angle x sans faire subir aucune transformation à l'équation (1) ; il n'en est pas de même dans les deux solutions qui vont suivre.

Troisième construction. — On sait (42), qu'en désignant par φ un angle dont la tangente est $\frac{b}{a}$ l'équation (1) peut être remplacée par l'équation

$$\sin(x + \varphi) = \frac{c}{b}\sin\varphi. \tag{4}$$

Sous cette nouvelle forme, il est visible qu'on est ramené à construire un triangle, connaissant deux côtés b et c et l'angle φ opposé à l'un d'eux b ; l'une des valeurs de l'angle x sera l'angle opposé au troisième côté.

Quatrième construction. — L'équation (4) peut, à son tour, en vertu d'une transformation connue, être mise sous la forme

$$\frac{\operatorname{tg}\frac{x}{2}}{\operatorname{tg}\left(\frac{x}{2} + \varphi\right)} = \frac{c - b}{c + b}, \tag{5}$$

(b est supposé plus petit que c). On est alors conduit à la construction suivante :

Prenez sur une droite indéfinie une longueur AC égale à c *(fig. 7), puis, à droite et à gauche du point C, portez deux longueurs CB et CD égales à* b ; *élevez au point A une perpendiculaire AE sur AD, et sur DB, comme corde, décrivez un arc capable de l'angle φ : cet arc coupera, en général, la* *droite* AE *en deux points* E *et* E', *et, si l'on tire les droites* BE *et* BE', *les angles* BEA, BE'A *seront deux valeurs de la moitié de l'angle cherché.*

REMARQUE. — On a, par le fait, dans la construction précédente, déterminé un triangle, connaissant un angle et les segments que la hauteur, abaissée du sommet de cet angle sur le côté opposé, intercepte entre les extrémités de ce côté et le point où elle le rencontre.

71. Construire deux arcs, connaissant leur somme ou leur différence, et la somme, la différence, le produit ou le quotient de leurs sinus ou de leurs cosinus.

On décrit, d'abord, le cercle trigonométrique auquel les deux arcs cherchés sont supposés appartenir.

Si c'est la somme des deux arcs qui est donnée, on suppose les deux arcs portés sur le cercle trigonométrique (fig. 8), à la suite l'un de l'autre, le premier de A en C, le second de C en D; alors l'arc AD est l'arc donné et les sinus cherchés (on s'occupe d'abord des sinus) sont les perpendiculaires abaissées des points D et A sur le rayon OC.

Quand on donne la différence des arcs, on suppose que les deux arcs soient portés, respectivement, de A en D et de A en C, alors l'arc DC est la différence connue des arcs cherchés et les sinus de ces derniers arcs sont les perpendiculaires abaissées des points D et C sur le rayon OA.

On voit donc que, suivant que la somme ou la différence des arcs est donnée, on connaît les points O, A, D ou les points O, D, C, mais on peut dire que le problème général revient toujours à celui-ci :

Étant donnés trois points, mener, par l'un d'eux, une droite telle que, si des deux autres points on abaisse des perpendiculaires sur sa direction, la somme, la différence, le produit ou le quotient des perpendiculaires soit donné.

Les solutions des problèmes renfermés dans l'énoncé général qui précède sont bien connues; nous rappellerons seulement que dans le cas où le produit des perpendiculaires est donné on s'appuie sur la propriété suivante de l'ellipse et de l'hyperbole : *dans les coniques à centre le produit des perpendiculaires abaissées des foyers sur une tangente quelconque à la courbe est une quantité constante.*

On est alors ramené à faire passer par un point donné la tangente d'un conique à centre, connaissant les foyers de cette courbe et la longueur de son grand axe, et ce problème peut, comme on sait, se résoudre avec la règle et le compas.

Quand les sinus sont remplacés par les cosinus, on est toujours ramené au même problème général de Géométrie.

72. Construire deux arcs, connaissant leur somme ou leur différence et la somme, la différence, le produit ou le quotient de leurs tangentes ou de leurs cotangentes.

Suivant que l'on donne la somme ou la différence des arcs cherchés, on suppose les arcs placés sur la figure (8) d'après la première ou la seconde construction données plus haut.

Admettons pour fixer les idées que les tangentes soient inconnues. Alors menons les tangentes au cercle aux points C et A et prolongeons ces lignes jusqu'à leur rencontre en E, F, G avec les rayons OA, OD et OC prolongés eux-mêmes : CE et CF, dans le premier cas, AG et AH, dans le second, sont les tangentes des arcs demandés. On remarque, d'ailleurs, que dans chacun des triangles OEF, OGH, on connaît un angle et la hauteur correspondante ; on peut dire, par conséquent, que, dans tous les cas, on est ramené à résoudre les problèmes renfermés dans l'énoncé général suivant :

Construire un triangle connaissant un angle, la hauteur abaissée de son sommet, et la somme, la différence, le produit ou le quotient des distances du pied de la hauteur aux deux derniers sommets.

La solution de ces problèmes a été donnée à la page 179 des *Questions de Géométrie*, dans un seul cas de figure, il est vrai, mais on s'assure que, dans le second cas, les solutions s'appliquent avec de légères modifications.

Le cas des cotangentes se traite comme celui des tangentes.

73. Construire deux arcs, connaissant leur somme ou leur différence, la somme, la différence, le produit ou le quotient de leurs sécantes ou de leurs cosécantes.

Faisant la même figure que pour le cas des tangentes, on voit qu'on est toujours ramené à résoudre les problèmes renfermés dans l'énoncé général suivant :

Construire un triangle connaissant un angle, la hauteur

correspondante, et la somme, la différence, le produit ou le quotient des côtés qui comprennent l'angle.

Ces problèmes ont été résolus (page 194, *Questions de Géométrie*).

Le cas des cosécantes se traite comme celui des sécantes.

REMARQUE. — Les constructions générales qu'on vient de donner dans ce chapitre permettront de trouver, par la Trigonométrie, les constructions à effectuer pour la résolution d'un grand nombre de problèmes : il pourra être ensuite intéressant de vérifier ces constructions par la Géométrie

CHAPITRE X.

DÉMONSTRATION DE QUELQUES FORMULES GÉNÉRALES.

74. Démonstration d'une formule applicable à un polygone quelconque.

DÉFINITION. — Lorsqu'on suppose que le périmètre d'un polygone est parcouru par un mobile dans un sens déterminé, on appelle angle d'un côté avec une droite OX l'angle que fait avec cette droite le côté du polygone pris dans le sens même où il a été parcouru. Sur la droite OX elle-même on peut compter deux directions, OX ou XO ; il est entendu qu'on a choisi l'une d'elles, OX, par exemple.

Cela posé, je dis que si l'on désigne par a, b, c... les côtés d'un polygone quelconque plan ou gauche, par α, β, γ... les angles que ces côtés font avec une direction OX, on a toujours

$$(1) \qquad a \cos \alpha + b \cos \beta + c \cos \gamma + \ldots = 0$$

dans cette formule les côtés a, b, c sont positifs et $\cos \alpha$, $\cos \beta$, $\cos \gamma$... ont les signes que la Trigonométrie leur assigne.

Pour la démontrer, projetons d'abord sur OX tous les sommets A, B, C, D, du polygone donné (fig. 9), et soient A$'$, B$'$, C$'$, D$'$, ces projections. Il est évident que si un mobile va de A$'$ en B$'$ peut de B$'$ en C$'$ et ainsi de suite, jusqu'à ce qu'il soit revenu au point de départ, et que si l'on considère une distance comme positive ou négative suivant qu'elle est parcourue dans le sens OX ou dans le sens opposé, le chemin total parcouru par le mobile sera égal à zéro. Si donc on désigne les projections des côtés AB, BC, CD par les nombres a', b', c', pris positivement ou négativement suivant que les projections ont été parcourues dans le sens OX ou dans le sens contraire, on aura

$$a' + b' + c' + \dots = 0.$$

Tout revient maintenant à démontrer qu'on obtiendra une projection quelconque en grandeur et en signe en multipliant chaque côté par le cosinus de l'angle que sa direction fait avec OX.

Il y a deux cas à distinguer suivant que l'angle du côté avec OX est aigu ou obtus.

Soit, d'abord, un côté AB (fig. 9) qui fait avec OX un angle aigu. Si l'on abaisse des sommets A et B des plans P et Q perpendiculaires sur OX, et que A′ et B′ soient les points de rencontre de ces plans et de la droite, A′B′ sera la projection de AB. Abaissant maintenant du sommet A une perpendiculaire AL sur le plan Q, et tirant BL, on a un triangle rectangle ABL qui donne

$$\mathrm{AL} = a \cos \mathrm{BAL}.$$

Mais A′B′ projection de AB est égale à AL, et BAL est égal à l'angle aigu α du côté AB avec OX, le produit $a \cos \alpha$ sera donc positif, et comme la projection de a doit être aussi positive, on a bien

$$a' = a \cos \alpha.$$

Soit maintenant un côté BC qui fait un angle obtus avec OX. En opérant, comme tout à l'heure, on a un triangle rectangle BCM qui donne

$$\mathrm{BM} = b \cos \mathrm{BCM}.$$

BCM n'est pas l'angle β, mais son supplément : on a alors

$$\mathrm{BM} = -\, b \cos \beta \quad \text{ou} \quad -\,\mathrm{BM} = b \cos \beta,$$

mais comme — BM est désigné par b', il vient

$$b' = b \cos \beta,$$

la formule (1) est donc complétement démontrée.

75. Démonstration des formules qui donnent cos $(a \pm b)$ et sin $(a \pm b)$ en fonction de sin a, cos a, sin b et cos b.

Démontrons, d'abord, la formule qui donne $\cos(a + b)$.

On porte l'arc donné a sur le cercle trigonométrique (fig. 10), de l'origine A en C, si l'arc est positif, et, en sens contraire, s'il est négatif ; l'arc b est porté ensuite de C en D, dans le sens CD ou dans le sens contraire, suivant qu'il est positif ou négatif. Cela posé, tirons les deux diamètres rectangulaires CC' et FF' et le rayon OD, puis projetons le point D en E et G sur les deux diamètres rectangulaires.

Considérons alors le triangle OED et la droite OA : si l'on désigne par α, β, γ les angles que font, respectivement, avec OA les droites OE, ED et DO, (l'ordre des lettres qui servent à nommer une droite indique toujours, comme en géométrie, la direction qu'on prend sur cette droite) on aura, d'après la formule (1) (74)

$$(1) \qquad \text{OE} \cos\alpha + \text{ED} \cos\beta + \text{DO} \cos\gamma = 0.$$

Je vais maintenant démontrer que, quels que soient les arcs a et b, les trois termes OE $\cos\alpha$, ED $\cos\beta$, DO $\cos\gamma$ sont, respectivement, égaux à $\cos a \cos b$, $-\sin a \sin b$ et $-\cos(a+b)$.

Démontrons, d'abord, l'égalité

$$(2) \qquad \text{OE} \cos\alpha = \cos a \cos b,$$

il y a deux cas à considérer, suivant que le point E est sur OC ou sur son prolongement OC'. Dans le premier cas, α est égal à a et OE est égal à $\cos b$, l'égalité précédente est donc immédiatement démontrée. Mais si le point E se trouve sur OC', l'angle α est égal à $180° - a$, et l'on a

$$\text{OE} \cos\alpha = -\text{OE} \cos a,$$

$-$ OE représentant $\cos b$ dans le cas actuel, l'égalité (2) se trouve encore démontrée.

Il faut maintenant prouver l'égalité

$$(3) \qquad \text{ED} \cos\beta = -\sin a \sin b.$$

On a encore ici deux cas à considérer, suivant que le point D se projette sur OF ou OF'. Dans le premier cas, l'angle β est égal à FOA ou $\frac{\pi}{2} + a$ et ED est égal à $\sin b$; on a donc

$$\text{ED} \cos\beta = \text{ED} \cos\left(\frac{\pi}{2} + a\right) = -\sin a \sin b.$$

Dans le second cas l'angle β est égal à F'OA c'est-à-dire, supplémentaire de FOA : sa valeur est, par conséquent, $\frac{\pi}{2} - a$, et l'on a

$$\text{ED}\cos\beta = \text{ED}\cos\left(\frac{\pi}{2} - a\right) = -\text{ED} \times -\sin a,$$

mais, — ED étant égal à sin b, l'égalité (3) est vérifiée.

Reste enfin à démontrer que DO cos γ est égal à $-\cos(a+b)$: Or l'angle γ que la direction DO fait avec OA, étant supplémentaire de l'angle DOA ou $a + b$, et DO étant égal à 1, l'égalité est évidente.

On voit donc finalement que la formule (1) conduit toujours à celle-ci

$$\cos a \cos b - \sin a \sin b - \cos(a + b) = 0$$

ou

$$(4) \qquad \cos(a + b) = \cos a \cos b - \sin a \sin b.$$

La formule (4) est l'une des formules demandées. Pour en déduire celle qui donne le développement de sin $(a + b)$, on y changera a en $\frac{\pi}{2} + a$; on aura ensuite les formules relatives à la différence des arcs en changeant b en $-b$ dans les deux premières.

Remarque. — Ce qui fait le caractère d'élégance et de simplicité de la méthode précédente, c'est qu'on laisse de côté les arcs eux-mêmes pour ne s'occuper que des deux positions possibles des deux points E et G. Mais on peut faire mieux encore, éviter toute discussion, et écrire immédiatement la formule (4).

Pour cela, il suffit d'étendre la formule (1), (74), au cas où les côtés du polygone, pouvant être comptés dans deux directions opposées, sont, en vertu d'une convention antérieure, affectés du signe + ou —, suivant qu'ils ont une certaine direction ou celle qui lui est opposée. On démontre, une fois pour toutes, par le raisonnement qui a été fait plus haut pour établir la formule (4), qu'une projection a' d'un côté a est toujours égale à $a \cos\beta$, a ayant le signe convenu, et β représentant l'angle que fait avec OX la direction positive de ce côté.

76. Formules pour la somme des sinus et cosinus d'arcs en progression arithmétique.

Soient n arcs en progression arithmétique, a le premier arc,

h la raison de la projection, S la somme des sinus de tous les arcs, on a

$$S = \sin a + \sin (a+h) + \sin (a+2h) + \ldots \sin (a+(n-1)h),$$

en multipliant les deux membres de l'équation par $2 \sin \frac{h}{2}$, il vient

$$2S \sin \frac{h}{2} = 2 \sin a \sin \frac{h}{2} + 2 \sin (a+h) \sin \frac{h}{2}$$
$$+ 2 \sin (a+2h) \sin \frac{h}{2} + \ldots 2 \sin (a+(n-1)h) \sin \frac{h}{2}.$$

Remplaçons maintenant, dans l'équation précédente, chaque terme du second membre par une différence de cosinus, il viendra

$$2 \sin a \sin \frac{h}{2} = \cos\left(a - \frac{h}{2}\right) - \cos\left(a + \frac{h}{2}\right),$$
$$2 \sin (a+h) \sin \frac{h}{2} = \cos\left(a + \frac{h}{2}\right) - \cos\left(a + \frac{3h}{2}\right),$$
$$2 \sin (a+2h) \sin \frac{h}{2} = \cos\left(a + \frac{3h}{2}\right) - \cos\left(a + \frac{5h}{2}\right),$$

. . . .

. . . .

$$2 \sin(a+(n-1)h) \sin \frac{h}{2} = \cos\left(a+(2n-3)\frac{h}{2}\right) - \cos\left(a+(2n-1)\frac{h}{2}\right),$$

et si l'on ajoute, membre à membre, en remarquant que le dernier terme de chaque équation détruit le premier terme dans le second membre de l'équation suivante, on obtient

$$2S \sin \frac{h}{2} = \cos\left(a - \frac{h}{2}\right) - \cos\left(a + (2n-1)\frac{h}{2}\right).$$

Remplaçant enfin une différence de cosinus par un double produit de sinus, et divisant les deux membres de l'équation par $2 \sin \frac{h}{2}$, on a

$$(1) \qquad S = \frac{\sin\left(a + (n-1)\frac{h}{2}\right) \sin \frac{nh}{2}}{\sin \frac{h}{2}},$$

en désignant par S′ la somme des cosinus des mêmes arcs en progression, on trouve de même

$$(2) \qquad S' = \frac{\cos\left(a + (n-1)\frac{h}{2}\right)\sin\frac{nh}{2}}{\sin\frac{h}{2}}.$$

77. Formules pour évaluer la somme des sinus, des cosinus et des tangentes d'autant d'arcs que l'on voudra.

Soient n arcs $a, b, c \ldots k, l$, et p un nombre entier qui prend toutes les valeurs depuis 1 jusqu'à n ; je dis que si l'on représente par Q le produit des cosinus de tous les arcs et par S_p la somme de leurs tangentes prises p à p, on aura les formules

$$(1) \quad \sin(a+b+c+\ldots+k+l) = Q\,(S_1 - S_3 + S_5 \ldots),$$
$$(2) \quad \cos(a+b+c+\ldots+k+l) = Q\,\;(1 - S_2 + S_4 \ldots),$$

le dernier terme entre parenthèses dans le second membre étant S_n ou S_{n-1}, dans la première formule, S_{n-1} ou S_n, dans la seconde, suivant que n est impair ou pair.

Il suffit de faire voir que si les formules sont vraies pour $n-1$, arcs $a, b, c \ldots k$, elles sont encore vraies quand on prend un arc de plus, l, car elles sont évidentes pour deux arcs a et b.

Soient, q le produit des cosinus des arcs de a à k, et s_p la somme des produits p à p des tangentes des mêmes arcs, on a, par hypothèse,

$$(3) \qquad \sin(a+b+c+\ldots k) = q\,(s_1 - s_3 + s_5 \ldots),$$
$$(4(\qquad \cos(a+b+c+\ldots k) = q\,\;(1 - s_2 + s_4 \ldots).$$

Considérant maintenant $a+b+c+k$ comme un seul arc qu'on désigne par a', on a

$$\sin(a'+l) = \cos l\,(\sin a' + \operatorname{tg} l \cos a'),$$
$$\cos(a'+l) = \cos l\,(\cos a' - \operatorname{tg} l \sin a'),$$

et en remplaçant dans ces dernières équations $\sin a'$ et $\cos a'$ par les valeurs que donnent les équations (3) et (4), on obtient

$$\sin(a'+l) = Q\,((s_1 + \operatorname{tg} l) - (s_3 + s_2 \operatorname{tg} l) + (s_5 + s_4 \operatorname{tg} l) \ldots),$$
$$\cos(a'+l) = Q\,((1 - (s_2 + s_1 \operatorname{tg} l) + (s_4 + s_3 \operatorname{tg} l) \ldots).$$

Mais, par un raisonnement bien connu, on voit que les quantités $s_1 + \operatorname{tg} l$, $s_2 + s_1 \operatorname{tg} l$, $s_3 + s_2 \operatorname{tg} l$, etc., sont, respectivement égales à S_1, S_2, S_3, etc : les formules (1) et (2) sont donc démontrées.

On obtient la formule pour le développement de $\operatorname{tg}(a+b+c+l)$ en divisant, membre à membre, les équations (1) et (2) : on a ainsi

$$(3) \qquad \operatorname{tg}(a+b+c\ldots+l)=\frac{S_1-S_3+S_5\ldots}{1-S_2+S_4\ldots}.$$

78. Formules pour le développement de sin na, cos na, tg na, n étant un nombre entier quelconque.

Ces formules sont les suivantes :

$$(1)\ \sin na = n\cos^{n-1} a \sin a - \frac{n(n-1)(n-2)}{1.2.3.}\cos^{n-3} a \sin^3 a + \frac{n(n-1)(n-2)(n-3)(n-4)}{1.2.3.4.5}\cos^{n-5} a \sin^5 a \ldots$$

$$(2)\ \cos na = \cos^n a - \frac{n(n-1)}{1.2}\cos^{n-2} a \sin^2 a + \frac{n(n-1)(n-2)(n-3)(n-4)}{1.2.3.4}\cos^{n-4} a \sin^4 a \ldots$$

$$(3)\ \operatorname{tg} na = \frac{n \operatorname{tg} a - \frac{n(n-1)(n-2)}{1.2.3}\operatorname{tg}^3 a \ldots}{1 - \frac{n(n-1)}{1.2}\operatorname{tg}^2 a + \frac{n(n-1)(n-2)(n-3)}{1.2.3.4}\operatorname{tg}^4 a \ldots}$$

On les déduit sans difficulté des formules (1), (2) et (3) du n° précédent, en y faisant tous les arcs égaux à a et remplaçant les tangentes par les rapports des sinus aux cosinus. Le raisonnement est, tout à fait, le même que celui que l'on fait en algèbre quand on passe du développement du produit $(x+a)(x+b)(x+c)\ldots(x+l)$ à celui de $(x+a)^n$.

79. Formules pour le développement du produit de n cosinus d'arcs quelconques.

Soient n arcs a, b, c ... k, l; désignons en général par s_p l'un quelconque des arcs que l'on obtient en ajoutant de toutes les manières possibles $n-p$ des arcs précédents et retranchant les p arcs qui restent et par Σs_p la somme de tous les arcs ainsi calculés : Je vais démontrer que l'on obtient l'une ou l'autre des formules suivantes, selon que n est impair ou pair.

(1) $2^{n-1}\cos a\cos b\ldots\cos k\cos l=$
$\cos s_0+\Sigma\cos s_1+\Sigma\cos s_2+\ldots\Sigma\cos s_{\frac{n-1}{2}}$

(2) $2^{n-1}\cos a\cos b\ldots\cos k\cos l=$
$\cos s_0+\Sigma\cos s_1+\Sigma\cos s_2+\ldots\frac{1}{2}\Sigma\cos s_{\frac{n}{2}}$

Les formules précédentes étant facilement vérifiées pour les nombres 2 et 3, tout revient à faire voir que, si la première est vraie pour un nombre impair $n-1$, la seconde est vraie pour le nombre n, et que si la seconde est vraie pour $n-1$ pair, la première est vraie aussi pour n.

1° *Supposons la formule (1) vraie pour* n — 1 *impair, c'est-à-dire, pour les* n — 1 *arcs* a, b, c ... k. Désignons alors par $\Sigma\cos s'_p$ la quantité qui est analogue à $\Sigma\cos s_p$ mais qui en diffère en ce que l'on prend, de moins, l'arc l. La formule (1) étant vraie, par hypothèse, quand on y change n en $n-1$, faisons-y ce changement et remplaçons aussi s_p par s'_p ; après avoir multiplié les deux membres par $2\cos l$, on aura

(3) $2^{n-1}\cos a\cos b\ldots\cos k\cos l=2\cos l\cos s'_0+2\cos l\,\Sigma\cos s'_1$
$+2\cos l\,\Sigma\cos s'_2+\ldots 2\cos l\,\Sigma\cos s'_{\frac{n-2}{2}}$

et si l'on applique la formule générale

(4) $2\cos l\,\Sigma\cos s'_p=\Sigma\cos(s'_p-l)+\Sigma\cos(s'_p+l).$

On pourra remplacer chaque terme du second membre de l'équation (3) par une somme de cosinus et il viendra

(5) $2^{n-1}\cos a\cos b\ldots\cos k\cos l=$
$=\cos(s'_0+l)$
$+\cos(s'_0-l)+\Sigma\cos(s'_1+l)$
$+\Sigma\cos(s'_1-l)+\Sigma\cos(s'_2+l)$
$+\ldots\ldots\ldots\ldots\ldots\ldots\ldots$
$\ldots\ldots\ldots\ldots\ldots\ldots\ldots\ldots$
$+\Sigma\cos\left(s'_{\frac{n-4}{2}}-l\right)+\Sigma\cos\left(s'_{\frac{n-2}{2}}+l\right)$
$+\Sigma\cos\left(s'_{\frac{n-2}{2}}-l\right)$

On a écrit le second membre de l'équation précédente, en plaçant, comme dernier terme d'une ligne et comme premier terme de la suivante, les deux termes qui remplacent un terme du second membre de l'équation (3), en vertu de la formule (4).

Cela posé, il est évident, d'abord, que, dans le second membre, le terme cos $(s'_0 + l)$ qui est seul dans la première ligne est égal à cos s_0.

On voit ensuite que les deux termes de la seconde ligne forment le second terme de la formule (2), c'est-à-dire, Σ cos s_1 ; car cos $(s' - l)$ est le cosinus de l'arc qui contient le seul arc soustractif l et Σ cos $(s'_1 + l)$ est la somme des cosinus des arcs que l'on obtiendra en prenant comme arcs soustractifs les arcs $a, b \ldots k$, chacun, à leur tour.

On voit encore, de même, que la somme des termes de la troisième ligne est égale à Σ cos s_2. En effet, le premier terme est la somme des cosinus de tous les arcs que l'on obtient en associant comme arc soustractif l'arc l avec chacun des autres, et le second terme correspond à toutes les combinaisons, deux à deux, des arcs a, b ... k, pris comme arcs soustractifs. En continuant de la même manière jusqu'à l'avant-dernière ligne inclusivement, on voit qu'on obtient successivement tous les termes de la formule (2).

Reste donc à démontrer que le terme, qui est seul dans la dernière ligne, est bien égal à $\frac{1}{2}\,\Sigma \cos s_{\frac{n}{2}}$. Ce terme est une somme de cosinus d'arcs qui contiennent, chacun, dans leur expression $\frac{n-2}{2} + 1$ ou $\frac{n}{2}$ arcs soustractifs dont l fait partie. Alors si l'on veut avoir $\Sigma \cos s_{\frac{n}{2}}$ on doit ajouter, à la somme des cosinus dont nous venons de parler, la somme des cosinus de tous les arcs qui contiennent dans leur expression $\frac{n}{2}$ arcs soustractifs dont l est exclu. Mais les termes qu'on a ainsi introduits sont, respectivement, égaux à ceux qu'on avait déjà; car les nombres des arcs additifs et soustractifs étant tous deux égaux à $\frac{n}{2}$, à un arc contenant dans son expression $-l$, correspond toujours un arc de signe contraire qui contient $+l$, et, comme on le sait, les cosinus de deux arcs égaux et de signe contraire sont égaux.

On voit donc enfin que le dernier terme de la formule (2) est bien $\frac{1}{2}\,\Sigma \cos s_{\frac{n}{2}}$.

2° *On suppose la formule* (2) *démontrée pour* n — 1 *pair, et il faut faire voir que la formule* (1) *est vraie pour* n. Adoptant les mêmes notations que plus haut, et multipliant par 2 cos l les deux membres de l'équation (2) où l'on a, d'abord, fait les changements convenus, on a

$$(6)\quad 2^{n-1}\cos a\cos b\ldots\cos k\cos l = 2\cos l\cos s'_0 + 2\cos l\,\Sigma\cos s'_1 + \ldots + 2\cos l\,\Sigma\cos s'_{\frac{n-1}{2}}$$

Remplaçant alors, comme dans le premier cas, chaque double produit de cosinus par une somme de cosinus, il vient

$$\begin{aligned}(7)\quad & 2^{n-1}\cos a\cos b\ldots\cos k\cos l\\ & = \cos(s'_0+l)\\ & + \cos(s'_0-l) + \Sigma\cos(s'_1+l)\\ & + \Sigma\cos(s'_1-l) + \Sigma\cos(s'_2+l)\\ & + \ldots\ldots\ldots\ldots\ldots\ldots\\ & \ldots\ldots\ldots\ldots\ldots\ldots\\ & + \Sigma\cos\left(s'_{\frac{n-3}{2}}-l\right) + \frac{1}{2}\Sigma\cos\left(s'_{\frac{n-1}{2}}+l\right) + \frac{1}{2}\Sigma\cos\left(s'_{\frac{n-1}{2}}-l\right)\end{aligned}$$

on a écrit les termes du second membre de cette équation, comme on l'a déjà fait pour l'équation (5), sauf que les trois derniers termes du second membre sont maintenant écrits sur une seule ligne.

Maintenant si l'on considère successivement les différentes lignes du second membre, on voit, comme dans l'équation (5), que toutes les lignes, jusqu'à l'avant-dernière inclusivement, donnent les termes qu'on doit trouver dans la formule (1). Toute la difficulté est donc réduite à démontrer que la somme des termes représentée par la dernière ligne est bien égale à $\Sigma\cos S_{\frac{n-1}{2}}$.

On remarque, d'abord, que l'on a

$$(8)\qquad \Sigma\cos\left(s'_{\frac{n-1}{2}}+l\right) = \Sigma\cos\left(s'_{\frac{n-1}{2}}-l\right).$$

En effet, $\Sigma\cos s'_{\frac{n-1}{2}}$ est la somme de termes égaux, deux à deux, puisque les arcs additifs et soustractifs sont en même nombre, et l'on peut dire que si cette somme contient cos α elle contient en même temps cos $(-\alpha)$: Alors, quand on la multiple par 2 cos l, on obtient les quatre termes cos $(\alpha+l)$, cos $(-\alpha+l)$,

$\cos(\alpha - l)$, $\cos(-\alpha - l)$, dont les deux derniers sont, respectivement, égaux aux premiers. Mais les deux premiers entrant dans le premier membre et les deux derniers dans le second membre de l'équation (8), cette équation est démontrée.

Il est clair maintenant que la dernière ligne du second membre de l'équation (7) peut être remplacée par

$$\Sigma \cos\left(s'_{\frac{n-3}{2}} - l\right) + \Sigma \cos\left(s'_{\frac{n-1}{2}} + l\right)$$

et comme la première de ces quantités correspond à tous les arcs qui contiennent dans leur expression $\frac{n-3}{2}+1$ ou $\frac{n-1}{2}$ arcs soustractifs parmi lesquels se trouve l, tandis que la seconde correspond à toutes les combinaisons de $\frac{n-1}{2}$ arcs soustractifs dont l ne fait pas partie, on voit bien qu'on trouve $\Sigma \cos S_{\frac{n-1}{2}}$ pour dernier terme de la formule (2).

Remarque. — On peut obtenir des formules pour le développement d'un produit de n sinus ou de n facteurs dont les uns sont des sinus, les autres, des cosinus en remplaçant dans les formules générales (1) et (2) tous les arcs ou un certain nombre d'entre eux par leurs compléments.

80. Formules pour le développement de la puissance n du cosinus ou du sinus d'un arc.

Faisons tous les arcs égaux à a dans les formules (1) et (2) du numéro précédent, nous aurons suivant que n est impair ou pair

$$(1)\quad 2^{n-1}\cos^n a = \cos na + \frac{n}{1}\cos(n-2)a + \dots + \frac{n(n-1)\dots\left(\frac{n+3}{2}\right)}{1.2.3\dots\frac{n-1}{2}}\cos a,$$

$$(2)\quad 2^{n-1}\cos^n a = \cos na + \frac{n}{1}\cos(n-2)a + \dots + \frac{n(n-1)\dots\left(\frac{n}{2}+1\right)}{1.2.3\dots\frac{n}{2}}\times\frac{1}{2},$$

le raisonnement est le même que celui que l'on fait, quand on passe du développement du produit $(x+a)(x+b)(x+l)$ à celui de $(x+a)^n$.

On obtiendra maintenant les formules relatives au développement de $\sin^n a$ en changeant dans les deux formules précédentes a en $90^\circ - a$. Alors, dans ces formules, $\cos pa$ sera remplacé par $\cos(p \times 90^\circ - pa)$ et cette dernière quantité se réduira à $\sin pa$, $-\sin pa$, $\cos pa$ ou $-\cos pa$ suivant que p sera de la forme $4n+1$, $4n-1$, $4n$ ou $4n+2$. Mais quand n est impair, les multiples de a sont de la forme $4n+1$ ou $4n-1$, et quand n est pair, les multiples sont de la forme $4n$ ou $4n+2$. Donc, suivant que n est impair ou pair, la formule cherchée ne contiendra que des sinus ou des cosinus. D'ailleurs, pour tenir compte du signe qui précède le premier terme de chaque développement, on introduit dans le premier membre le facteur $(-1)^{\frac{n-1}{2}}$, ou $(-1)^{\frac{n}{2}}$ suivant que n est impair ou pair : On a ainsi les deux formules suivantes :

Pour n impair,

$$(3) \quad 2^{n-1}(-1)^{\frac{n-1}{1}} \sin^n a$$

$$= \sin na - \frac{n}{1}\sin(n-2)a + \frac{n(n-1)}{1.2}\sin(n-4)a \ldots$$

$$\pm \frac{n(n-1)\ldots\frac{(n+3)}{2}}{1.2 \ldots \frac{n-1}{2}} \sin a.$$

Pour n pair,

$$(4) \quad 2^{n-1}(-1)^{\frac{n}{2}} \sin^n a$$

$$= \cos na - \frac{n}{1}\cos(n-2)a + \frac{n(n-1)}{1.2}\cos(n-4)a \ldots$$

$$\mp \frac{n(n-1)\ldots\left(\frac{n}{2}+1\right)}{1.2\ldots\frac{n}{2}} \times \frac{1}{2}.$$

DEUXIÈME PARTIE

QUESTIONS RÉSOLUES

ET

EXERCICES PROPOSÉS

AVIS AU LECTEUR

Presque tous les problèmes traités dans la seconde partie ont été résolus géométriquement dans l'ouvrage qui a pour titre : *Questions de Géométrie.* Aussi a-t-on jugé inutile d'y renvoyer. La comparaison des deux tables des matières suffira pour mettre sous les yeux du lecteur les questions communes aux deux ouvrages.

DEUXIÈME PRATIE

QUESTIONS RÉSOLUES ET EXERCICES PROPOSÉS

CHAPITRE PREMIER.

IDENTITÉS ENTRE LES LIGNES TRIGONOMÉTRIQUES D'ARCS QUELCONQUES OU D'ARCS SATISFAISANT A CERTAINES CONDITIONS.

81. On se propose de vérifier certaines identités entre les lignes trigonométriques d'un ou de plusieurs arcs. Voici en quoi consiste la méthode générale.

On exprime toutes les lignes trigonométriques d'un même arc en fonction d'une seule de ces lignes, et si l'équation proposée contient des multiples et sous-multiples d'un même arc, on exprime leurs lignes en fonction de la même ligne trigonométrique de l'arc simple ou d'un des sous-multiples. Quand le calcul est terminé, l'égalité doit être identique d'elle-même.

La marche que nous venons d'indiquer conduit sûrement au but, mais elle entraîne souvent des calculs longs et sans élégance. Le plus souvent, on se propose de démontrer que deux expressions trigonométriques sont identiques, il sera alors, en général, plus simple de passer de l'une à l'autre par des transformations successives.

On ne donnera ici que quelques exemples, les autres seront réservés pour les exercices.

EXEMPLE I. — Démontrer les identités

$$(1)\quad \sin(b+c-a)+\sin(a+c-b)+\sin(a+b-c)-\sin(a+b+c)=4\sin a\sin b\sin c.$$

$$(2)\quad \cos(b+c-a)+\cos(a+c-b)+\cos(a+b-c)+\cos(a+b+c)=4\cos a\cos b\cos c.$$

On changera successivement a en $-a$, b en $-b$, c en $-c$, dans les formules (1) et (2) du nº 24 : substituant alors, dans les premiers membres des équations précédentes, aux quatre lignes trigonométriques qui y figurent, leurs valeurs ainsi trouvées, on reconnaît, tout calcul fait, que les premiers membres des équations proposées sont identiques aux seconds.

EXEMPLE II. — Démontrer l'identité

$$(1)\quad \sin(a+b)\sin(a-b)=\sin^2 a-\sin^2 b.$$

Il suffit de substituer à $\sin(a+b)$ et $\sin(a-b)$ leurs développements connus, d'effectuer la multiplication indiquée dans le premier membre et enfin de remplacer les cosinus par leurs valeurs en fonction des sinus.

Nous nous servirons souvent de la formule précédente, dans la suite, pour remplacer $\sin^2 a-\sin^2 b$ par un produit ou réciproquement.

EXEMPLE III. — Démontrer l'identité

$$(1)\quad \sin^2 a\sin(b+c-a)+\sin^2 b\sin(a+c-b)+\sin^2 c\sin(a+b-c)-\sin(b+c-a)\sin(a+c-b)\sin(a+b-c)=2\sin a\sin b\sin c.$$

On pourrait ici appliquer la méthode générale, en exprimant toutes les lignes trigonométriques en fonction de $\operatorname{tg} a$, $\operatorname{tg} b$ et $\operatorname{tg} c$. Pour cela, après avoir substitué à $\sin(b+c-a)$ et aux quantités analogues leurs valeurs déduites de la formule (1) (24), on diviserait les deux membres de l'égalité proposée par $\cos a\cos b\cos c$, puis on remplacerait le rapport du sinus d'un arc à son cosinus par une tangente et on exprimerait $\sin^2 a$, $\sin^2 b$ et $\sin^2 c$, respectivement, en fonction de $\operatorname{tg} a$, $\operatorname{tg} b$, $\operatorname{tg} c$; il resterait alors une relation identique entre les trois tangentes.

Mais on peut opérer, avec plus d'élégance, comme il suit : on réduit, d'abord, en un seul terme le premier et le dernier terme du premier membre de l'équation. Pour cela, on met

$\sin(b+c-a)$ en facteur dans les deux termes, et on remplace dans le dernier le produit $\sin(a+b-c)\sin(a-(b-c))$ par $\sin^2 a - \sin^2(b-c)$ en vertu de l'identité de l'exemple (2) : on trouve ainsi que le premier et le dernier termes peuvent être remplacés par le terme $\sin(b+c-a)\sin^2(b-c)$.

Cela posé, multiplions par 2 les deux membres de l'égalité (1) et remplaçons $2\sin^2(b-c)$, $2\sin^2 b$ et $2\sin^2 c$, respectivement, par $1-\cos 2(b-c)$, $1-\cos 2b$ et $1-\cos 2c$: on aura, d'abord, la somme $\sin(b+c-a)+\sin(a+c-b)$ $+\sin(a+b-c)$ qui pourra être remplacée, en vertu de la formule (1), ex. I, par $4\sin a \sin b \sin c + \sin(a+b+c)$: Tout revient alors à démontrer que l'on a identiquement

$$\sin(b+c-a)\cos 2(b-c)+\sin(a+c-b)\cos 2b$$
$$+\sin(a+b-c)\cos 2c=\sin(a+b+c).$$

Or c'est ce que l'on voit immédiatement en multipliant par 2 les deux membres de l'égalité précédente et remplaçant chaque double produit par une somme de sinus.

EXEMPLE IV. — Démontrer l'identité

$$(1)\qquad \operatorname{tg}\left(\frac{\pi}{4}-\frac{a}{2}\right)=\sqrt{\frac{1-\sin a}{1+\sin a}}$$

on a

$$\operatorname{tg}\left(\frac{\pi}{4}-\frac{a}{2}\right)=\frac{1-\operatorname{tg}\frac{a}{2}}{1+\operatorname{tg}\frac{a}{2}}=\frac{\cos\frac{a}{2}-\sin\frac{a}{2}}{\cos\frac{a}{2}+\sin\frac{a}{2}}$$

mais la dernière fraction peut être remplacée par la racine carrée de son carré ; or comme ce carré est évidemment $\frac{1-\sin a}{1+\sin a}$, l'identité est démontrée.

On pouvait aussi partir de la seconde expression pour arriver à la première. A cet effet, remplaçant dans la formule à démontrer, $\sin a$ par $\cos(90^\circ - a)$, on a immédiatement l'identité (1) comme conséquence de la formule (5) n° 27.

REMARQUE. — On rencontre quelquefois dans les calculs les expressions $\frac{1-\sin a}{\cos a}$, $\frac{\cos a}{1+\sin a}$, mais chacune d'elles peut être remplacée par $\operatorname{tg}\left(\frac{\pi}{4} - a\right)$: c'est ce que l'on voit en multipliant, sous le radical, dans l'identité (1) les deux termes de la fraction par $1 - \sin a$ ou $1 + \sin a$ et remplaçant $1 - \sin^2 a$ par $\cos^2 a$.

EXEMPLE V. — Vérifier l'identité

$$\frac{\pi}{2} = \arc\sin\frac{3}{5} + \arc\sin\frac{4}{5}.$$

Soient a et b les deux arcs du second membre, on a

$$\sin a = \frac{3}{5} \qquad \sin b = \frac{4}{5}$$

et il faut vérifier que la somme des deux arcs a et b est égale à $\frac{\pi}{2}$; mais c'est ce qui résulte immédiatement de ce que la somme $\sin^2 a + \sin^2 b$ est égale à 1.

82. Il peut arriver que la relation à vérifier entre les lignes trigonométriques des arcs n'ait lieu que lorsque ces arcs satisfont à certaines relations : c'est ainsi que nous avons trouvé au n° (34) les formules (1), (2), (3), (4) et (5). Nous donnerons ici seulement deux exemples.

EXEMPLE I. — *La somme de trois arcs* a, b *et* c *étant égale à* π, *démontrer qu'on a entre les trois cosinus la relation suivante*

$$(1) \quad \cos^2 a + \cos^2 b + \cos^2 c + 2\cos a \cos b \cos c = 1.$$

On part de la relation

$$\cos(a + b) = -\cos c$$

d'où l'on déduit

$$\cos a \cos b + \cos c = \sin a \sin b$$

élevant au carré les deux membres de l'équation précédente, remplaçant $\sin^2 a$ et $\sin^2 b$ par $1 - \cos^2 a$ et $1 - \cos^2 b$ et développant les calculs, on arrive immédiatement à l'équation (1).

REMARQUE. — Étant donnée une relation non identique entre les lignes trigonométriques de certains arcs, on peut se proposer de remonter, s'il est possible, à la relation la plus générale entre les arcs. Il suffira, en général, pour atteindre ce but, de reprendre en ordre inverse les calculs qui ont conduit à la relation donnée.

Ainsi, par exemple, pour revenir de la formule (1) à la relation entre les angles, on fait passer $\cos^2 a$ et $\cos^2 b$ dans le second membre, et on complète un carré dans le premier membre, en ajoutant aux deux membres $\cos^2 a \cos^2 b$: on a ainsi

$$(\cos c + \cos a \cos b)^2 = 1 - \cos^2 a - \cos^2 b + \cos^2 a \cos^2 b$$

mais le second membre de cette dernière équation est évidemment égal à $(1-\cos^2 a)(1-\cos^2 b)$, c'est à-dire, à $\sin^2 a \sin^2 b$, on peut donc écrire, après avoir extrait les racines carrées des deux membres

$$\cos(a \pm b) = -\cos c = \cos(\pi - c)$$

les deux arcs $a \pm b$ et $\pi - c$ ayant leurs cosinus égaux, leur somme ou leur différence est égale à $2n\pi$, et, par suite, la relation générale demandée est

$$a \pm b \pm c = (2n-1)\pi.$$

Exemple II. — *Un arc* c *étant égal à* a + b, *trouver une relation entre les cosinus des trois arcs.*

Par un calcul tout semblable à celui de l'exemple précédent, on trouve pour la relation demandée

$$(1) \quad \cos^2 a + \cos^2 b + \cos^2 c - 2\cos a \cos b \cos c = 1$$

On prouvera aussi facilement que la même relation subsiste quand les arcs a, b, c sont liées par la relation générale

$$a \pm b \pm c = 2n\pi.$$

EXERCICES SUR LE CHAPITRE PREMIER.

Démontrer les relations suivantes :

1. $\sin a \sin(b-c) + \sin b \sin(c-a) + \sin c \sin(a-b) = 0.$
2. $\cos a \sin(b-c) + \cos b \sin(c-a) + \cos c \sin(a-b) = 0.$
3. $\cos(a+b)\sin(a-b) + \cos(b+c)\sin(b-c) + \cos(c+d)\sin(c-d) + \cos(d+a)\sin(d-a) = 0.$
4. $\cos(b+c)\cos(b-c) + \cos(c+a)\cos(c-a) + \cos(a+b)\cos(a-b) = \cos 2a + \cos 2b + \cos 2c.$

5. $\sin(b+c)\cos(b-c)+\sin(c+a)\sin(c-a)+\sin(a+b)\sin(a-b)$
$= \sin 2a + \sin 2b + \sin 2c.$

6. $\sin a + \sin b + \sin c - \sin(a+b+c)$
$= 4 \sin \frac{a+b}{2} \sin \frac{a+c}{2} \sin \frac{b+c}{2}.$

7. $\cos a + \cos b + \cos c + \cos(a+b+c)$
$= 4 \cos \frac{a+b}{2} \cos \frac{a+c}{2} \cos \frac{b+c}{2}.$

8. $1 - \cos^2 a - \cos^2 b - \cos^2 c + 2 \cos a \cos b \cos c$
$= 4 \sin \frac{a+b+c}{2} \sin \frac{b+c-a}{2} \sin \frac{a+c-b}{2} \sin \frac{a+b-c}{2}.$

9. $\sin^3 a \sin(b-c) + \sin^3 b \sin(c-a) + \sin^3 c \sin(a-b)$
$= \sin(a+b+c) \sin(a-b) \sin(a-c) \sin(b-c)$

10. $\cos(a+2b) - \cos(a-2b) + \cos(a-2c) - \cos(a+2c)$
$+ \cos(a-2b+2c) - \cos(a+2b-2c)$
$= 8 \sin a \sin b \sin c \sin(b-c).$

11. $\sin 3a \sin(a+2b) - \sin 3b \sin(b+2a)$
$= \sin 3(a+b) \sin(a-b).$

12. $\frac{\operatorname{tg} a}{\operatorname{tg} b} - \frac{\operatorname{tg} b}{\operatorname{tg} a} + \frac{\operatorname{tg} b}{\operatorname{tg} c} - \frac{\operatorname{tg} c}{\operatorname{tg} b} + \frac{\operatorname{tg} c}{\operatorname{tg} a} - \frac{\operatorname{tg} a}{\operatorname{tg} c}$
$= \frac{8 \sin(a-b) \sin(b-c) \sin(c-a)}{\sin 2a \sin 2b \sin 2c}.$

13. $$\operatorname{tg}\left(\frac{\pi}{4} + a\right) - \operatorname{tg}\left(\frac{\pi}{4} - a\right) = 2 \operatorname{tg} 2a.$$

14. $$\operatorname{cos\acute{e}c} a = \operatorname{cotg} \frac{a}{2} - \operatorname{cotg} a.$$

15. $$\cos 2a = \frac{1}{1 + \operatorname{tg} a \operatorname{tg} 2a}.$$

16. $$\operatorname{cotg} \frac{a}{2} - \operatorname{tg} \frac{a}{2} = 2 \operatorname{cotg} a.$$

17. $$\frac{1 - \operatorname{tg}^2\left(\frac{\pi}{4} - a\right)}{1 + \operatorname{tg}^2\left(\frac{\pi}{4} - a\right)} = \sin 2a.$$

18. $$\operatorname{cotg} a \operatorname{cos\acute{e}c} a = \frac{1}{2} \operatorname{cos\acute{e}c}^2 \frac{a}{2} - \operatorname{cos\acute{e}c}^2 a.$$

19. $$\operatorname{tg} \frac{a}{2} \operatorname{s\acute{e}c} a = \operatorname{tg} a - \operatorname{tg} \frac{a}{2}.$$

20. $\operatorname{s\acute{e}c} na \operatorname{s\acute{e}c}(n+1)a = \operatorname{cos\acute{e}c} a \left(\operatorname{tg}(n+1)a - \operatorname{tg} na\right)$

21. $$2(\sin^6 a + \cos^6 a) - 3(\sin^4 a + \cos^4 a) + 1 = 0.$$

22. $$\sin 3a \sin^3 a + \cos 3a \cos^3 a = \cos^2 2a$$

23. $$\sin^2 (a-b) + \sin^2 b + 2 \sin (a-b) \sin b \cos a = \sin^2 a.$$

24. $$\sin a \sin b \sin (b-a) + \sin b \sin c \sin (c-b) + \sin c \sin a \sin (a-c) = \sin (a-b) \sin (b-c) \sin (c-a).$$

25. $$\frac{\sin a}{\sin (a-b) \sin (a-c)} + \frac{\sin b}{\sin (b-c) \sin (b-a)} + \frac{\sin c}{\sin (c-a) \sin (c-b)} = 0.$$

26. $$\cos^2 (a-b) + \cos^2 (b-c) + \cos^2 (c-a) - 2 \cos (a-b) \cos (b-c) \cos (c-a) = 1.$$

27. $$\operatorname{tg} (a-b) + \operatorname{tg} (b-c) + \operatorname{tg} (c-a) = \operatorname{tg} (a-b) \operatorname{tg} (b-c) \operatorname{tg} (c-a).$$

Démontrer les dix formules suivantes dans lesquelles b, c, d représentent, respectivement, $\frac{\pi}{3}$, $\frac{\pi}{5}$ et $\frac{\pi}{17}$.

28. $$\sin \frac{b}{3} \sin \frac{5b}{3} = \frac{1}{4}.$$

29. $$\operatorname{tg} \frac{b}{4} + \operatorname{tg} b = 2.$$

30. $$\sin \frac{3c}{2} - \sin \frac{c}{2} = \frac{1}{2}.$$

31. $$\sin \frac{3c}{2} \sin \frac{c}{2} = \frac{1}{4}.$$

32. $$4 \sin a \sin (b-a) \sin (b+a) = \sin 3a.$$

33. $$\sin (c+a) + \sin (2c-a) - \sin (c-a) - \sin (2c+a) = \sin a.$$

34. $$16 \sin a \sin (c+a) \sin (c-a) \sin (2c+a) \sin (2c-a) = \sin 5a.$$

35. $$\cos 2c + 2 \cos 4c + 3 \cos 6c + 4 \cos 8c = -\frac{5}{2}.$$

36. $$(\cos 2d + \cos 8d)(\cos 4d + \cos 16d) = (\cos 6d + \cos 10d)(\cos 12d + \cos 14d).$$

37. $$\sin \frac{d}{2} \sin \frac{9d}{2} \sin \frac{13d}{2} \sin \frac{15d}{2} = \sin \frac{3d}{2} \sin \frac{5d}{2} \sin \frac{7d}{2} \sin \frac{11d}{2}.$$

Lorsque des angles a, b et c satisfont à la relation

$$a + b + c = \pi,$$

Démontrer les égalités suivantes :

38. $\sin 2a + \sin 2b + \sin 2c = 4 \sin a \sin b \sin c.$

39. $\sin^2 a + \sin^2 2b + \sin^2 2c + 2 \cos 2a \cos 2b \cos 2c = 2.$

40. $\cos \frac{a}{2} + \cos \frac{b}{2} + \cos \frac{c}{2} = 4 \cos \frac{\pi - a}{4} \cos \frac{\pi - b}{4} \cos \frac{\pi - c}{4}.$

41. $\sin \frac{a}{2} + \sin \frac{b}{2} + \sin \frac{c}{2} - 1 = 4 \sin \frac{\pi - a}{4} \sin \frac{\pi - b}{4} \sin \frac{\pi - c}{4}.$

42. $\cos 2a + \cos 2b + \cos c = -1 - 4 \cos a \cos b \cos c.$

43. $\cos 4a + \cos 4b + \cos 4c + 1 = 4 \cos 2a \cos 2b \cos 2c$

44. $\sin^2 \frac{a}{2} + \sin^2 \frac{b}{2} + \sin^2 \frac{c}{2} + 2 \sin \frac{a}{2} \sin \frac{b}{2} \sin \frac{c}{2} = 1.$

45. Trouver les conditions nécessaires et suffisantes pour que les arcs a, b et c satisfassent à l'une des six équations précédentes ou aux équations 1, 2, 3 et 4 du n° 34.

Démontrer les égalités suivantes :

46. $\text{arc tg} \frac{1}{7} + 2 \,\text{arc tg} \frac{1}{3} = \frac{\pi}{4}.$

47. $\text{arc tg} \frac{1}{3} + \text{arc tg} \frac{1}{5} + \text{arc tg} \frac{1}{7} + \text{arc tg} \frac{1}{8} = \frac{\pi}{4}.$

48. $4 \,\text{arc tg} \frac{1}{2} - \text{arc tg} \frac{5}{239} = \frac{\pi}{4}.$

49. $\text{arc cotg} \left(\frac{2}{a} + \frac{n(n+1)}{2} a \right) = \text{arc tg} \frac{n+1}{2} a - \text{arc tg} \frac{na}{2}.$

CHAPITRE II.

RÉSOLUTION D'ÉQUATIONS TRIGONOMÉTRIQUES A UNE OU PLUSIEURS INCONNUES. — ÉQUATIONS DÉDUITES D'ÉQUATIONS DONNÉES. — ÉLIMINATION D'UN OU DE PLUSIEURS ANGLES ENTRE PLUSIEURS ÉQUATIONS.

83. Résolution d'équations trigonométriques ne contenant qu'un seul angle inconnu.

La méthode la plus générale consiste à exprimer toutes les lignes trigonométriques en fonction d'une seule : alors, en prenant cette ligne comme inconnue auxiliaire, on est ramené à résoudre une équation algébrique ordinaire.

Mais lorsque l'équation proposée se décomposera facilement en facteurs, on fera tout d'abord cette décomposition, et il pourra arriver que la réduction des lignes trigonométriques à une seule devienne inutile. On devra aussi voir si l'équation proposée ne se ramène pas à la résolution des équations principales résolues au chapitre VII (1re partie).

EXEMPLE 1. — Résoudre l'équation

$$(1) \qquad m \sin (a - x) = n \sin (b - x).$$

En développant les deux membres on voit qu'on peut mettre $\sin x$ en facteur dans un certain nombre de termes et $\cos x$ dans les autres. Divisant alors par $\cos x$ et remplaçant le rapport de $\sin x$ à $\cos x$ par $\operatorname{tg} x$, on a, en résolvant par rapport à cette dernière ligne,

$$(2) \qquad \operatorname{tg} x = \frac{m \sin a - n \sin b}{m \cos a - n \cos b}.$$

Pour rendre la formule (2) calculable par logarithmes, on

pose

$$(3) \qquad \operatorname{tg} \varphi = \frac{m \sin a}{n \cos b}$$

d'où l'on tire

$$\frac{m \cos a}{n \cos b} = \operatorname{tg} \varphi \operatorname{cotg} a.$$

Alors, si l'on divise par $n \cos b$ les deux termes de la fraction qui forme le second membre de l'équation (2), et qu'on remplace les quantités $\frac{m \sin a}{n \cos b}$, $\frac{\sin b}{\cos b}$, $\frac{m \cos a}{n \cos b}$, respectivement, par $\operatorname{tg} \varphi$, $\operatorname{tg} b$ et $\operatorname{tg} \varphi \operatorname{cotg} a$, il vient

$$(4) \qquad \operatorname{tg} x = \frac{\operatorname{tg} \varphi - \operatorname{tg} b}{\operatorname{tg} \varphi \operatorname{cotg} a - 1} = \frac{\sin (\varphi - b) \sin a}{\sin (\varphi - a) \cos b}$$

la formule (4) est la formule demandée.

On peut opérer plus simplement, en remarquant, que la différence des arcs $a - x$ et $(b - x)$ étant connue, on est ramené à trouver deux arcs connaissant leur différence et le rapport de leurs sinus (45).

Pour faire le calcul, d'après la méthode du numéro cité, posons

$$a - x = y \qquad b - x = z$$

on en déduit

$$\frac{y - z}{2} = \frac{a - b}{2} \qquad \frac{y + z}{2} = \frac{a + b}{2} - x$$

et l'on arrive à l'équation

$$\operatorname{tg} \left(\frac{a + b}{2} - x \right) = \frac{n + m}{n - m} \operatorname{tg} \frac{a - b}{2}$$

Si n et m n'étaient connus que par leurs logarithmes, on poserait

$$\operatorname{tg} \varphi = \frac{m}{n}$$

et l'on aurait

$$\operatorname{tg} \left(\frac{a + b}{2} - x \right) = \operatorname{tg} (45^{\circ} + \varphi) \operatorname{tg} \frac{a - b}{2}.$$

Exemple II. — Résoudre l'équation

(1) $$m \operatorname{tg}\left(\frac{\pi}{4} + x\right) + n\left(\operatorname{tg}\frac{\pi}{4} - x\right) = r.$$

En développant les deux tangentes, l'équation se met immédiatement sous la forme

(2) $$(m + n + r) \operatorname{tg}^2 x + 2(m - n) \operatorname{tg} x + m + n - r = 0.$$

On est ainsi ramené à résoudre une équation algébrique du second degré. Mais on peut achever le calcul d'une manière plus élégante comme il suit : on divise les deux membres de l'équation (2) par $\operatorname{tg} x$ et l'on a

$$(m + n + r) \operatorname{tg} x + (m + n - r) \operatorname{cotg} x = 2(n - m)$$

Remplaçant ensuite $\operatorname{tg} x$ et $\operatorname{cotg} x$, respectivement, par $\frac{\sin x}{\cos x}$ et $\frac{\cos x}{\sin x}$ on est ramené, comme il a été dit au n° 43, à la résolution d'une équation du premier degré en $\sin x$ et $\cos x$.

Exemple III. — Résoudre l'équation

(1) $$\sin x + \sin 2x + \sin 3x = 1 + \cos x + \cos 2x$$

on a

$$\sin x + \sin 3x = 2 \sin 2x \cos x$$
$$1 + \cos 2x = 2 \cos^2 x$$

En tenant compte de ces dernières relations l'équation (1) peut s'écrire

$$\sin 2x (1 + 2 \cos x) = \cos x (1 + 2 \cos x)$$

et, en remplaçant $\sin 2x$ par $2 \sin x \cos x$, elle devient

(2) $$(1 + 2 \cos x)(2 \sin x - 1) \cos x = 0.$$

On pourra satisfaire à l'équation (2) et, par suite, à l'équation (1), en égalant à zéro chacun des facteurs du premier membre.

Le premier facteur donne ainsi

$$\cos x = -\frac{1}{2} \quad \text{d'où} \quad x = 2n\pi \pm \frac{2\pi}{3},$$

le second donne

$$\sin x = \frac{1}{2} \quad \text{d'où} \quad x = 2n\pi + \frac{\pi}{6} \qquad x = 2n\pi + \pi - \frac{\pi}{6},$$

et enfin on a par le troisième

$$\cos x = 0 \qquad \text{d'où} \qquad x = 2n\pi \pm \frac{\pi}{2}\cdot$$

Exemple IV. — Résoudre l'équation

$$(1) \qquad \sin^3 x = \sin(a - x)\sin(b - x)\sin(c - x),$$

les arcs a, b et c étant liés entre eux par la relation

$$(2) \qquad a + b + c = \pi.$$

On multiplie les deux membres de l'équation (1) par 4 et l'on remplace, d'abord, le produit $2\sin(a - x)\sin(b - x)$ par une différence de cosinus, puis, en multipliant cette différence elle-même par $2\sin(c - x)$, on a deux produits de sinus et de cosinus auxquels on substitue des sommes de sinus : on obtient ainsi

$$(3) \quad 4\sin^3 x = \sin(b + c - a - x) + \sin(a + c - b - x) \\ - \sin(a + b + c - 3x) + \sin(a + b - c - x).$$

Mais à cause de l'équation (2), on peut remplacer dans l'équation précédente $b + c$, $a + c$, $a + b$ et $a + b + c$, respectivement, par $\pi - a$, $\pi - b$, $\pi - c$ et π ; il vient alors

$$4\sin^3 x = \sin(2a + x) + \sin(2b + x) + \sin(2c + x) \\ - \sin 3x.$$

On sait, d'ailleurs, (26) que l'on a

$$\sin 3x = 3\sin x - 4\sin^3 x$$

l'équation précédente devient donc, en tenant compte de cette relation,

$$3\sin x = \sin(2a + x) + \sin(2b + x) + \sin(2c + x)$$

ou en développant le second membre

$$(4) \qquad 3\sin x = (\sin 2a + \sin 2b + \sin 2c)\cos x \\ + (\cos 2a + \cos 2b + \cos 2c)\sin x.$$

Mais, d'après les exercices (38 et 42) du chapitre (I), on sait que l'on a

$$\sin 2a + \sin 2b + \sin 2c = 4\sin a \sin b \sin c$$
$$\cos 2a + \cos 2b + \cos 2c = -4\cos a \cos b \cos c - 1$$

et, à cause de ces relations, l'équation (4) devient

$$\sin a \sin b \sin c \cos x - (1 + \cos a \cos b \cos c)\sin x = 0.$$

On en tire

$$(5) \qquad \operatorname{cotg} x = \frac{1 + \cos a \cos b \cos c}{\sin a \sin b \sin c}.$$

Cette dernière formule résout le problème.

On trouve dans les *Nouvelles Annales*, (tome IX, page 363,) deux autres formules qu'il est facile de déduire de la précédente.

Remarquons, d'abord, que $\cos(a + b + c)$ étant égal à -1, la formule (2) du n° 24 permet de remplacer le numérateur de la fraction qui forme le second membre de l'équation (5) par la quantité

$$\cos a \sin b \sin c + \cos b \sin a \sin c + \cos c \sin a \sin b.$$

On obtient alors

$$\operatorname{cotg} x = \frac{\cos a \sin b \sin c + \cos b \sin a \sin c + \cos c \sin a \sin b}{\sin a \sin b \sin c}$$

ou encore

$$(6) \qquad \operatorname{cotg} x = \operatorname{cotg} a + \operatorname{cotg} b + \operatorname{cotg} c,$$

c'est la première des formules demandées.

Pour obtenir la seconde, élevons au carré les deux membres de l'équation (6), ajoutons 3, de part et d'autre, et remplaçons le carré d'une cotangente augmenté de l'unité par le carré de la cosécante du même angle ; posons aussi

$$\operatorname{cotg} a \operatorname{cotg} b + \operatorname{cotg} a \operatorname{cotg} c + \operatorname{cotg} b \operatorname{cotg} c - 1 = m,$$

il viendra

$$\operatorname{cos\acute{e}c}^2 x = \operatorname{cos\acute{e}c}^2 a + \operatorname{cos\acute{e}c}^2 b + \operatorname{cos\acute{e}c}^2 c + 2m.$$

Mais la quantité m est nulle, car l'équation obtenue en égalant m à zéro revient à celle-ci :

$$\operatorname{tg} a + \operatorname{tg} b + \operatorname{tg} c = \operatorname{tg} a \operatorname{tg} b \operatorname{tg} c,$$

on a donc

$$(7) \qquad \operatorname{cos\acute{e}c}^2 x = \operatorname{cos\acute{e}c}^2 a + \operatorname{cos\acute{e}c}^2 b + \operatorname{cos\acute{e}c}^2 c,$$

c'est la seconde formule qu'on voulait trouver.

84. Équations trigonométriques qui se déduisent les unes des autres. — On ne peut indiquer de méthode générale pour résoudre cette sorte de questions. Quelquefois, cependant, tout revient à exprimer certaines lignes trigonométriques d'un arc en fonction d'une ligne trigonométrique de ce même arc.

Exemple I. — *De l'équation*

$$(1)\qquad (1+e\cos\theta)(1-e\cos u)=1-e^2$$

déduire

$$(2)\qquad \operatorname{tg}\frac{\theta}{2}=\sqrt{\frac{1+e}{1-e}}\operatorname{tg}\frac{u}{2},$$

on tire successivement de la première

$$1+e\cos\theta=\frac{1-e^2}{1-e\cos u}\qquad \cos\theta=\frac{\cos u-e}{1-e\cos u},$$

$$\frac{1-\cos\theta}{1+\cos\theta}=\frac{(1+e)(1-\cos u)}{(1-e)(1+\cos u)},$$

extrayant maintenant les racines carrées des deux membres, et, remplaçant, en vertu de l'équation (5) (27), les quantités $\sqrt{\frac{1-\cos\theta}{1+\cos\theta}}$, $\sqrt{\frac{1-\cos a}{1+\cos a}}$, respectivement, par $\operatorname{tg}\frac{\theta}{2}$ et $\operatorname{tg}\frac{u}{2}$, on obtient l'équation (2).

Exemple II. — *De l'équation*

$$\frac{\operatorname{tg}(a-b)}{\operatorname{tg} a}+\frac{\sin^2 c}{\sin a}=1,$$

déduire

$$(2)\qquad \operatorname{tg}^2 c=\operatorname{tg} a\operatorname{tg} b.$$

Résolvant l'équation (1) par rapport à $\sin^2 c$ et remplaçant les tangentes par les quotients des sinus par les cosinus, on trouve, tout d'abord

$$\frac{\sin^2 c}{1}=\frac{\sin a\sin b}{\cos(a-b)},$$

et, par suite, on a

$$\frac{\sin^2 c}{1-\sin^2 c}=\frac{\sin a\sin b}{\cos a\cos b}$$

ou

$$\operatorname{tg}^2 c=\operatorname{tg} a\operatorname{tg} b.$$

Remarque. — On voit que dans cet exemple nous n'avons pas remplacé, comme il semblait naturel de le faire, $\sin a$, $\sin b$, $\sin c$ par leurs valeurs en fonction des tangentes ; c'est que le calcul eut été moins simple de cette manière.

Exemple III *. — *Éliminer successivement chacun des trois angles* a, b, c, *entre les deux équations*

$$(1) \qquad 2a + b + c = (2n+1)\pi.$$

$$(2) \qquad \operatorname{tg}^2\frac{a}{2}\operatorname{tg}\frac{b}{2}\operatorname{tg}\frac{c}{2} = -1.$$

1° *On veut éliminer* c, *c'est-à-dire, trouver une relation entre* a *et* b.

De la relation (1) on tire, d'abord,

$$\frac{b+c}{2} = n\pi + \frac{\pi}{2} - a,$$

$$\frac{\operatorname{tg}\frac{b}{2} + \operatorname{tg}\frac{c}{2}}{1 - \operatorname{tg}\frac{b}{2}\operatorname{tg}\frac{c}{2}} = \frac{1}{\operatorname{tg} a} = \frac{1 - \operatorname{tg}^2\frac{a}{2}}{2\operatorname{tg}\frac{a}{2}},$$

et, en remplaçant dans la dernière équation $\operatorname{tg}\frac{c}{2}$ par sa valeur tirée de l'équation (2), il vient

$$\frac{\operatorname{tg}^2\frac{a}{2}\operatorname{tg}^2\frac{b}{2} - 1}{\operatorname{tg}\frac{b}{2}\left(1 + \operatorname{tg}^2\frac{a}{2}\right)} = \frac{1 - \operatorname{tg}^2\frac{a}{2}}{2\operatorname{tg}\frac{a}{2}}$$

ou

$$\frac{2\left(1 - \operatorname{tg}^2\frac{a}{2}\operatorname{tg}^2\frac{b}{2}\right)}{1 - \operatorname{tg}^4\frac{a}{2}} + \frac{\operatorname{tg}\frac{b}{2}}{\operatorname{tg}\frac{a}{2}} = 0$$

Mais la première fraction est la somme de deux autres et l'on peut écrire :

$$\frac{1 - \operatorname{tg}^2\frac{b}{2}}{1 - \operatorname{tg}^2\frac{a}{2}} + \frac{1 + \operatorname{tg}^2\frac{b}{2}}{1 + \operatorname{tg}^2\frac{a}{2}} + \frac{\operatorname{tg}\frac{b}{2}}{\operatorname{tg}\frac{a}{2}} = 0.$$

(*) Tiré de l'ouvrage : *Théorèmes et problèmes sur les normales aux coniques*.

Enfin divisant les deux membres de la dernière équation par la seconde fraction qui figure dans son premier membre et tenant compte des relations (1) et (2) (30), on a

$$(3) \qquad \frac{\cos b}{\cos a} + \frac{\sin b}{\sin a} = -1.$$

Si on éliminait b entre les équations (1) et (2), il est évident qu'on trouverait de même

$$(4) \qquad \frac{\cos c}{\cos a} + \frac{\sin c}{\sin a} = -1$$

2° *On veut trouver une relation entre* b *et* c.

Si l'on remplace dans l'équation (3) $\cos b$ par $\sqrt{1-\sin^2 b}$ et que l'on fasse disparaître le radical, on obtiendra l'équation

$$(5) \qquad \sin^2 b - 2\cos^2 a \sin a \sin b - \sin^4 a = 0$$

et l'on aura évidemment aussi une équation entre c et a qui se déduira de la précédente en changeant b en c : $\sin b$ et $\sin c$ sont donc les racines d'une même équation du second degré, l'équation (5) dans laquelle $\sin b$ est l'inconnue, et l'on a

$$\sin b \sin c = -\sin^4 a$$

et de même

$$\cos b \cos c = -\cos^4 a.$$

Ajoutant maintenant et retranchant, membre à membre, les équations précédentes, il vient

$$\cos(b-c) = -1 + \frac{\sin^2 2a}{2}$$

$$\cos(b+c) = -\cos 2a$$

ou

$$\sin^2 2a = 2\cos(b-c) + 2 \qquad \cos^2 2a = \cos^2(b+c)$$

et en ajoutant les deux dernières équations, membre à membre, on a l'équation demandée

$$(6) \qquad \cos^2(b+c) + 2\cos(b-c) + 1 = 0.$$

On peut encore obtenir l'équation (6) *d'une autre manière.*

A cet effet, éliminons successivement $\frac{1}{\cos a}$ et $\frac{1}{\sin a}$ entre les équations (3) et (4), nous aurons

$$\sin a = \frac{\sin (b-c)}{\cos b - \cos c} \qquad \cos a = \frac{\sin (b-c)}{\sin c - \sin b}$$

ou

$$\sin a = -\frac{\cos \frac{b-c}{2}}{\sin \frac{b+c}{2}} \qquad \cos a = -\frac{\cos \frac{b-c}{2}}{\cos \frac{b+c}{2}}$$

Élevant au carré et ajoutant, membre à membre, il vient

$$4 \cos^2 \frac{b-c}{2} = \sin^2 (b+c)$$

et, de cette dernière équation, on arrive facilement à l'équation (6).

EXEMPLE IV. — Éliminer α entre les équations

(1) $$y \cos \alpha - x \sin \alpha = a \cos 2\alpha$$
(2) $$y \sin \alpha + x \cos \alpha = 2a \sin 2\alpha.$$

En résolvant les équations par rapport à x et y, on a

$$x = a \sin \alpha (1 + 2 \cos^2 \alpha) \qquad y = a \cos \alpha (1 + 2 \sin^2 \alpha)$$

d'où

$$x + y = a (\cos \alpha + \sin \alpha) (1 + \sin 2\alpha)$$

et en élevant au carré les deux membres de la dernière équation, il vient

$$(x+y)^2 = a^2 (1 + \sin 2 \alpha)^3$$

et en extrayant les racines cubiques des deux membres

$$\sqrt[3]{(x+y)^2} = \sqrt[3]{a^2} (1 + \sin 2\alpha)$$

on a de même

$$\sqrt[3]{(x-y)^2} = \sqrt[3]{a^2} (1 - \sin 2\alpha)$$

et en ajoutant, membre à membre, les deux dernières équations, il vient

$$\sqrt[3]{(x+y)^2} + \sqrt[3]{x-y^2)} = 2 \sqrt[3]{a^2}.$$

EXEMPLE V. — Résoudre le système des deux équations

(1) $$\sin x \operatorname{tg} y = \operatorname{tg} b$$
(2) $$\cos y \operatorname{cotg} x = \operatorname{cotg} a$$

Multipliant, membre à membre, les deux équations, on a

(3) $$\cos x \sin y = \operatorname{tg} b \operatorname{cotg} a.$$

Résolvant les équations (2) et (3) par rapport à $\sin y$ et $\cos y$, élevant au carré les deux membres de chacune d'elles, ajoutant, membre à membre, puis remplaçant $\cot g^2 x$ par sa valeur en $\cos x$ on a

$$(1 + \cot g^2 a) \cos^2 x = \cot g^2 a \,(1 + \operatorname{tg}^2 b)$$

ou

$$\cos x = \pm \frac{\cos a}{\cos b} \tag{4}$$

Comme les équations (1) et (2) ne changent pas quand on y remplace x et b, respectivement, par $\frac{\pi}{2} - y$ et $\frac{\pi}{2} - a$, et réciproquement, on aura

$$\sin y = \pm \frac{\sin b}{\sin a} \tag{5}$$

à cause de l'équation (3) on devra prendre ensemble dans les équations (4) et (5) les deux signes supérieurs ou inférieurs.

EXERCICES SUR LE CHAPITRE II.

Résoudre les équations suivantes :

1. $\operatorname{tg}\left(\frac{\pi}{4} - x\right) + \cot g\left(\frac{\pi}{4} - x\right) = m.$
2. $\sin 2x = \operatorname{tg} x.$
3. $\cos x = \operatorname{tg} x.$
4. $(\sin a + \sin b) \cos x - (\cos a + \cos b) \sin x = m.$
5. $\operatorname{tg} x - \operatorname{tg} 2x = \sin x.$
6. $\operatorname{séc} x = 2 (\sin x + \cos x).$
7. $\cot g\, x - \operatorname{tg} x = \sin x + \cos x.$
8. $\operatorname{tg} x + \sin x = \operatorname{séc} x - \cos x.$
9. $3 (\operatorname{séc} x + \operatorname{coséc} x) = 4 (\operatorname{tg} x + \cot g\, x).$
10. $\sin 9x + \sin 5x + 2 \sin^2 x = 1.$
11. $3 \operatorname{tg} x \operatorname{tg} 3x + 1 = 0.$
12. $\sin x + \cos x + \sin 2x = m.$
13. $\sin 7x - \sin 3x = \sin x.$
14. $\sin 5x - \sin 3x = \cos 6x + \cos 2x.$

15. $$(\sin x + \cos x)(\text{séc}\, x + \text{coséc}\, x) = m.$$

16. $$\text{tg}\,(a + x)\,\text{tg}\,(a - x) = \frac{1 - 2\cos 2a}{1 + 2\cos 2a}.$$

17. $$8\,\text{coséc}\, 2x = 3\,(\text{séc}\, x + \text{coséc}\, x).$$

18. $$\text{tg}\,(\text{cotg}\, x) = \text{cotg}\,(\text{tg}\, x).$$

19. $$\text{tg}\,\frac{x}{2} = \frac{\text{tg}\, x - 2}{\text{tg}\, x + 2}.$$

20. $$\text{tg}^2(a + x) - \text{tg}^2(a - x) - \text{tg}\, a\, \text{tg}\, x = 0.$$

21. $$\frac{m\,\text{tg}\,(a - x)}{\cos^2 x} = \frac{n\,\text{tg}\, x}{\cos^2(a - x)}.$$

22. $$(\sin(a+b) - \cos a \cos b)\cos^2 x + (\sin(a+b) + \sin a \sin b)\sin^2 x = \sin(a - b)\sin x \cos x.$$

23. $$m \sin(a + b)\sin x \cos x - m\cos(a - b)\sin^2 x = (\sin a + \sin b)\sin x + (\cos a + \cos b)\cos x - m\cos a \cos b.$$

24. $$\text{tg}^2 x + \text{cotg}^2 x = 6.$$

25. $$\text{séc}^2 x + \text{coséc}^2 x = 2\,(\text{tg}^2 x + \text{cotg}^2 x).$$

26. $$\cos nx - \cos(n + 2p)\,x + \cos 2px = 1$$

27. $$\cos px + \cos nx + \cos(n + 2p)\,x = \sin nx + \sin(n + 2p)\,x$$

(dans cette équation et la précédente n et p sont des nombres entiers quelconques positifs ou négatifs),

28. $$\sin x\,\text{tg}\, x = 5\,\text{tg}^2\,\frac{x}{2}$$

29. $$\text{coséc}\, 2x = 2\,\text{tg}\, x.$$

30. $$\sin 5x = 16 \sin^5 x.$$

31. $$(4\sin^2 x - 1)(4\sin^2 2x - 1) = 1.$$

32. $$(\sin^2 x - \sin^2 a)(\sin^2 2x - \sin^2 a) = \frac{\sin 5a}{16 \sin a}.$$

33. $$4 \sin x \sin 5x = 1.$$

34. $$\sin 3x - \sin x = \frac{1}{2}.$$

35. $$\text{arc}\sin x + \text{arc}\sin x\sqrt{3} = \frac{\pi}{2}$$

36. $$\text{arc}\,\text{tg}\, x + \text{arc}\,\text{tg}\, 3x = \frac{\pi}{2}.$$

37. $$\text{arc}\cos\frac{1 - x^2}{1 + x^2} + \text{arc}\sin\frac{2x}{1 + x^2} + \text{arc}\,\text{tg}\,\frac{2x}{1 - x^2} = \frac{3\pi}{2}.$$

NOTA.— On résoudra quelques-unes des équations précédentes en utilisant certaines des identités données comme exercices à la suite du premier chapitre.

Résoudre par la Trigonométrie les équations suivantes :

38. $$8y^3 - 4y - 1 = 0.$$

39. $$y^4 - 6y^2 + 1 = 0.$$

40. $$8y^3 - 4y^2 - 4y + 1 = 0.$$

En posant y égal à $\cos x$, pour la première et la troisième, et égal à $\operatorname{tg} x$, pour la seconde, on devra faire voir que les trois équations se ramènent aux suivantes

$$\sin x = \sin 4x \qquad \operatorname{cotg} x = \operatorname{tg} 2x \qquad \sin 3x = \sin 4x$$

lesquelles peuvent être immédiatement résolues par la Trigonométrie.

Éliminer x entre les systèmes suivants de deux équations.

41. $$\frac{\operatorname{tg}(x-a)}{\operatorname{tg}(x+a)} = \frac{m}{n} \qquad p \sin 2x + q \cos 2x = r.$$

42. $$p \operatorname{tg} x + q \operatorname{cotg} x = r \qquad p' \sin 2x + q' \cos 2x = r'$$

43. $$\sin x + \cos x = m \qquad \operatorname{séc} x + \operatorname{coséc} x = n.$$

44. $$\operatorname{tg} x + \operatorname{cotg} x = m \qquad \operatorname{séc} x + \operatorname{coséc} x = n.$$

45. $$\sin x + \cos x = m \qquad \operatorname{tg} 2x + \operatorname{cotg} 2x = n.$$

46. $$\operatorname{tg}(a+x) + \operatorname{tg}(b-x) = m \qquad \operatorname{tg}(a'+x) + \operatorname{tg}(b'-x) = m'.$$

47. $$\sin x + \cos x = m \qquad \sin^3 x + \cos^3 x = n.$$

48. $$\sin x + \cos x = m \qquad \operatorname{tg}^3 x + \operatorname{cotg}^3 x = n.$$

49. $$\frac{\sin a \sin x}{\cos^2 \frac{a+x}{2}} = m^2 \qquad \operatorname{cotg}^2 \frac{b}{2} = \frac{\operatorname{tg} \frac{a}{2}}{\operatorname{tg} \frac{x}{2}}.$$

50. $$-3 \cos x + \cos x \cos 2x - \sin x \sin 2x = m$$
$$3 \sin x - \cos x \sin 2x - \sin x \cos 2x = n.$$

Éliminer x et y entre les systèmes de trois équations qui suivent :

51. $$\operatorname{tg} x + \operatorname{tg} y = m, \quad \operatorname{cotg} x + \operatorname{cotg} y = n, \quad x + y = a.$$

52. $$\sin x \sin y = \sin a, \quad \cos x \cos y = \cos b, \quad x + y = c.$$

53. $$\frac{\sin(x-a)}{\sin(y-b)} = m, \quad \frac{\sin(x-a')}{\sin(y-b')} = m', \quad \frac{\sin(x-a'')}{\sin(y-b'')} = m''.$$

54. $$\sin x + \sin y = m, \quad \cos x + \cos y = n, \quad \operatorname{tg}\frac{x}{2} \operatorname{tg}\frac{y}{2} = \operatorname{tg}\frac{a}{2}$$

55. $$\cos x + \cos y = m, \quad \frac{\sin(x-y)}{\sin(x+y)} = n, \quad \operatorname{tg}\frac{x}{2} \operatorname{tg}\frac{y}{2} = \operatorname{tg}\frac{a}{2}$$

56. $m \operatorname{cotg} x + n \operatorname{cotg} y = p, \quad m \operatorname{coséc} x + n \operatorname{coséc} y = q.$

$$\operatorname{tg}\frac{x}{2} = r \operatorname{tg}\frac{y}{2}.$$

Résoudre les deux équations

57. $$\frac{\sin(x-b)\cos a}{\sin(y-a)\cos b} + \frac{\cos(x+a)\sin b}{\cos(y-b)\sin a} = 0,$$

$$\frac{\operatorname{tg} x \operatorname{tg} a}{\operatorname{tg} y \operatorname{tg} b} + \frac{\cos(a-b)}{\cos(a+b)} = 0.$$

Éliminer x, y et z entre les quatre équations suivantes :

58. $m \cos x + n \sin x = 1, \qquad m \cos y + n \sin y = 1.$

$$\frac{\cos x}{\cos z} + \frac{\sin x}{\sin z} = -1, \qquad \frac{\cos y}{\cos z} + \frac{\sin y}{\sin z} = -1.$$

59. Éliminer x, y, z et u entre les cinq équations suivantes :

$$x + y = a, \qquad z + u = b, \qquad x - y = z - u + c.$$

$$\operatorname{tg} x + \operatorname{tg} y = m, \qquad \operatorname{tg} z + \operatorname{tg} u = n.$$

60. Démontrer que si l'on élimine x, y, z entre les quatre équations suivantes :

$$x + y + z = \frac{\pi}{2},$$

$$\operatorname{tg} x = \frac{2ad - bc}{a(b+c-a)}, \quad \operatorname{tg} y = \frac{2bd - ac}{b(a+c-b)}, \quad \operatorname{tg} z = \frac{2cd - ab}{c(a+b-c)},$$

on trouve l'équation

$$2d^2 - 2(ab + ac + bc)\,d + abc = 0.$$

On fera voir sans calcul que, si l'on remplaçait les seconds membres de deux des trois dernières équations par leurs inverses, et le second membre de celle qui reste par la quantité de signe contraire, le résultat de l'élimination resterait le même.

CHAPITRE III

SOMMATION DE QUELQUES SÉRIES TRIGONOMÉTRIQUES. — QUESTIONS QUI S'Y RATTACHENT.

85. On peut, d'abord, sommer un certain nombre de séries en prenant pour point de départ les formules du n° 76.

EXEMPLE I. — *Sommer la suite*

$$\sin^2 a + \sin^2 (a + h) + \ldots\ldots \sin^2 (a + (n - 1)\, h).$$

Écrivons que la somme cherchée est égale à S, multiplions par 2 les deux membres de l'équation ainsi obtenue, et remplaçons, en général, $2 \sin^2 (a + ph)$ par $1 - \cos (2a + 2ph)$, il viendra

$$2S = n - (\cos 2a + \cos (2a + 2h) + \ldots \cos (2a + 2(n - 1)h).$$

La somme des cosinus entre parenthèses s'évalue au moyen de la formule (2) (76) où l'on change a et h en $2a$ et $2h$, et l'on a finalement

$$2S = n - \frac{\cos (2a + (n - 1)\, h) \sin nh}{\sin h}.$$

On trouvera d'une manière semblable la somme des carrés des cosinus d'arcs en progression arithmétique. Plus généralement, on peut trouver la somme des mêmes puissances entières des sinus ou des cosinus d'arcs en progression arithmétique en faisant usage des formules (1), (2), (3) et (4) du n° 80.

EXEMPLE II. — *Sommer*

$$S = \cos a \cos (a + h) + \cos (a + h) \cos (a + 2h)$$
$$+ \ldots\ldots\ldots + \cos (a + (n-1)\, h) \cos (a + nh).$$

Multipliant les deux membres de l'égalité par 2, et remplaçant, en général, $2\cos(a+(p-1)h)\cos(a+ph)$ par $\cos(2a+(2p-1)h)+\cos h$, on aura

$$2S = n\cos h + (\cos(2a+h)+\cos(2a+3h)+\ldots\cos(2a+(n-1)2h),$$

et en appliquant la formule (2) (76) à la quantité entre parenthèses, il vient

$$2S = n\cos h + \frac{\cos(2a+nh)\sin nh}{\sin h}.$$

EXEMPLE III. — *Sommer*

$$(1)\quad S = \sin a + m\sin(a+h) + m^2\sin(a+2h) + \ldots m^{n-1}\sin(a+(n-1)h).$$

La formule qu'il s'agit de trouver ne peut plus se déduire des formules du n° 76, mais on peut l'obtenir en imitant la méthode qui a servi à les établir.

A cet effet, multiplions les deux membres de l'égalité (1), successivement, par m^2 et $-2m\cos h$, et ajoutons, membre à membre les trois égalités : en ordonnant le second membre de l'égalité obtenue, par rapport aux puissances croissantes de m, et remarquant que le coefficient de m^p, c'est-à-dire, $\sin(a+ph)+\sin(a+(p-2)h)-2\cos h\sin(a+(p-1)h)$ est identiquement nul, sauf pour les valeurs de p égales à 0, 1, n et $n+1$, on a

$$\begin{aligned}(1+m^2-2m\cos h)S = \sin a &+ m(\sin(a+h)-2\sin a\cos h)\\ &+ m^n(\sin(a+(n-2)h)-2\sin(a+(n-1)h\cos h)\\ &+ m^{n+1}\sin(a+(n-1)h,\end{aligned}$$

et, après quelques réductions faciles, on arrive facilement à la formule définitive

$$S = \frac{\sin a - m\sin(a-h) - m^n\sin(a+nh) + m^{n+1}\sin(a+(n-1)h)}{1+m^2-2m\cos h}.$$

EXEMPLE IV. — *Sommer*

$$S = \operatorname{coséc} x + \operatorname{coséc} 2x + \operatorname{coséc} 4x + \ldots \operatorname{coséc} 2^n x.$$

Dans cet exemple et dans quelques autres, on prend pour point de départ une identité trigonométrique.

D'après l'exercice 14, chapitre I, on a l'égalité

$$\text{coséc}\, x = \text{cotg}\,\frac{x}{2} - \text{cotg}\, x,$$

en y changeant successivement x en $2x$, $4x$ . . . $2^{n-1}x$, il vient

$$\text{coséc}\, 2x = \text{cotg}\, x - \text{cotg}\, 2x$$
$$\text{coséc}\, 4x = \text{cotg}\, 2x - \text{cotg}\, 4x,$$

. . . .

. . . .

$$\text{coséc}\, 2^{n-1}x = \text{cotg}\, 2^{n-2}x - \text{cotg}\, 2^{n-1}x.$$

Ajoutant maintenant toutes les égalités, membre à membre, et supprimant les termes qui se détruisent, on a

$$S = \text{cotg}\,\frac{x}{2} - \text{cotg}\, 2^{n-1}x.$$

Exemple V. — *Sommer*

$$S = \text{tg}\, x + \frac{1}{2}\,\text{tg}\,\frac{x}{2} + \frac{1}{2^2}\,\text{tg}\,\frac{x}{2^2} + \ldots \frac{}{2^{n-1}}\,\text{tg}\,\frac{x}{2^{n-1}},$$

on part de l'identité (16) (exercices, chapitre I) qui, en changeant a en $2x$, donne

$$\text{tg}\, x = \text{cotg}\, x - 2\,\text{cotg}\, 2x,$$

on a ensuite

$$\frac{1}{2}\,\text{tg}\,\frac{x}{2} = \frac{1}{2}\,\text{cotg}\,\frac{x}{2} - \text{cotg}\, x,$$
$$\frac{1}{2^2}\,\text{tg}\,\frac{x}{2^2} = \frac{1}{2^2}\,\text{cotg}\,\frac{x}{2^2} - \frac{1}{2}\,\text{cotg}\,\frac{x}{2}$$

. . . .

. . . .

$$\frac{1}{2^{n-1}}\,\text{tg}\,\frac{x}{2^{n-1}} = \frac{1}{2^{n-1}}\,\text{cotg}\,\frac{x}{2^{n-1}} - \frac{1}{2^{n-2}}\,\text{cotg}\,\frac{x}{2^{n-2}}$$

et en ajoutant, membre à membre, il vient

$$S = \frac{1}{2^{n-1}}\,\text{cotg}\,\frac{x}{2^{n-1}} - 2\,\text{cotg}\, 2x.$$

Cette solution et la précédente sont tirées de la *Trigonométrie de M. Todhunter.*

86. Questions dont la solution dépend de la sommation de séries trigonométriques.

EXEMPLE 1. — *Un polygone régulier de* n *côtés étant inscrit dans un cercle, on tire des cordes d'un point quelconque* M *de ce cercle à tous les sommets du polygone, on demande de trouver les sommes des carrés et des quatrièmes puissances des cordes.*

1° **On veut trouver la somme des carrés des cordes.**

Si on désigne par r le rayon du cercle et par α l'arc compris sur le cercle entre le point M et le sommet le plus voisin A, on voit facilement que les cordes MA, MB, MC ont, respectivement, pour expression $2r\sin\frac{\alpha}{2}$, $2r\sin\left(\frac{\alpha}{2}+\frac{\pi}{n}\right)$, $2r\sin\left(\frac{\alpha}{2}+\frac{2\pi}{n}\right)$... et l'on est ramené à sommer

$$S=4r^2\left(\sin^2\frac{\alpha}{2}+\sin^2\left(\frac{\alpha}{2}+\frac{\pi}{n}\right)+\ldots\sin^2\left(\frac{\alpha}{2}+(n-1)\frac{\pi}{n}\right)\right).$$

En procédant comme dans l'exemple (1), on a

$$\frac{S}{2r^2}=\left(n-\left(\cos\alpha+\cos\left(\alpha+\frac{2\pi}{n}\right)+\ldots\cos\left(\alpha+(n-1)\frac{2\pi}{n}\right)\right)\right)$$

mais on voit par l'application de la formule (2) (76) que la somme des cosinus entre parenthèses est nulle, on a donc finalement

$$S=2nr^2.$$

2° **On demande la somme des quatrièmes puissances des cordes.**

La question revient à trouver

$$(1)\quad S=16r^4\left(\sin^4\frac{\alpha}{2}+\sin^4\left(\frac{\alpha}{2}+\frac{\pi}{n}\right)+\ldots\sin^4\left(\frac{\alpha}{2}+(n-1)\frac{\pi}{n}\right)\right).$$

Si l'on ne veut pas appliquer immédiatement les formules générales du n° 80, on part de l'égalité

$$2\sin^2 a=1-\cos 2a,$$

et en élevant au carré les deux membres, on aura

$$4\sin^4 a=1+\cos^2 2a-2\cos 2a.$$

Mais, d'autre part,

$$2\cos^2 2a = 1 + \cos 4a,$$

donc

$$(2) \qquad 8\sin^4 a = \cos 4a - 4\cos 2a + 3.$$

En remplaçant maintenant dans le second membre de l'équation (1). chaque terme entre parenthèses par le développement que donne la formule (2), on a

$$\frac{S}{2r^4} = 3n - 4\left(\cos\alpha + \cos\left(\alpha + \frac{2\pi}{n}\right) + \ldots \cos\left(\alpha + (n-1)\frac{2\pi}{n}\right)\right)$$
$$+ \left(\cos 2\alpha + \cos\left(2\alpha + \frac{4\pi}{n}\right) + \ldots \cos\left(2\alpha + (n-1)\frac{4\pi}{n}\right)\right).$$

Mais les sommes des cosinus entre parenthèses étant nulles, comme on le voit par l'application de la formule (2) (76), on obtient la formule définitive

$$S = 6nr^4.$$

Exemple VI. — On propose de démontrer le théorème suivant :

Théorème. — *Si l'on projette les côtés d'un polygone régulier sur une droite quelconque située dans son plan, la somme des puissances impaires des projections est toujours nulle, lorsque la puissance donnée est inférieure au nombre des côtés du polygone.*

Soient n l'exposant de la puissance donnée, p le nombre des côtés du polygone, a l'angle que l'un des côtés fait avec la droite donnée. Les angles des différents côtés avec cette droite seront a, $a + \frac{2\pi}{p}$, $a + \frac{4\pi}{p}$,... $a + (p-1)\frac{2\pi}{p}$, et si l'on prend pour unité le côté du polygone, et qu'on désigne par S la somme cherchée, on aura

$$(1) \quad S = \cos^n a + \cos^n\left(a + \frac{2\pi}{p}\right) + \ldots \cos^n\left(a + (p-1)\frac{2\pi}{p}\right).$$

Or si l'on multiplie les deux membres de l'équation précédente par 2^{n-1} et qu'on remplace chaque terme par le développement que donne la formule (1) (80), on sera ramené à sommer des suites qui se déduisent de la suivante

$$(2)\quad \cos ta + \cos t\left(a+\frac{2\pi}{p}\right)+\cos t\left(a+\frac{4\pi}{p}\right)+\ldots \cos t\left(a+(p-1)\frac{2\pi}{p}\right),$$

en donnant à t toutes les valeurs impaires n, $n-2$, $n-4 \ldots 1$, depuis n jusqu'à 1. Quand les valeurs de toutes les sommes seront obtenues on les multipliera, respectivement, par 1, n, $\frac{n(n-1)}{1\,.\,n}$ etc., et en ajoutant les produits obtenus, on aura la valeur de S.

Mais je dis que, lorsque p est plus petit que n, toutes les suites ont pour valeur zéro et que, par conséquent, la somme S elle-même est nulle. En effet, d'après la formule (2) (76), la suite (2) a pour valeur

$$(3)\qquad \frac{\cos\left(ta+\frac{(p-1)\ t\pi}{p}\right)}{\sin t\frac{\pi}{p}}\sin t\pi,$$

et comme $\sin t\pi$ est nul, quel que soit t, tandis que $\sin\frac{t\pi}{p}$ ne l'est pas quand n est plus petit que p, on voit bien que toutes les suites ont pour valeur zéro.

Remarque. — L'expression (3), se présenterait sous la forme $\frac{0}{0}$, si t était un multiple de p, et on ne pourrait plus dire que les sommes partielles et la somme S elle-même sont nulles; et, en effet, si on calcule alors directement la valeur de la suite (2), on trouve que, chaque terme se réduisant à $\cos ta$, cette valeur est $p\cos ta$, quantité qui ne peut être nulle que pour certaines valeurs particulières de a.

On conclut immédiatement de la remarque précédente que le théorème n'est plus vrai, quand n est égal à p ou quand, p étant impair, n est plus grand que p. En effet, quand n est égal à p, pour la valeur p donnée à t, la suite (2) prend la valeur $p\cos pa$; et, dans l'autre cas, l'une des valeurs de t inférieure à n, c'est-à-dire, l'un des nombres impairs $n-2$, $n-4\ldots 1$ est égal à p et la conclusion reste la même.

Mais le théorème reste encore vrai, lorsque p est pair et

que n lui est supérieur, car le nombre impair t ne peut être divisible par le nombre pair p.

Exemple VII. — On propose de démontrer le théorème suivant :

Si l'on projette un polygone régulier sur une droite située dans son plan, la somme des mêmes puissances paires des projections des côtés, lorsque l'exposant de la puissance est inférieur au nombre des côtés du polygone, est donnée par la formule

$$(1) \qquad S = \frac{1 \cdot 3 \cdot 5 \ldots n-1}{2 \cdot 4 \cdot 6 \ldots n} pc^n$$

dans laquelle c est le côté du polygone, p le nombre de ses côtés, n l'exposant de la puissance et S la somme demandée.

En effet, dans ce cas, il faut appliquer la formule (2) (76) ; on voit alors, comme dans le théorème précédent, que les sommes des cosinus qui correspondent à tous les termes de cette formule, excepté au dernier, sont encore nulles. Mais le dernier terme de la formule se trouve répété p fois, et l'on a

$$2^{n-1} S = \frac{n(n-1)(n-2) \ldots \left(\frac{n}{2}+1\right)}{1 \cdot 2 \cdot 3 \ldots \frac{n}{2}} \frac{p}{2} c^n.$$

Multiplions les deux termes de la fraction qui figure dans le second membre de l'équation précédente par le produit $1 \cdot 2 \cdot 3 \ldots \frac{n}{2}$, puis divisons les deux membres de cette équation par 2^{n-1}, il vient

$$S = \frac{1 \cdot 2 \cdot 3 \ldots n}{\left(1 \cdot 2 \cdot 3 \ldots \frac{n}{2}\right)^2 \times 2^n} \cdot pc^n,$$

ou encore en introduisant 2^n dans la parenthèse

$$S = \frac{1 \cdot 2 \cdot 3 \ldots n}{(2 \cdot 4 \cdot 6 \ldots n)^2} \cdot pc^n,$$

et en supprimant les facteurs pairs 2, 4, 6 . . . n communs au numérateur et au dénominateur, on trouve bien la formule demandée.

REMARQUE. — Une discussion, toute semblable à celle qui a été faite à la suite de l'exemple précédent, prouve que la formule (1) n'est plus applicable, en général, lorsque n est égal ou supérieur à p, mais qu'elle est encore vraie lorsque p est impair et que n est compris entre p et $2p$.

Les deux théorèmes précédents sont énoncés dans les *Nouvelles-Annales*, mais sans les restrictions nécessaires.

EXERCICES SUR LE CHAPITRE III.

NOTA. — Dans les exercices qui suivent les numéros qui sont placés à la fin d'un énoncé indiquent l'exercice du chapitre (I) dont il faut se servir.

Trouver les sommes des suites

1. $\sin a \sin 2a + \sin 2a \sin 3a + \ldots + \sin na \sin (n+1)a.$

2. $$\sin a \sin b + \sin (a+h)(b+h) + \ldots + \sin (a+(n-1)h) \sin (b+(n-1)h).$$

3. $$\frac{1}{\cos a \cos 2a} + \frac{1}{\cos 2a \cos 3a} + \ldots + \frac{1}{\cos na \cos (n+1)a}. \quad (20)$$

4. $$\operatorname{cotg} a \operatorname{coséc} a + 2 \operatorname{cotg} 2a \operatorname{coséc} 2a + \ldots + 2^n \operatorname{cotg} 2^n a \operatorname{coséc} 2^n a. \quad (18)$$

5. $$\operatorname{tg}\frac{a}{2} \operatorname{séc} a + \operatorname{tg}\frac{a}{4} \operatorname{séc}\frac{a}{2} + \ldots + \operatorname{tg}\frac{a}{2^n} \operatorname{séc}\frac{a}{2^{n-1}}. \quad (19)$$

6. $$\operatorname{arc\,cotg}\left(\frac{2}{a}+a\right) + \operatorname{arc\,cotg}\left(\frac{2}{a}+3a\right) + \ldots + \operatorname{arc\,cotg}\left(\frac{2}{a}+\frac{n(n+1)}{2}a\right). \quad (49)$$

7. Une circonférence étant divisée en $2n$ parties égales, à tous les points de division on mène des tangentes, et d'un quelconque de ces points on abaisse des perpendiculaires sur chacune d'elles; on demande de prouver que la somme des carrés des perpendiculaires est égale à $3n$ fois le carré du rayon.

8. Étant donnés un polygone régulier et une circonférence concentriques, d'un point quelconque de la circonférence on abaisse des per-

pendiculaires sur tous les côtés du polygone et l'on demande de prouver que la somme des carrés des perpendiculaires reste la même quand le point se déplace sur la circonférence. — En est-il encore de même quand les perpendiculaires sont élevées à une même puissance quelconque ?

9. Si, en tournant dans un sens déterminé, on joint par une droite chaque sommet d'un polygone régulier à celui qui le suit de deux rangs, les diagonales ainsi obtenues déterminent par leur intersection un polygone semblable au premier; de ce second polygone, on déduit un troisième polygone par une construction semblable à la première, et ainsi de suite : on demande de trouver la somme des surfaces des n premiers polygones quand on connaît la surface et l'angle du premier.

10. — On projette un triangle équilatéral sur une droite quelconque de son plan, et l'on demande quel angle cette droite doit faire avec l'un des côtés du triangle pour que la somme des cubes des projections de ces côtés soit égale à zéro.

11. Étant donnés deux triangles équilatéraux dans un même plan, on demande de déterminer sur ce plan la direction d'une droite, telle, que si l'on projette les côtés des deux triangles sur cette droite et qu'on fasse la somme des cubes des projections, pour l'un des triangles, et la somme des quatrièmes puissances des projections, pour l'autre, la seconde somme soit égale à la première multipliée par une longueur donnée.

12. Étant donné un polygone régulier de n côtés inscrit dans un cercle, et p étant un nombre impair plus petit que n, démontrer que la somme des $p^{\text{ièmes}}$ puissances des perpendiculaires abaissées des sommets du polygone sur un diamètre quelconque du cercle est toujours nulle.

13. Trouver la somme des carrés des distances d'un point du plan d'un cercle à tous les sommets d'un polygone régulier ; en déduire le cas particulier de l'exemple (1) 86.

CHAPITRE IV.

FORMULES QUI PEUVENT ÊTRE UTILES DANS LA RÉSOLUTION DES TRIANGLES.

87. Dans toute la partie de la Trigonométrie qui va suivre nous adopterons les notations uniformes suivantes : (*)

Les trois sommets d'un triangle seront toujours désignés par A, B, C, les angles eux-mêmes par les mêmes lettres, les côtés opposés à ces angles par a, b, c, les centres des cercles circonscrit et inscrit par O et I, et les centres des cercles ex-inscrits, qui sont tangents, respectivement, à a, b et c, par les lettres I', I'', I'''.

Nous emploierons encore quelques autres notations : β, $2p$ et S ou m^2 représenteront, respectivement, la différence des angles B et C, le périmètre et la surface d'un triangle ; R, r les rayons des cercles circonscrit et inscrit; r', r'', r''' les rayons des cercles ex-inscrits dont les centres respectifs sont I', I'', I'''; h, k, l, les hauteurs qui correspondent aux côtés a, b et c : d et m seront aussi toujours la bissectrice et la médiane relatives au sommet A, et D et M les angles aigus que ces deux droites font avec le côté a ; le milieu du côté a, les pieds de la hauteur et de la bissectrice correspondantes seront aussi désignés, respectivement, par M, H et D.

88. Pour qu'on puisse embrasser d'un seul coup d'œil les formules utiles, je vais les écrire immédiatement les unes à la suite des autres ; les démonstrations de celles qui ne sont pas encore connues viendront ensuite.

(*) Le lecteur est prié de retenir les notations du n° 87 auxquelles il sera très-souvent renvoyé par la suite.

(1) $p-a=p\operatorname{tg}\frac{B}{2}\operatorname{tg}\frac{C}{2},\ p-b=p\operatorname{tg}\frac{A}{2}\operatorname{tg}\frac{C}{2},\ p-c=p\operatorname{tg}\frac{A}{2}\operatorname{tg}\frac{B}{2}.$

(2) $a=\dfrac{p\sin\frac{A}{2}}{\cos\frac{B}{2}\cos\frac{C}{2}},\quad b=\dfrac{p\sin\frac{B}{2}}{\cos\frac{A}{2}\cos\frac{C}{2}},\quad c=\dfrac{p\sin\frac{C}{2}}{\cos\frac{A}{2}\cos\frac{B}{2}}.$

(3) $h=\dfrac{a\sin B\sin C}{\sin A},\quad k=\dfrac{b\sin A\sin C}{\sin B},\quad l=\dfrac{c\sin A\sin B}{\sin C}.$

(4) $h=\dfrac{2p\sin\frac{B}{2}\sin\frac{C}{2}}{\cos\frac{A}{2}},\ k=\dfrac{2p\sin\frac{A}{2}\sin\frac{C}{2}}{\cos\frac{B}{2}},\ l=\dfrac{2p\sin\frac{A}{2}\sin\frac{B}{2}}{\cos\frac{C}{2}}.$

(5) $$R=\frac{a}{2\sin A}=\frac{b}{2\sin B}=\frac{c}{2\sin C}=\frac{p}{4\cos\frac{A}{2}\cos\frac{B}{2}\cos\frac{C}{2}}.$$

(6) $$R=\frac{abc}{4S}.$$

(7) $$r=(p-a)\operatorname{tg}\frac{A}{2}=(p-b)\operatorname{tg}\frac{B}{2}=(p-c)\operatorname{tg}\frac{C}{2}.$$

(8) $$r=\frac{a\sin\frac{B}{2}\sin\frac{C}{2}}{\cos\frac{A}{2}}=\frac{b\sin\frac{A}{2}\sin\frac{C}{2}}{\cos\frac{B}{2}}=\frac{c\sin\frac{A}{2}\sin\frac{B}{2}}{\cos\frac{C}{2}}.$$

(9) $$r'=p\operatorname{tg}\frac{A}{2}=(p-b)\operatorname{cotg}\frac{C}{2}=(p-c)\operatorname{cotg}\frac{B}{2}.$$

(10) $$r'=\frac{a\cos\frac{B}{2}\cos\frac{C}{2}}{\cos\frac{A}{2}}=\frac{b\sin\frac{A}{2}\cos\frac{C}{2}}{\sin\frac{B}{2}}=\frac{c\sin\frac{A}{2}\cos\frac{B}{2}}{\sin\frac{C}{2}}.$$

(11) $$S=pr=(p-a)r'=(p-b)r''=(p-c)r'''.$$

(12) $$S=p^2\operatorname{tg}\frac{A}{2}\operatorname{tg}\frac{B}{2}\operatorname{tg}\frac{C}{2}.$$

(13) $$S=r^2\operatorname{cotg}\frac{A}{2}\operatorname{cotg}\frac{B}{2}\operatorname{cotg}\frac{C}{2}.$$

(14) $$S=r'^2\operatorname{cotg}\frac{A}{2}\operatorname{tg}\frac{B}{2}\operatorname{tg}\frac{C}{2}.$$

(15) $$S = 2R^2 \sin A \sin B \sin C.$$

(16) $$d = \frac{a \sin B \sin C}{\sin A \cos \frac{\beta}{2}}.$$

(17) $$d = \frac{p\left(\sin D - \sin \frac{A}{2}\right)}{\cos \frac{A}{2} \sin D}.$$

(18) $$\operatorname{cotg} M = \frac{\operatorname{cotg} C - \operatorname{cotg} B}{2}. \quad (*)$$

(19) $$\cos(M + \beta) = -\cos A \cos M.$$

(20) $$\frac{\sin(2M + \beta)}{\sin \beta} = \frac{a^2}{4m^2}.$$

(21) $$\operatorname{tg} A = \frac{4am \sin M}{4m^2 - a^2}.$$

(22) $$\operatorname{tg}^2 \frac{A}{2} = \operatorname{cotg}\left(M + \frac{\beta}{2}\right) \operatorname{cotg} \frac{\beta}{2}.$$

Les formules (1), (5), (6), (7), (9), (11) et (12) ont déjà été données ou sont connues en Géométrie ; je vais démontrer les autres.

Démonstration des formules (2). — On part de la proportion entre les côtés et les sinus des angles opposés, et, par la combinaison ordinaire, on a

$$\frac{a}{\sin A} = \frac{2p}{\sin A + \sin B + \sin C} = \frac{p}{2 \cos \frac{A}{2} \cos \frac{B}{2} \cos \frac{C}{2}}.$$

Mais si l'on remplace $\sin A$ par $2 \sin \frac{A}{2} \cos \frac{A}{2}$, on a la première des formules (2), et les deux autres s'obtiennent de la même manière.

Démonstration des formules (3). — Ayant projeté le sommet A en H sur le côté opposé a, on obtient deux triangles rectangles AHB, AHC qui donnent

$$BH = h \operatorname{cotg} B, \qquad CH = h \operatorname{cotg} C,$$

(*) Nous supposerons toujours désormais que l'angle B est plus grand que l'angle C.

d'où

$$a = h\,(\text{cotg B} + \text{cotg C}) = \frac{h \sin A}{\sin B \sin C},$$

et, par suite,

$$h = \frac{a \sin B \sin C}{\sin A}.$$

On pouvait encore obtenir la formule précédente en égalant entre elles les deux expressions de la surface d'un triangle $\frac{ah}{2}$ et $\frac{a^2 \sin B \sin C}{2 \sin A}$. Les deux autres formules s'obtiennent de même.

Démonstration des formules (4). — En évaluant le côté a comme dans la démonstration précédente, et exprimant les côtés b et c en fonction de la hauteur h et des angles dans les triangles rectangles AHB, AHC, on a

$$\frac{h}{\sin B} + \frac{h}{\sin C} + h\,(\text{cotg B} + \text{cotg C}) = 2p.$$

d'où l'on déduit facilement la première des formules (4). Les autres s'obtiennent ensuite facilement

Démonstration des formules (8). — On part des deux formules

$$p - b = r \,\text{cotg}\, \frac{B}{2}, \qquad p - c = r\, \text{cotg}\, \frac{C}{2},$$

en les ajoutant, membre à membre, on a

$$a = r\left(\text{cotg}\, \frac{B}{2} + \text{cotg}\, \frac{C}{2}\right),$$

et pour obtenir la première des formules demandées, il ne reste plus qu'à remplacer les cotangentes par les rapports des cosinus aux sinus, et $\sin \frac{B+C}{2}$, par $\cos \frac{A}{2}$. On a ensuite les deux autres de la même manière.

Les formules (10) se démontrent d'une manière toute semblable.

Démonstration des formules (13), (14) et (15). — Ces formules se déduisent de la formule (12), en y remplaçant p, successivement par les valeurs $\frac{S}{r}$, $r'\operatorname{cotg}\frac{A}{2}$ et $4R\cos\frac{A}{2}\cos\frac{B}{2}\cos\frac{C}{2}$, que donnent les premières des formules (11) et (9) et la dernière des formules (5).

On peut encore obtenir la formule (15) en multipliant, membre à membre, les trois équations

$$2S = ab\sin C, \qquad 2S = ac\sin B, \qquad 2S = bc\sin A,$$

et remplaçant abc par la valeur $4RS$ que donne la formule (6).

Démonstration de la formule (16). — Considérons le triangle rectangle ADH obtenu en menant la bissectrice et la hauteur issues du sommet A. L'angle DAH étant égal à $\frac{B-C}{2}$, on a

$$d = \frac{h}{\cos\frac{B-C}{2}},$$

et, en remplaçant h par la valeur que donne la première des formules (3) et $B - C$ par β, on obtient la relation demandée.

Démonstration de la formule (17). — La première des formules (4) donne, d'abord, en remplaçant un double produit de sinus par une différence de cosinus

$$h = \frac{p\left(\cos\frac{B-C}{2} - \sin\frac{A}{2}\right)}{\cos\frac{A}{2}},$$

et si l'on remplace h par $d\cos\frac{B-C}{2}$ et $\cos\frac{B-C}{2}$ par $\sin D$, on arrive facilement au résultat demandé.

Démonstration des formules (18) et (19). — On a évidemment

$$2MH = HC - HB,$$

et en remplaçant MH, HC et HB par les trois quantités proportionnelles $\operatorname{cotg} M$, $\operatorname{cotg} C$ et $\operatorname{cotg} B$, on arrive à la relation (18). Il est facile de voir que, si le point H tombait à l'extérieur du triangle, la démonstration s'appliquerait encore.

On déduit maintenant la formule (19) de la formule (18), en y remplaçant les cotangentes par les rapports des cosinus aux aux sinus, cos (B+C) par — cos A et la quantité 2 sin B sin C par cos (B — C) + cos A.

Démonstration de la formule (20).—Les triangles AMB et AMC donnent (B étant comme toujours le plus grand des angles B et C)

$$\frac{a}{2l}=\frac{\sin(M+B)}{\sin B}=\frac{\sin(M-C)}{\sin C},$$

de là on déduit

$$\frac{a^2}{4l^2}=\frac{\sin^2(M+B)-\sin^2(M-C)}{\sin^2 B-\sin^2 C}.$$

Mais d'après l'identité (1) (Exemple (3) (81), la différence des carrés de deux sinus peut être remplacée par un produit de sinus, et l'on a

$$\frac{a^2}{4l^2}=\frac{\sin(2M+B-C)\sin(B+C)}{\sin(B-C)\sin(B+C)}$$

et en supprimant le facteur commun sin (B + C), on obtient la formule (20).

Démonstrations de la formule (21).

PREMIÈRE DÉMONSTRATION. — En égalant deux expressions de la surface du triangle on a

$$(1)\qquad bc\sin A=ah$$

on a aussi, d'après une relation connue,

$$2\,bc\cos A=b^2+c^2-a^2$$

mais en remplaçant b^2+c^2 par $2m^2+\frac{a^2}{2}$ dans l'égalité précédente, elle devient

$$(2)\qquad bc\cos A=\frac{4m^2-a^2}{4}$$

et en divisant, membre à membre, les équations (1) et (2), on a

$$(3)\qquad \operatorname{tg} A=\frac{4ah}{4m^2-a^2}.$$

Pour avoir la formule demandée il ne reste plus qu'à remplacer dans l'égalité précédente h par $m \sin M$.

DEUXIÈME DÉMONSTRATION. — Abaissons du sommet B la hauteur BK, le triangle rectangle ABK donne

$$\operatorname{tg} A = \frac{BK}{AK} = \frac{BK \times AC}{AK \times AC}.$$

Mais le produit $BK \times AC$ qui représente le double de la surface du triangle peut être remplacé par ah, et, si l'on observe que la circonférence, décrite sur BC comme diamètre, passe par le point K, on voit que le produit $AK \times AC$ représente la puissance du point A par rapport au cercle qui a BC pour diamètre, et, par suite, peut être remplacé par $m^2 - \frac{a^2}{4}$, on a donc, comme tout à l'heure,

$$\operatorname{tg} A = \frac{4ah}{4m^2 - a^2}.$$

Nous avons supposé tacitement que le point K tombait dans l'intérieur du triangle, mais on voit facilement que la formule reste la même quand ce point est à l'extérieur.

Démonstration de la formule (22). — On écrit la formule (19) sous la forme

$$\frac{\cos (M + \beta)}{\cos M} = \frac{-\cos A}{1}$$

et l'on fait la combinaison ordinaire.

EXERCICES DU CHAPITRE IV.

Les notations, employées ici, sont celles qui sont indiquées au nº 87. On a de plus adopté deux notations nouvelles : P est le point d'intersection des hauteurs du triangle, et δ l'angle que la droite PO fait avec a, du même côté et dans le même sens que le plus petit des deux angles B et C.

On propose de démontrer les relations suivantes :

1. $$r = \frac{h \sin \frac{A}{2}}{2 \cos \frac{B}{2} \cos \frac{C}{2}} = \frac{k \sin \frac{B}{2}}{2 \cos \frac{A}{2} \cos \frac{C}{2}} = \frac{l \sin \frac{C}{2}}{2 \cos \frac{A}{2} \cos \frac{B}{2}}.$$

2. $$r' = \frac{h \sin \frac{A}{2}}{2 \sin \frac{B}{2} \sin \frac{C}{2}} = \frac{k \sin \frac{B}{2}}{2 \cos \frac{A}{2} \cos \frac{C}{2}} = \frac{l \sin \frac{C}{2}}{2 \cos \frac{A}{2} \cos \frac{B}{2}}.$$

3. $$4R = \frac{r}{\sin \frac{A}{2} \sin \frac{B}{2} \sin \frac{C}{2}} = \frac{r'}{\sin \frac{A}{2} \sin \frac{B}{2} \sin \frac{C}{2}}.$$

4. $$r' = r \operatorname{cotg} \frac{B}{2} \operatorname{cotg} \frac{C}{2}, \quad r'' = r \operatorname{cotg} \frac{A}{2} \operatorname{cotg} \frac{C}{2},$$
$$r''' = r \operatorname{cotg} \frac{A}{2} \operatorname{cotg} \frac{B}{2}.$$

5. $$\sin^2 \frac{A}{2} = \frac{r' - r}{4R}, \quad \sin^2 \frac{B}{2} = \frac{r'' - r}{4R}, \quad \sin^2 \frac{C}{2} = \frac{r''' - r}{4R}.$$

6. $$\cos^2 \frac{A}{2} = \frac{r'' + r'''}{4R}, \quad \cos^2 \frac{B}{2} = \frac{r' + r'''}{4R}, \quad \cos^2 \frac{C}{2} = \frac{r' + r''}{4R}.$$

7. $$\operatorname{tg} \frac{B}{2} \operatorname{tg} \frac{C}{2} = \frac{h - 2r}{h} = \frac{h}{2r' + h}$$
$$\operatorname{tg} \frac{A}{2} \operatorname{tg} \frac{C}{2} = \frac{k - 2r}{k} = \frac{k}{2r'' + k}$$
$$\operatorname{tg} \frac{A}{2} \operatorname{tg} \frac{B}{2} = \frac{l - 2r}{l} = \frac{l}{2r''' + l}.$$

8. $$S = rr' \operatorname{cotg} \frac{A}{2} = r''r''' \operatorname{tg} \frac{A}{2} = \sqrt{rr'r''r'''}.$$

9. $$\frac{1}{r} = \frac{1}{r'} + \frac{1}{r''} + \frac{1}{r'''}, \quad R = \frac{r' + r'' + r''' - r}{4}.$$

10. $$AI = \frac{p \sin \frac{B}{2} \sin \frac{C}{2}}{\cos \frac{A}{2} \cos \frac{B}{2} \cos \frac{C}{2}} = \frac{2a \sin \frac{B}{2} \sin \frac{C}{2}}{\sin A}$$

et les deux formules analogues qui donnent BI et CI.

11. $$AI' = \frac{p}{\cos \frac{A}{2}}, \quad BI'' = \frac{p}{\cos \frac{B}{2}}, \quad CI'' = \frac{p}{\cos \frac{C}{2}}.$$

12. $$AI'' = \frac{p - c}{\sin \frac{A}{2}}, \quad BI' = \frac{p - c}{\sin \frac{B}{2}}, \quad CI' = \frac{p - b}{\sin \frac{C}{2}}.$$

13. $$AI''' = \frac{p - b}{\sin \frac{A}{2}}, \quad BI''' = \frac{p - a}{\sin \frac{B}{2}}, \quad CI'' = \frac{p - a}{\sin \frac{C}{2}}.$$

14. $\overline{AI}^2 = \dfrac{p-a}{p}\,bc,\quad \overline{BI}^2 = \dfrac{p-b}{p}\,bc,\quad \overline{CI}^2 = \dfrac{p-c}{p}\,ac.$

15. $\overline{AI'}^2 = \dfrac{pbc}{p-a},\quad \overline{BI''}^2 = \dfrac{pac}{p-b},\quad \overline{CI'''}^2 = \dfrac{pab}{p-c}.$

16. $\overline{AI''}^2 = \dfrac{p-c}{p-b}\,bc,\quad \overline{BI'}^2 = \dfrac{p-c}{p-a}\,ac,\quad \overline{CI'}^2 = \dfrac{p-b}{p-a}\,ab.$

17. $\overline{AI'''}^2 = \dfrac{p-b}{p-c}\,bc,\quad \overline{BI'''}^2 = \dfrac{p-a}{p-c}\,ac,\quad \overline{CI''}^2 = \dfrac{p-a}{p-b}\,ab.$

18. $AI \times AI' = AI'' \times AI''' = bc$, et deux égalités analogues.

19. $$\sin\frac{B}{2}\sin\frac{C}{2} = \frac{AI}{4R},\quad \sin\frac{A}{2}\sin\frac{C}{2} = \frac{BI}{4R}$$
$$\sin\frac{A}{2}\sin\frac{B}{2} = \frac{CI}{4R}.$$

20. $$\overline{AI}^2 + \overline{BI}^2 + \overline{CI}^2 = ab + ac + bc - 12Rr.$$

21. $$\frac{bc}{\overline{AI}^2} + \frac{ac}{\overline{BI}^2} + \frac{ab}{\overline{CI}^2} = 1.$$

22. $$AI \times BI \times CI = 4Rr^2.$$

23. $$\frac{bc}{\overline{AI'}^2} + \frac{ac}{\overline{BI''}^2} + \frac{ab}{\overline{CI'''}^2} = 1.$$

24 $$AI' \times BI' \times CI' = 4Rr'^2.$$

25. $$II' = \frac{a}{\cos\frac{A}{2}},\quad II'' = \frac{b}{\cos\frac{B}{2}},\quad II''' = \frac{c}{\cos\frac{C}{2}}.$$

26. $$I''I''' = \frac{a}{\sin\frac{A}{2}},\quad I'I''' = \frac{b}{\sin\frac{B}{2}},\quad I'I'' = \frac{c}{\sin\frac{C}{2}}.$$

27. $$II' \times II'' \times II''' = 16R^2r.$$

28. $$I''I''' \times I'I''' \times I'I'' = 16R^2p.$$

29. $$II' = 4R\sin\frac{A}{2}\qquad II'' = 4R\sin\frac{B}{2}\qquad II''' = 4R\sin\frac{C}{2}.$$

30. $$I''I''' = 4R\cos\frac{A}{2}\qquad I'I''' = 4R\cos\frac{B}{2}\qquad I'I'' = 4R\cos\frac{C}{2}.$$

31. $$\overline{II'}^2 + \overline{I''I'''}^2 = 16R^2,\quad \overline{II''}^2 + \overline{I'I'''}^2 = 16R^2,$$
$$\overline{II'''}^2 + \overline{I'I''}^2 = 16R^2.$$

32. $$\overline{OI}^2 = R^2 - 2Rr,\quad \overline{OI'}^2 = R^2 + 2Rr',\quad \overline{OI''}^2 = R^2 + 2Rr''$$
$$\overline{OI'''}^2 = R^2 + 2Rr'''.$$

33. $$PA = 2R\cos A,\quad PB = 2R\cos B,\quad PC = 2R\cos C.$$

34. $$4R^3 - \left(\overline{PA}^2 + \overline{PB}^2 + \overline{PC}^2\right)R - PA \times PB \times PC = 0.$$

35. $$\overline{PO}^2 = R^2 (1 - 8 \cos A \cos B \cos C).$$

36 $$R^3 - \overline{PO}^2 \times R - PA \times PB \times PC = 0.$$

37. $$\overline{PA}^2 + \overline{PB}^2 + \overline{PC}^2 - \overline{PO}^2 = 3R^2.$$

38. $$\operatorname{tg} MAD = \operatorname{tg} \frac{B - C}{2} \cdot \operatorname{tg}^2 \frac{A}{2}.$$

39. $$\operatorname{tg} \delta = \frac{\cos (B - C) - 2 \cos A}{\sin (B - C)}, \quad \operatorname{tg} \delta = \frac{3 - \operatorname{tg} B \operatorname{tg} C}{\operatorname{tg} B - \operatorname{tg} C}.$$

40. $$a \cos A + b \cos B + c \cos C = 4R \sin A \sin B \sin C.$$

41. $$a \operatorname{cotg} A + b \operatorname{cotg} B + c \operatorname{cotg} C = 2(R + r).$$

42. $$(a^2 - b^2) \operatorname{cotg} C + (b^2 - c^2) \operatorname{cotg} A + (c^2 - a^2) \operatorname{cotg} B = 0.$$

43. $$(a - b) \operatorname{cotg} \frac{C}{2} + (c - a) \operatorname{cotg} \frac{B}{2} + (b - c) \operatorname{cotg} \frac{A}{2} = 0.$$

44. Vérifier les formules (38) et (39) en voyant ce qu'elles deviennent dans le cas du triangle rectangle ou isocèle.

45. Démontrer qu'un triangle est isocèle, quand l'une des égalités suivantes est satisfaite :

$$a = 2b \cos C, \quad \sin A = 2 \sin B \cos C, \quad a = 2b \sin \frac{A}{2}.$$

$$H' = H'' \qquad H''' = I''I'''.$$

$$(p - b) \operatorname{cotg} \frac{C}{2} = p \operatorname{tg} \frac{B}{2}.$$

$$\sin \frac{A}{2} \cos^3 \frac{B}{2} = \sin \frac{B}{2} \cos^3 \frac{A}{2}.$$

46. Démontrer qu'un triangle est rectangle quand l'une des égalités suivantes est satisfaite :

$$M = 2C, \quad MAD = B - 45^\circ, \quad \operatorname{cotg} \frac{B}{2} = \frac{a + c}{b};$$

$$S^2 = p(p - a), \quad r' = r + r'' + r''', \quad b^2 = r \times CH.$$

47. Démontrer qu'un triangle est rectangle ou isocèle, quand les carrés de deux côtés sont entr'eux comme les projections de ces côtés sur le troisième.

48. Les hauteurs d'un triangle issues, respectivement, des sommets A, B et C étant prolongées jusqu'à leur rencontre en A′, B′ et C′, avec le cercle circonscrit, démontrer les relations suivantes :

$$\frac{\cos (B - C)}{AA'} = \frac{\cos (C - A)}{BB'} = \frac{\cos (A - B)}{CC'} = \frac{2S}{abc}$$

$$\frac{a}{AA' - h} = \frac{b}{BB' - k} = \frac{c}{CC' - l} = 2 \times (\operatorname{tg} A + \operatorname{tg} B + \operatorname{tg} C).$$

49. Démontrer que, si le point d'intersection des hauteurs d'un triangle et le centre du cercle circonscrit se confondent, le triangle est équilatéral.

50. Démontrer que, si la distance entre le centre du cercle circonscrit à un triangle et le point d'intersection des hauteurs est égale à la moitié d'un des côtés du triangle, le triangle n'est pas nécessairement rectangle. — Faire voir, par exemple, que, si l'angle au sommet d'un triangle isocèle a pour cosinus le nombre $\frac{4}{5}$, la propriété énoncée aura lieu.

51. Si dans un triangle l'un des angles est égal à 60°, la droite qui joint le centre du cercle circonscrit au point d'intersection des hauteurs forme toujours un triangle équilatéral avec les deux côtés de l'angle égal à 60°.

52. Faire voir que ce n'est pas seulement dans le cas du triangle rectangle que la droite PO fait avec a un angle double d'un des angles adjacents à ce côté.

53. Démontrer la formule suivante :

$$\frac{\overline{PI}^2}{4R^2} = 2\left(\sin^4\frac{A}{2} + \sin^4\frac{B}{2} + \sin^4\frac{C}{2}\right) + 8\sin^2\frac{A}{2}\sin^2\frac{B}{2}\sin^2\frac{C}{2}$$
$$+ 4\sin\frac{A}{2}\sin\frac{B}{2}\sin\frac{C}{2} - 1.$$

54. Trouver les formules analogues qui donnent PI′, PI″ et PI‴.

55. Un cercle étant inscrit dans un angle, si l'on décrit deux cercles tangents au cercle donné et aux deux côtés de l'angle, le rayon du premier cercle sera moyen proportionnel entre les deux autres.

56. On décrit dans l'intérieur d'un triangle trois cercles tangents à deux côtés de ce triangle et au cercle inscrit ; il faut démontrer que si l'on désigne par r_a, r_b, r_c les rayons des trois cercles inscrits, respectivement, dans les angles A, B, C on a les formules suivantes :

$$(1)\qquad r_a = r\,\mathrm{tg}^2\frac{\pi - A}{4} \qquad r_b = r\,\mathrm{tg}^2\frac{\pi - B}{4} \qquad r_c = r\,\mathrm{tg}^2\frac{\pi - C}{4}$$

$$(2)\qquad \sqrt{r_a r_b} + \sqrt{r_a r_c} + \sqrt{r_b r_c} = r.$$

57. On décrit trois cercles tangents au cercle ex-inscrit I′ et aux côtés du triangle prolongés, s'il est nécessaire ; il faut démontrer que si les trois cercles sont ceux dont les centres sont les plus voisins des sommets des angles dans lesquels ils sont inscrits, on a, en désignant par r'_a, r'_b, r'_c les rayons des trois cercles, les relations suivantes :

$$r'_b = r' \operatorname{tg}^2 \frac{B}{2} \qquad r'_c = r' \operatorname{tg}^2 \frac{C}{2} \qquad r'_a = r' \operatorname{tg}^2 \frac{\pi - A}{4}$$

$$\frac{1}{\sqrt{r'_b r'_c}} - \frac{1}{\sqrt{r'_a r'_b}} - \frac{1}{\sqrt{r'_a r'_c}} = \frac{1}{r'}.$$

58. Calculer les rayons des autres cercles qui touchent les côtés des triangles ou leurs prolongements, et qui sont tangents en même temps au cercle inscrit ou à l'un des cercles ex-inscrits. — (On se servira du théorème de l'exercice (55).

59. Si par les sommets A et B d'un triangle ABC on mène des droites AE et BE, respectivement, perpendiculaires aux côtés AC et BC, et qu'on inscrive un cercle dans le triangle ABE, le rayon x de ce cercle sera donné par l'une ou l'autre des formules

$$x = \frac{a \sin \dfrac{\pi - 2A}{4} \sin \dfrac{\pi - 2B}{4}}{\sin \dfrac{C}{2}}, \qquad \frac{a}{x} = \operatorname{séc} a + \operatorname{tg} a + \operatorname{séc} b + \operatorname{tg} b.$$

60. Si l'on décrit un cercle qui touche extérieurement le cercle circonscrit à un triangle, et qui soit tangent aux côtés b et c prolongés, son rayon x est donné par la formule

$$x \cos^2 \frac{A}{2} = 4R \sin \frac{A}{2} \cos \frac{B}{2} \cos \frac{C}{2}.$$

61. Si l'on désigne par y, z les rayons des deux cercles analogues au cercle de rayon x dans l'énoncé précédent, on a

$$32R^3 - 2R(xy + xz + yz) - xyz = 0.$$

Vérifier que dans le cas du triangle équilatéral les rayons des trois cercles sont égaux à 2R.

62. Trouver les relations analogues à celles des exercices 60 et 61 lorsque les trois cercles dont il est question sont tangents intérieurement au cercle circonscrit.

CHAPITRE V.

RÉSOLUTION ET DISCUSSION COMPLÈTE DES TRIANGLES DANS DES CAS AUTRES QUE LES CAS ÉLÉMENTAIRES DÉJA TRAITÉS.

PROBLÈME I.

89. *Résoudre un triangle rectangle, connaissant le périmètre* 2p *et la perpendiculaire* h *abaissée du sommet* A *sur l'hypoténuse.*

1re MÉTHODE. — En commençant par le calcul des angles, on a

$$a = \frac{h}{\sin B \sin C}, \qquad b = \frac{h}{\sin C}, \qquad c = \frac{h}{\sin B}$$

et comme la somme $a + b + c$ est égale à $2p$, on obtient

$$\frac{1 + \sin B + \sin C}{\sin B \sin C} = \frac{2p}{h}$$

mais 1 étant égal à sin A, on peut remplacer dans l'équation précédente

$$1 + \sin B + \sin C \text{ par } 4 \cos\frac{A}{2} \cos\frac{B}{2} \cos\frac{C}{2}$$

et l'on a

$$\frac{4 \cos\frac{A}{2} \cos\frac{B}{2} \cos\frac{C}{2}}{\sin B \sin C} = \frac{2p}{h}$$

$$\frac{\cos\frac{A}{2}}{2 \sin\frac{B}{2} \sin\frac{C}{2}} = \frac{p}{h}.$$

Remplaçant alors $2 \sin \frac{B}{2} \sin \frac{C}{2}$ par $\cos \frac{B-C}{2} - \sin \frac{A}{2}$ et observant que $\sin \frac{A}{2}$ et $\cos \frac{A}{2}$ sont égaux à $\cos 45°$, on aura, en résolvant par rapport à $\cos \frac{B-C}{2}$,

$$(1) \qquad \cos \frac{B-C}{2} = \frac{h+p}{p} \cos 45°.$$

Si maintenant l'on désigne par α l'angle $\frac{B-C}{2}$ de la table, déterminé à l'aide de la formule précédente, on aura la solution complète du problème par les formules suivantes :

$$(2) \qquad \cos \alpha = \frac{h+p}{p} \cos 45°.$$

$$(3) \qquad B = 45° + \alpha \qquad C = 45° - \alpha.$$

$$(4) \qquad a = \frac{h}{\sin B \sin C} \qquad b = \frac{h}{\sin C} \qquad c = \frac{h}{\sin B}.$$

L'équation (2) donnera un angle aigu α, les égalités (3) feront connaître les angles B et C, et on aura enfin a, b, c par les formules (4).

Discussion. — Il faut d'abord que la valeur de $\cos \alpha$ ne soit pas plus grande que 1 : en exprimant cette condition et remplaçant $\cos 45°$ par $\frac{\sqrt{2}}{2}$, on trouve

$$\frac{p}{h} > 1 + \sqrt{2}.$$

Je dis qu'il n'y a pas d'autres conditions. En effet, la somme des deux angles B et C est égale à 90°, l'angle B est évidemment positif, et il en est de même de l'angle C, puisque l'égalité (2) montre que l'angle α est plus petit que 45°. Or ces conditions suffisent, comme on sait, pour que le triangle puisse être construit.

2e Méthode. — On commence maintenant par le calcul des côtés.

En égalant entr'elles trois expressions de la surface du triangle, on a

$$ah = 2p(p - a) = bc$$

d'où l'on tire

$$(1) \qquad a = \frac{2p^2}{2p + h} \qquad bc = \frac{2p^2h}{2p + h}$$

on a ensuite

$$b + c = 2p - a = \frac{2p(p + h)}{2p + h}$$

b et c sont donc les racines d'une équation du second degré

$$(2p + h)\,x^2 - 2p\,(p + h)\,x + 2p^2h = 0$$

et si l'on pose, suivant la méthode générale,

$$(2) \qquad \cos\varphi = \frac{h + p}{p\sqrt{2}}$$

il vient

$$(3) \qquad \left.\begin{matrix} b \\ c \end{matrix}\right\} = \frac{p}{h + 2p}\left(p + h \pm p\sqrt{2}\,\sin\varphi\right)$$

tirant maintenant de l'équation (2) la valeur de p en fonction de h et $\cos\varphi$, et la substituant dans l'équation (2), on a

$$\left.\begin{matrix} b \\ c \end{matrix}\right\} = \frac{h\cos 45^\circ\,(\cos\varphi \pm \cos(90^\circ - \varphi))}{\sin^2 45^\circ - \sin^2\varphi}.$$

Puis remplaçant $\sin^2 45^\circ - \sin^2\varphi$ par $\sin(45^\circ + \varphi)\sin(45^\circ - \varphi)$, et la somme et la différence des deux cosinus entre parenthèses par un double produit de cosinus ou de sinus, on obtient

$$(4) \qquad b = \frac{h}{\sin(45^\circ - \varphi)}, \qquad c = \frac{h}{\sin(45^\circ + \varphi)}.$$

par un calcul semblable on déduit des formules (1) et (2)

$$(5) \qquad a = \frac{h}{\sin(45^\circ + \varphi)\sin(45^\circ - \varphi)}.$$

En résumé, on voit qu'après avoir calculé l'angle φ par la formule (2), les valeurs de b, c, a sont données par les formules (4) et (5) calculables par logarithmes. Mais en comparant les formules (1) et (2) de la première et de la seconde méthode, on voit que l'angle φ n'est autre que l'angle $\frac{B-C}{2}$, et en tenant compte de cette valeur de l'angle φ, on reconnaît que les formules qui donnent a, b et c sont les mêmes dans les deux méthodes.

Remarque. — La formule (1) (1re méthode) qui donne la valeur de $\frac{B-C}{2}$ étant très-simple, il y a lieu de chercher à l'obtenir par la voie la plus courte : or il suffit pour cela de prendre le triangle rectangle qui a pour hypoténuse AI' et pour l'un des côtés de l'angle droit la projection de AI' sur la hauteur AH, car l'angle HAI' étant égal à $\frac{B-C}{2}$, on tire de ce triangle la valeur de $\cos\frac{B-C}{2}$ telle que la donne la formule (1).

Problème II.

90. *Résoudre un triangle* ABC, *connaissant* a, A *et le rapport* m *de* b — c *à* h (Pascal)

On a, d'abord,

$$h = \frac{a \sin B \sin C}{\sin A}, \qquad b - c = \frac{a \sin B - \sin C}{\sin A}$$

et en divisant ces équations, membre à membre, on trouve facilement

$$\operatorname{coséc} C - \operatorname{coséc} B = m.$$

On est ainsi ramené à trouver deux angles B et C, connaissant leur somme et la différence de leurs cosécantes : en opérant comme il a été dit au numéro (50), on obtient l'équation

$$(1) \quad m \sin^2 \frac{B-C}{2} + 2 \sin \frac{A}{2} \sin \frac{B-C}{2} - m \cos^2 \frac{A}{2} = 0.$$

Cette équation a évidemment deux racines réelles, l'une positive, l'autre négative ; la dernière devant être rejetée, on aura, d'après la méthode générale (41) en représentant par α l'angle $\frac{B-C}{2}$,

(2) $$\operatorname{tg} \varphi = m \operatorname{cotg} \frac{A}{2},$$

(3) $$\sin \alpha = \cos \frac{A}{2} \operatorname{tg} \frac{\varphi}{2}$$

prenant ensuite pour α l'angle des tables dont le sinus est égal au nombre positif $\cos \frac{A}{2} \operatorname{tg} \frac{\varphi}{2}$, on aura

(4) $$B = 90^\circ - \frac{A}{2} + \alpha, \qquad C = 90^\circ - \frac{A}{2} - \alpha,$$

(5) $$b = \frac{a \sin B}{\sin A}, \qquad c = \frac{a \sin C}{\sin A}.$$

En faisant les calculs indiqués par les formules (2), (3), (4) et (5) dans l'ordre même où ces formules sont écrites, on a la solution complète du problème.

Discussion. 1re méthode. — On peut toujours déduire de la formule (3) un angle aigu α, car les lignes trigonométriques $\cos \frac{A}{2}$ et $\operatorname{tg} \frac{\varphi}{2}$ étant positives et plus petites que l'unité, leur produit est lui-même positif et plus petit que 1 ; d'ailleurs, on ne doit prendre pour α qu'un angle aigu puisque l'angle $\frac{B-C}{2}$ doit être plus petit que 90°.

Les formules (4) et (5) donnent ensuite pour B et C des valeurs positives : cela est évident pour l'angle B, et quant à l'angle C, il est aussi positif, puisque $\operatorname{tg} \frac{\varphi}{2}$ étant plus petite que 1, la formule (3) apprend que l'angle α est plus petit que $90^\circ - \frac{A}{2}$. Mais la somme $B + C$ étant égale à $180^\circ - A$ est plus petite que 180° ; les angles B et C ont donc toujours des valeurs admissibles et le triangle peut être construit.

En résumé, on voit que le problème de *Pascal* est toujours possible et n'a qu'une solution.

2e méthode. — On peut encore discuter le problème en n'employant que l'équation (1) non résolue. Ayant remarqué, d'abord, comme plus haut, que la racine négative doit être rejetée, on se rappelle que la racine positive, pour être admissible, doit être plus petite que 1 et même que $\cos\frac{A}{2}$, puisque $\sin\frac{B-C}{2}$ doit être plus petit que $\sin\frac{B+C}{2}$ ou $\cos\frac{A}{2}$. La dernière condition entraîne évidemment la première et on voit qu'elle est suffisante, parce que dès qu'elle est remplie on peut toujours déterminer des valeurs admissibles des angles B et C.

Pour exprimer que la racine positive de l'équation (1) est plus petite que $\cos\frac{A}{2}$, il faut et il suffit (*Questions de Géométrie*, note V) que le résultat de la substitution de $\cos\frac{A}{2}$ à $\sin\frac{B-C}{2}$ soit positif : or ce résultat étant sin A, on conclut de ce qui vient d'être dit que le problème a toujours une solution et une seule.

PROBLÈME III.

91. *Résoudre un triangle, connaissant un côté* a, *la hauteur correspondante* h, *et la différence* β *des angles* B *et* C *adjacents au côté donné* (Concours).

On part de la formule

$$h = \frac{2a \sin B \sin C}{2 \sin A}$$

dans laquelle on remplace 2 sin B sin C par cos (B—C)+ cos A et sin A par sin (B+C) : on obtient ainsi l'équation

$$2h \sin(B+C) + a\cos(B+C) = a\cos\beta$$

et en posant suivant la méthode du n° 42

$$\operatorname{tg}\varphi = \frac{a}{2h}$$

on a

$$\sin(B+C+\varphi) = \cos\beta\sin\varphi$$

Au sinus donné $\cos\beta\sin\varphi$ correspondent des arcs, en nombre infini, déterminés par les deux formules connues ; mais comme l'angle $B+C+\varphi$ est plus petit que 270°, on pourra supposer que, dans ces formules, α est un angle compris entre —90° et

$+90^\circ$ et y faire n égal à zéro. On voit ainsi qu'en désignant par α un angle compris entre -90° et $+90^\circ$, on aura

$$(1)\quad B+C+\varphi=\alpha \qquad \text{ou} \qquad (2)\quad B+C+\varphi=180^\circ-\alpha,$$

et aussi

$$(3)\qquad \sin\alpha=\cos\beta\sin\varphi$$

Mais je dis que la première valeur de $B+C+\varphi$ doit être rejetée. En effet, quand β est droit ou obtus, la formule (3) qui fait connaître α donne pour cet angle une valeur nulle ou négative, et quand l'angle β est aigu, on a pour α un angle aigu plus petit que φ, puisque d'après la formule (3) $\sin\alpha$ est plus petit que $\sin\varphi$: donc, dans les trois cas, l'angle $B+C$ donné par la formule (1) est négatif et, par suite, inadmissible.

Prenant maintenant la valeur de $B+C$ donnée par la formule (2), on voit que, α désignant un angle compris entre -90° et $+90^\circ$, le problème est résolu par les formules suivantes, écrites dans l'ordre même où les calculs doivent être effectués :

$$(4)\quad \operatorname{tg}\varphi=\frac{a}{2h} \qquad (5)\quad \sin\alpha=\cos\beta\sin\varphi.$$

$$(6)\quad A=\alpha+\varphi, \qquad B=\frac{180^\circ-\alpha-\varphi+\beta}{2}.$$

$$C=\frac{180^\circ-\alpha-\varphi-\beta}{2},$$

$$(7)\qquad b=\frac{a\sin B}{\sin A}, \qquad c=\frac{a\sin C}{\sin A}.$$

Discussion. — On sait déjà que le problème ne peut avoir qu'une solution, puisqu'on ne peut prendre pour α qu'une seule valeur : je dis maintenant que cette solution existe toujours.

D'abord, l'équation (5) détermine toujours un angle α, puisque le produit $\cos\beta\sin\varphi$ est, en valeur absolue, plus petit que 1. Maintenant pour que le problème soit possible, il faut et il suffit que les angles B et C soient positifs et que leur somme soit plus petite que 180°. En écrivant que ces conditions doivent être remplies, on trouve qu'on doit avoir

$$\alpha>-\varphi, \quad \alpha<180^\circ-\varphi+\beta, \quad \alpha<180^\circ-\varphi-\beta.$$

D'abord, la première condition est toujours satisfaite. Cela est évident quand α est nul ou positif, et, lorsque cet arc est négatif, il est encore plus grand que $-\varphi$, car l'équation (5) montre que sa valeur absolue est plus petite que φ. Quant aux deux dernières inégalités, on voit que la dernière entraîne l'autre, tout revient donc à développer la condition

$$(8) \qquad \alpha < 180^\circ - \varphi - \beta.$$

Pour cela on considère trois cas.

1° β *est égal à* 90°. Alors α étant égal à zéro, l'inégalité (8) se réduit à

$$0 < 90^\circ - \varphi$$

et elle est évidemment satisfaite.

2° β *est plus petit que* 90°. Dans ce cas, α est un angle positif et aigu, et $180^\circ - \varphi - \beta$ est un angle positif. Si ce dernier angle est obtus, l'inégalité (8) est satisfaite d'elle-même ; si, au contraire, il est aigu, on peut substituer à l'inégalité (8) une inégalité entre les sinus, et l'on a

$$\sin\alpha < \sin(180^\circ - \varphi - \beta).$$

Développant et remplaçant $\sin\alpha$ par la valeur que donne l'équation (5), on arrive à l'inégalité

$$0 < \cos\varphi \sin\beta$$

qui est toujours satisfaite.

3° β *est plus grand que* 90°. Alors α est un angle négatif dont la valeur absolue est plus petite que 90° : si l'angle $180^\circ - \varphi - \beta$ est positif, l'inégalité (8) est satisfaite d'elle-même ; si le même angle est négatif, comme sa valeur absolue est plus petite que 90°, on pourra, comme dans le cas précédent, remplacer l'inégalité entre les angles par l'inégalité de même sens entre les sinus, et on aura encore

$$\sin\alpha < \sin(180^\circ - \varphi - \beta)$$

et, par suite,

$$0 < \cos\varphi \sin\beta$$

inégalité évidente.

Donc, comme nous l'avions annoncé, le problème a toujours une solution et une seule.

Problème IV.

92. *Résoudre un triangle, connaissant* A *et les sommes* a + b *et* a + c. (Concours).

Soient $2s$ et $2t$ les deux sommes $a+b$ et $a+c$, $2s$ étant la plus grande des deux.

De la proportion entre les côtés et les sinus on déduit facilement

$$\frac{s}{\sin A + \sin B} = \frac{t}{\sin A + \sin C} = \frac{s+t}{2\sin A + \sin B + \sin C}$$
$$= \frac{s-t}{\sin B - \sin C}.$$

Égalant entre elles les deux dernières fractions et remplaçant les quantités $\sin A$, $\sin B + \sin C$, $\sin B - \sin C$, respectivement, par $2\sin\frac{A}{2}\cos\frac{A}{2}$, $2\cos\frac{A}{2}\cos\frac{B-C}{2}$, $2\sin\frac{A}{2}\sin\frac{B-C}{2}$, on arrive, tout calcul fait, à l'équation

$$\operatorname{tg}\frac{A}{2}(s+t)\sin\frac{B-C}{2} - (s-t)\cos\frac{B-C}{2} = 2(s-t)\sin\frac{A}{2},$$

c'est-à-dire, à une équation du premier degré par rapport au sinus et au cosinus d'un même arc.

Posant, suivant la méthode connue,

$$\operatorname{tg}\varphi = \frac{s-t}{s+t}\operatorname{cotg}\frac{A}{2},$$

on a

$$\sin\left(\frac{B-C}{2} - \varphi\right) = 2\sin\varphi\sin\frac{A}{2}.$$

Si on désigne par α un angle positif, plus petit que 90°, et dont le sinus est égal à $2\sin\varphi\sin\frac{A}{2}$, il est évident qu'on ne peut prendre pour $\frac{B-C}{2}$ que l'angle $\alpha+\varphi$, puisque la seconde valeur $180° - \alpha + \varphi$ doit être rejetée comme plus grande que

90°. Il est facile de voir alors que tout le calcul se trouve résumé dans le tableau suivant :

(1) $$\operatorname{tg}\varphi = \frac{s-t}{s+t}\cot\frac{A}{2}.$$

(2) $$\sin\alpha = 2\sin\varphi\sin\frac{A}{2}.$$

(3) $$B = 90^\circ - \frac{A}{2} + \alpha + \varphi.$$ (4) $$C = 90^\circ - \frac{A}{2} - \alpha - \varphi.$$

(5) $$m = \frac{s}{\cos\frac{C}{2}\cos\frac{A-B}{2}},$$

(6) $$a = m\sin A, \quad b = m\sin B, \quad c = m\sin C.$$

On a les formules (6) en écrivant

$$\frac{a}{\sin A} = \frac{b}{\sin B} = \frac{c}{\sin C} = \frac{a+b}{\sin A + \sin B} = \frac{s}{\cos\frac{C}{2}\cos\frac{A-B}{2}}$$

et représentant par m le dernier rapport.

D'ailleurs, l'inconnue auxiliaire m qu'on a introduite, pour la facilité des calculs, n'est autre que le diamètre du cercle circonscrit au triangle cherché ; on peut remarquer aussi que, si l'on conçoit un triangle dans lequel on donne l'angle A et les côtés $2s$ et $2t$ qui le comprennent, l'angle φ est égal à la demi-différence des angles adjacents au troisième côté.

Discussion. — On sait déjà, par ce qui précède, que le problème ne peut avoir plus d'une solution : Cherchons maintenant à quelle condition cette solution existe.

Je dis, d'abord, que le second membre de l'équation (2) est toujours plus petit que l'unité. En effet, la formule (1) faisant voir que l'angle φ est plus petit que $90^\circ - \frac{A}{2}$, on a

$$\sin\varphi < \cos\frac{A}{2},$$

et, par suite,

$$2\sin\varphi\sin\frac{A}{2} < \sin A.$$

Il reste à exprimer que les angles B et C sont tous deux

positifs et que leur somme est plus petite que 180° ; car s'il en est ainsi, après qu'on aura calculé m par la formule (5), on aura a par la première des formules (6). On connaîtra alors un côté et deux angles dont la somme sera inférieure à 180° et le triangle pourra être déterminé.

La somme des deux angles B et C, étant égale à 180° — A, est plus petite que 180°, et l'angle B étant la somme de deux angles positifs est toujours positif lui-même : reste donc à exprimer qu'il en est de même pour C. En écrivant qu'il en est ainsi, on a

$$\alpha < 90° - \frac{A}{2} - \varphi.$$

Mais l'angle $90° - \frac{A}{2} - \varphi$ est positif, puisque, comme on l'a déjà dit, φ est plus petit que $90° - \frac{A}{2}$; il est, d'ailleurs, plus petit que 90°, on peut donc écrire

$$\sin \alpha < \sin\left(90° - \frac{A}{2} - \varphi\right).$$

Remplaçant maintenant, dans cette inégalité, $\sin \alpha$ par la valeur que donne l'équation (2), développant le second membre, et divisant par $\cos \varphi \cos \frac{A}{2}$, on a

$$\operatorname{tg} \varphi < \frac{1}{3} \operatorname{cotg} \frac{A}{2}$$

et en mettant ici pour $\operatorname{tg} \varphi$ sa valeur tirée de l'équation (1), on obtient

$$\frac{s-t}{s+t} < \frac{1}{2} \qquad \text{ou enfin} \qquad 2s < 4t$$

c'est-à dire, que pour que le problème soit possible, il faut et il suffit que la plus grande des deux sommes données soit plus petite que le double de l'autre.

Cette condition était évidemment nécessaire, car on a

$$a < b + c, \qquad a + b < 2b + c < 2b + 2c ;$$

mais la discussion précédente prouve qu'elle est suffisante.

PROBLÈME V.

93. *Résoudre un triangle, connaissant un angle* A, *la hauteur* h *et la médiane* m *qui lui correspondent.*

La solution du problème est donnée par les formules suivantes :

$$(1)\quad \sin M = \frac{h}{m}, \qquad (2)\quad \cos\alpha = -\cos A \cos M,$$

$$(3)\ B = \frac{180^\circ - A + \alpha - M}{2}, \qquad (4)\ C = \frac{180^\circ - A - \alpha + M}{2},$$

$$(5)\qquad a = \frac{h \sin A}{\sin B \sin B}, \quad b = \frac{h}{\sin C}, \quad c = \frac{h}{\sin B}.$$

La formule (1) se déduit immédiatement du triangle rectangle AHM, et la formule (2) n'est autre que la formule (19) (88) dans laquelle on a remplacé $M + \beta$ par α. Quant aux autres, en tenant compte de ce que $\alpha - M$ est égal à β, elles sont évidentes ou connues.

On remarque, d'abord, que les seconds membres des équations (1) et (2) sont toujours, en valeur absolue, plus petits que 1 (On admet tacitement que l'on donne h plus petit que m) : nous allons maintenant distinguer trois cas.

1° A *est égal à* 90°. Alors l'équation (2) donne pour α la valeur 90°, et les formules (3) et (4) déterminent pour B et C les valeurs $\frac{180^\circ - M}{2}$ et $\frac{M}{2}$ qui sont toutes deux positives et plus petites que 90°. La première des formules (5) donne ensuite une valeur de a ; le problème est donc toujours possible et n'a qu'une solution.

2° A *est plus grand que* 90°. Le second membre de l'équation (2) est, dans ce cas, positif, et α ne peut prendre qu'une seule valeur comprise entre 0 et 90°. Alors, l'équation (2) donnant pour cos α une valeur plus petite que cos M, on en conclut que l'angle α est plus grand que M : la valeur de B est donc positive. Maintenant pour que celle de C le soit aussi, on doit avoir

$$(6)\qquad \alpha < 180^\circ - A + M.$$

L'angle $180° - A + M$ est plus petit que $180°$, puisque A est un angle obtus et M un angle aigu, mais il peut être compris entre $90°$ et $180°$, ou entre 0 et $90°$. Dans le premier cas, l'inégalité (6) est satisfaite, d'elle-même, dans le second cas, les deux angles qui forment les deux membres de cette inégalité étant aigus, on a

$$\cos \alpha > -\cos (A - M)$$

ou, en remplaçant $\cos \alpha$ par la valeur que donne l'équation (2) et développant le second membre, on arrive à l'inégalité toujours satisfaite

$$\sin A \sin M > 0.$$

D'ailleurs, la somme des angles B et C est égale à $180° - A$, et la première des formules (5) donne toujours une valeur admissible pour a : donc le problème a une solution et une seule.

3° A *est plus petit que* $90°$. Dans ce cas, $\cos \alpha$ est négatif, et si l'on désigne par α' un arc positif qui soit compris entre 0 et $90°$ et dont le cosinus soit donné par la formule

$$\cos \alpha' = \cos A \cos M, \tag{7}$$

on ne pourra prendre pour α que l'une des valeurs $180° - \alpha'$ ou $180° + \alpha'$, puisque l'angle $B - C + M$ représenté par α est nécessairement compris entre $90°$ et $180°$ ou entre $180°$ et $270°$. Mais la seconde valeur de α doit être rejetée, car, si on l'adoptait, on aurait pour $B - C$ la valeur $180° + \alpha' - M$ qui serait supérieure à $180°$, parce que α' est supérieur à M en vertu de l'équation (7).

Remplaçant maintenant α par $180° - \alpha'$ dans les formules (3) et (4), il vient

$$B = \frac{360° - A - \alpha' - M}{2}, \quad C = \frac{\alpha' - A + M}{2}.$$

La valeur de B est évidemment toujours positive ; pour que celle de C le soit aussi, on doit avoir

$$\alpha' > A - M.$$

Si l'arc $A - M$ était négatif, l'inégalité précédente serait satisfaite d'elle-même ; sinon, prenant les cosinus des deux membres, on aura

$$\cos \alpha' < \cos (A - M),$$

et, par le calcul ordinaire, on arrivera à l'inégalité toujours satisfaite

$$\sin A \sin M > 0.$$

En résumé, on voit que, dans tous les cas, dès que la condition : h plus petit que m, est remplie, le problème est possible et n'a qu'une solution.

Problème VI.

94. *Résoudre un triangle, connaissant un côté* a, *la différence* β *des angles* B *et* C *et la médiane* m *qui correspond au côté* a.

On fera usage des formules suivantes :

(1) $\sin \alpha = \dfrac{a^2}{4m^2} \sin \beta.$ (2) $\operatorname{tg}^2 \dfrac{A}{2} = \operatorname{cotg} \dfrac{\alpha}{2} \operatorname{cotg} \dfrac{\beta}{2}.$

(3) $B = \dfrac{180° - A + \beta}{2}.$ (4) $C = \dfrac{180° - A - \beta}{2}.$

(5) $b = \dfrac{a \sin B}{\sin A}.$ (5) $c = \dfrac{a \sin C}{\sin A}.$

Les formules (1) et (2) ne sont autres que les formules (20) et (22) (88) dans lesquelles on a remplacé M par $\dfrac{\alpha - \beta}{2}$, c'est-à-dire, qu'on a appelé α l'angle $2M + \beta$; les numéros des équations indiquent, d'ailleurs, comme à l'ordinaire, l'ordre dans lequel les calculs doivent être effectués.

Discussion. — On voit, tout d'abord, que le problème ne peut jamais avoir plus de deux solutions. En effet, l'angle α, représentant $2M + \beta$, doit être plus petit que 360°, et comme son sinus est toujours positif, d'après l'équation (1), il sera inférieur à 180°.

Si maintenant on désigne par α' un angle aigu, on voit que la formule (1) ne peut donner pour l'angle α que deux valeurs α' et $180° - \alpha'$: quant aux autres formules, il est évident que chacune d'elles ne détermine qu'une valeur correspondante à chacun des deux angles précédents.

D'ailleurs, pour que la formule (1) puisse servir à calculer l'angle α, il faut que l'on ait

$$\sin\beta < \frac{4m^2}{a^2}. \tag{6}$$

Cette dernière condition étant remplie, je dis maintenant que pour qu'une valeur de α, comprise entre 0 et 180°, donne une solution du problème, il faut et il suffit que cette valeur soit supérieure à β. D'abord la condition est nécessaire, puisque l'angle α, représentant $2M+\beta$, doit être plus grand que β : elle est aussi suffisante. En effet, le produit $\cot\frac{\alpha}{2}\cot\frac{\beta}{2}$ est alors plus petit que $\cot^2\frac{\beta}{2}$, et, par suite, d'après la formule (2), l'angle $\frac{\beta}{2}$ est plus petit que $90° - \frac{A}{2}$: la valeur de l'angle C est donc positive, et comme celle de l'angle B l'est évidemment toujours et que la somme des angles B et C est égale à $180-A$, on en conclut qu'on a une solution du problème.

Il reste maintenant à développer la condition

$$\alpha > \beta.$$

On considère deux cas :

PREMIER CAS. — *L'angle β est obtus ou droit.* L'angle aigu α' doit être rejeté comme inférieur à β, et, par conséquent, il ne peut jamais y avoir qu'une solution. Si maintenant nous considérons la valeur $180 - \alpha'$, on devra avoir

$$180 - \alpha' > \beta \qquad \text{ou} \qquad \sin\alpha' < \sin\beta$$

et, par suite, à cause de l'équation (1), on aura la condition

$$a < 2m.$$

Cette condition est, d'ailleurs, suffisante, car, lorsqu'elle est remplie, l'inégalité (6) est satisfaite d'elle-même.

DEUXIÈME CAS. — *L'angle β est aigu.* Alors, dès que l'inégalité (6) est satisfaite, la valeur $180 - \alpha'$ étant plus grande que β, il y a toujours une solution. Pour que la seconde existe, on devra avoir

$$\sin\alpha' > \sin\beta$$

et, par suite,

(7) $$a > 2m.$$

Ainsi quand l'angle β est aigu et que les inégalités (6) et (7) sont satisfaites, le problème a deux solutions.

Le problème n'aurait plus qu'une solution si, l'inégalité (6) étant satisfaite, a était plus petit que $2m$.

Cas particulier où a *est égal à* 2m.

La formule (1) donne alors pour α les valeurs β et $180° - \beta$. A la première correspond un angle M égal à zéro et, par suite, un triangle nul dont les angles A, B, C doivent être considérées comme ayant, respectivement, pour valeurs $180° - \beta$, β et 0. Si on prend ensuite la valeur $180° - \beta$, on voit qu'en remplaçant α par cette valeur dans la formule (2), on trouve que A est égal à 90°; mais, en même temps, les formules (3) et (4) donnent pour B et C les valeurs $\frac{90° + \beta}{2}$ et $\frac{90° - \beta}{2}$ qui ne sont admissibles que si l'angle β est aigu. C'est donc dans ce cas seulement qu'on a, à la fois, un triangle rectangle et un triangle nul.

Problème VII.

95. *Résoudre un triangle, connaissant* a, h *et* b + c.

En égalant deux expressions connues de la surface du triangle, on a, d'abord,

$$\frac{ah}{2} = pr$$

puis en mettant dans l'équation pour r sa valeur $(p - a)\operatorname{tg}\frac{A}{2}$, il vient

(1) $$\operatorname{tg}\frac{A}{2} = \frac{ah}{2p(p-a)}$$

a et $b + c$ étant connus, p est déterminé et l'égalité précédente donnera A.

On a ensuite, d'après une formule connue,

$$\operatorname{tg}\frac{B}{2}\operatorname{tg}\frac{C}{2} = \frac{p-a}{p}$$

et comme la somme des angles $\frac{B}{2}$ et $\frac{C}{2}$ est déterminée, on voit que le calcul des angles B et C revient à trouver deux angles, connaissant leur somme et le produit de leurs tangentes. En procédant, comme il a été fait au n° 47, et posant $\frac{B-C}{2}$ égal à α, on obtient

$$(2) \qquad \cos\alpha = \frac{2p-a}{a}\sin\frac{A}{2}$$

on a ensuite

$$(3) \qquad B = 90^\circ - \frac{A}{2} + \alpha, \qquad C = 90^\circ - \frac{A}{2} - \alpha,$$

$$(4) \qquad b = \frac{a\sin B}{\sin A}, \qquad c = \frac{a\sin C}{\sin A}.$$

Les formules (1), (2), (3) et (4) donnent la solution du problème.

Discussion. — La formule (1) donne toujours une valeur et une seule pour l'angle A. On obtient ensuite par la formule (2) un angle aigu α et un seul, mais à la condition que l'on ait

$$a \geqslant (2p-a)\sin\frac{A}{2}.$$

En remplaçant, dans cette inégalité, la valeur de $\sin\frac{A}{2}$, en fonction des données, que l'on obtient par l'intermédiaire de la formule (1), il vient

$$(5) \qquad h^2 \leqslant p(p-a).$$

Maintenant la valeur de B est toujours positive et pour que celle de C le soit aussi, on doit avoir

$$\alpha < 90^\circ - \frac{A}{2} \qquad \text{ou} \qquad \cos\alpha > \sin\frac{A}{2};$$

mais en remplaçant $\cos\alpha$ par la valeur que donne la formule (2), il vient

$$(6) \qquad a < b + c.$$

Il n'y a pas, d'ailleurs, d'autre condition à remplir puisque la somme des angles B et C est égale à $180^\circ - A$: les inégalités (5) et (6) expriment donc les conditions nécessaires et suffisantes pour que le problème ait une solution.

Remarque. — On peut démontrer, *à priori*, l'inégalité (5) : en effet, on a

$$a^2 > a^2 - (b-c)^2 > 4(p-b)(p-c),$$

et aussi,

$$a^2h^2 = 4p(p-a)(p-b)(p-c).$$

Mais a^2 étant plus grand que $4(p-b)(p-c)$, l'égalité précédente montre que, par compensation, h^2 doit être plus petit que $p(p-a)$.

Problème VIII.

96. *Résoudre un triangle, connaissant* A, h *et la somme* s *de* b *et* c.

On a

$$b = h \text{ coséc C} \qquad c = h \text{ coséc B}$$

et comme la somme de b et c est égal à s, on a l'équation

$$\text{coséc B} + \text{coséc C} = \frac{s}{h}.$$

Mais la somme des angles B et C est égale à l'angle connu $180° - A$; on voit donc que la détermination des angles B et C revient à calculer deux angles, connaissant leur somme et la somme de leurs cosécantes. En employant la méthode du nº 49 on arrive à l'équation

$$(1) \quad s\cos^2\frac{B-C}{2} - 2h\cos\frac{A}{2}\cos\frac{B-C}{2} - s\sin^2\frac{A}{2} = 0$$

Cette équation a toujours deux racines réelles, l'une positive, l'autre négative qui doit être rejetée, et si l'on appelle α un angle aigu, correspondant à la valeur positive de $\cos\frac{B-C}{2}$, cet angle sera le seul qui puisse être admis comme valeur de $\frac{B-C}{2}$.

Cela posé, on rend la racine positive calculable par logarithmes, à l'aide d'un angle auxiliaire φ, suivant la méthode ordinaire. On observe, d'ailleurs, que la racine positive est plus grande que la valeur absolue de la racine négative ; alors le problème est résolu par les formules suivantes :

$$(2)\quad \operatorname{tg}\varphi = \frac{s}{h}\operatorname{tg}\frac{A}{2}, \qquad (3)\quad \cos\alpha = \sin\frac{A}{2}\operatorname{cotg}\frac{\varphi}{2},$$

$$(4)\quad B = 90^\circ - \frac{A}{2} + \alpha, \qquad C = 90^\circ - \frac{A}{2} - \alpha,$$

$$(5)\quad b = \frac{h}{\sin C}, \quad c = \frac{h}{\sin B}, \quad a = \frac{h \sin A}{\sin B \sin C}.$$

Discussion. — On sait déjà que le problème ne peut avoir qu'une solution. Mais pour que cette solution existe, il faut d'abord que la valeur de $\cos\alpha$ ne soit pas plus grande que 1 ; on doit donc avoir

$$\sin\frac{A}{2} \leqslant \operatorname{tg}\frac{\varphi}{2}.$$

Remplaçant maintenant dans cette inégalité $\operatorname{tg}\frac{\varphi}{2}$ par sa valeur en fonction des données, obtenue par l'intermédiaire de l'équation (2), on a

$$(6)\qquad h < \frac{s}{2}\cos\frac{A}{2}.$$

Cette condition est d'ailleurs suffisante, car, d'après l'équation (3), $\cos\alpha$ est plus grand que $\sin\frac{A}{2}$, et, par suite, α est plus petit que l'angle $90^\circ - \frac{A}{2}$ et l'angle C est positif : le raisonnement s'achève comme à l'ordinaire.

Remarque. — On peut démontrer très-simplement l'inégalité (6).

Pour cela, menons la bissectrice AD de l'angle A et projetons sur cette droite les points B, C, M en B', C', M' : la droite AM' est évidemment plus grande que la bissectrice AD et, à plus forte raison, plus grande que la hauteur h, et comme elle est la demi-somme de AB' et AC', elle a évidemment pour expression $\frac{s}{2}\cos\frac{A}{2}$: on arrive donc bien à l'inégalité (6).

PROBLÈME IX.

97. *Résoudre un triangle* ABC (fig. 11), *connaissant un côté* a, *la différence* β *des angles adjacents à ce côté, et sachant que le sommet* A *se trouve sur une droite* EG *connue de position.*

Prolongeons le côté BC jusqu'à sa rencontre en G avec la droite EF, et abaissons des points B et C des perpendiculaires BE, CF sur cette droite ; soit encore élevée la perpendiculaire LI sur le milieu L de BC, et soit I son point de rencontre avec EF : l'angle aigu BGF sera désigné par γ et les droites BE, CF et EF par e, f et g.

Pour mettre le problème en équation, on considère trois cas, suivant que le sommet A est à gauche de I, entre I et G, ou à droite de G.

1° *Le point* A *est à gauche de* I. En écrivant que la droite EF est égale à la somme ou à la différence de AF et de AE, on trouve immédiatement

$$e \cot (B + \gamma) + f \cot (C - \gamma) = g.$$

Substituant maintenant aux cotangentes les rapports des cosinus aux sinus, et développant les sinus et cosinus des arcs $B + \gamma$, $C - \gamma$, on met en évidence des produits de sinus ou des produits de sinus par des cosinus qu'on remplace par des demi-sommes ou des demi-différences de sinus ou de cosinus : on arrive ainsi à l'équation

$$(1) \quad \begin{aligned} &(e + f) \sin (B + C) + g \cos (B + C) \\ &= (e - f) \sin (\beta + 2\gamma) + g \cos (\beta + 2\gamma) \end{aligned}$$

c'est-à-dire, à une équation du premier degré par rapport au sinus et au cosinus d'un même arc $B + C$.

Si maintenant, suivant la méthode connue, on pose

$$\cot \varphi = \frac{e + f}{g},$$

et que l'on remarque que l'on a

$$\operatorname{tg} \gamma = \frac{e - f}{g},$$

il vient

$$\text{(2)} \qquad \sin(B + C + \varphi) = \frac{\cos(\gamma + \beta)}{\cos\gamma} \sin\varphi.$$

2° *Le point* A *est à droite de* G. On voit facilement que la nouvelle équation principale se déduit de l'équation (1), en y changeant B et C en — B et — C. Il suffira donc de faire le même changement dans l'équation (2), ou ce qui revient au même, de changer seulement φ en $-\varphi$, pourvu cependant que β soit alors la différence C — B, c'est-à-dire, toujours la différence entre le plus grand et le petit des deux angles B et C.

3° *Le point* A *est entre* I et G. L'équation (1) subsiste toujours, mais β y représente une quantité négative B — C : si donc on veut que, dans l'équation (4), β représente toujours la différence positive entre B et C, on devra y changer β en $-\beta$.

Remarque. — Au lieu de changer β en $-\beta$ dans la formule (2) il revient au même d'y changer γ en $-\gamma$. C'est ce que nous ferons effectivement plus tard.

En résumé, on voit que l'équation (2) s'applique à tous les cas de figure, pourvu que, dans le premier cas, les angles φ et γ soient tous deux positifs, le premier négatif et le second positif dans le second cas, et le premier positif et le second négatif dans le troisième cas.

Cela posé, si l'on désigne par α l'un quelconque des angles dont le sinus est le même que celui de l'angle $B + C + \varphi$ donné par la formule (2), on aura la solution complète du problème, à l'aide des formules suivantes :

$$\text{(3)} \qquad \cot\varphi = \frac{e + f}{g}, \qquad \text{(4)} \qquad \operatorname{tg}\gamma = \frac{e - f}{g},$$

$$\text{(5)} \qquad \sin\alpha = \frac{\cos(\gamma + \beta)}{\cos\gamma} \sin\varphi,$$

$$\text{(6)} \quad A = 180 - \alpha + \varphi, \quad B = \frac{\alpha - \varphi + \beta}{2}, \quad C = \frac{\alpha - \varphi - \beta}{2},$$

$$\text{(7)} \qquad b = \frac{a \sin B}{\sin A}, \qquad c = \frac{a \sin C}{\sin A}.$$

Discussion. — On remarque, d'abord, que la valeur absolue du second membre de l'équation (5) est toujours plus petite que 1, quel que soit le cas de figure.

L'inégalité à vérifier est la suivante :

$$\frac{\sin^2 \varphi \cos^2 (\gamma + \beta)}{\cos^2 \gamma} < 1.$$

Elle est évidente quand l'angle $(\gamma + \beta)$ est aigu. Dans le cas contraire, on exprime $\sin \varphi$, $\sin \gamma$ et $\cos \gamma$ en fonction de e, f, g par l'intermédiaire des équations (3) et (4), on met les valeurs ainsi trouvées dans l'inégalité précédente, et on y remplace aussi $\sin \beta$ et $\cos \beta$ par leurs valeurs en fonction de $\operatorname{tg} \beta$: on arrive ainsi à l'inégalité

$$g^2 \operatorname{tg}^2 \beta + 2g(e - f) \operatorname{tg} \beta + 4ef \operatorname{tg}^2 \beta + (e + f)^2 > 0$$

ou

$$(g \operatorname{tg} \beta + (e - f))^2 + 4ef(1 + \operatorname{tg}^2 \beta) > 0$$

et il est visible que le premier membre de l'inégalité est toujours positif.

Nous distinguerons dans la discussion les trois mêmes cas que plus haut.

Premier cas. — *Le point* A *est à gauche de* I. Alors les angles β et φ sont tous deux positifs. Si nous désignons par α' la valeur de α qui est comprise entre $-90°$ et $+90°$, il est évident qu'on ne peut prendre pour $B + C + \varphi$ que l'une des valeurs α' ou $180° - \alpha'$. Mais je dis que la première doit être rejetée.

En effet, quand α' est négatif ou nul, il n'y a aucun doute, et si l'on suppose α' positif, on voit par la formule (5) que l'angle $\gamma + \beta$ étant alors aigu, le rapport $\frac{\cos(\gamma + \beta)}{\cos \gamma}$ est un nombre positif plus petit que l'unité et, par suite, que l'angle α' ou $B + C + \varphi$ est plus petit que φ, ce qui est absurde.

Prenons maintenant pour $B + C + \varphi$ la valeur $180° - \alpha'$. Alors on calculera les trois angles du triangle par les formules

$$(8) \quad A = \alpha' + \varphi, \quad B = \frac{180° - \alpha' - \varphi + \beta}{2}, \quad C = \frac{180° - \alpha' - \varphi - \beta}{2}.$$

Si l'on suppose, d'abord, que l'angle $\gamma + \beta$ est plus petit que $90°$, α' est un angle positif, et la condition nécessaire et suffisante pour la possibilité du problème est

$$(9) \qquad \alpha' < 180° - \varphi - \beta,$$

car lorsque cette condition est remplie les angles B et C sont des angles positifs dont la somme $180^\circ - \alpha' - \varphi$ est inférieure à 180°.

Mais l'inégalité (9) est satisfaite, d'elle-même, quand l'angle $180^\circ - \varphi - \beta$ est obtus, et, dans le cas contraire, on doit avoir

$$(10) \qquad \sin \alpha' < \sin (\varphi + \beta).$$

Or en développant le second membre de cette inégalité et remplaçant $\sin \alpha'$ par sa valeur déduite de l'équation (5), on arrive à la condition

$$(11) \qquad \sin \beta \cos (\varphi - \gamma) > 0$$

qui est toujours remplie.

Quand $\gamma + \beta$ est égal à 90°, α' est égal à zéro et l'inégalité (9) devient

$$\beta + \varphi < 180$$

mais cette condition a évidemment lieu, puisque dans le cas actuel β est plus petit que 90°.

Supposons enfin que $\gamma + \beta$ soit supérieur à 90° : l'angle α' sera alors compris entre 0 et-90°. La première des formules (8) montre, d'abord, que l'angle α' doit être plus grand que $-\varphi$, et comme α' et $-\varphi$ sont des arcs du quatrième quadrant, on doit avoir

$$\sin \alpha' > -\sin \varphi$$

et, en mettant dans cette inégalité la valeur de $\sin \alpha'$ que donne l'équation (5), on arrive à la condition

$$(12) \qquad \beta < 180^\circ - 2\gamma.$$

Maintenant pour que les valeurs de B et C soient positives, on doit avoir

$$\alpha' < 180^\circ - \varphi - \beta,$$

Cette inégalité est satisfaite d'elle-même dans le cas où l'angle $180^\circ - \varphi - \beta$ est positif ; dans le cas contraire, on peut remplacer l'inégalité entre les arcs par l'inégalité de même sens entre les sinus, puisque les deux arcs sont alors terminés dans le quatrième quadrant. On arrive ainsi, comme plus haut, à l'inégalité évidente (11). D'ailleurs, l'angle $B+C$ égal à $180^\circ - A$ est plus petit que 180°, puisqu'en vertu de l'inégalité (12) l'angle A est un angle positif.

En résumé, lorsque le sommet A est à gauche de I, le problème ne peut avoir qu'une solution, et pour que cette solution existe, l'angle β doit être plus petit que $180^\circ - 2\gamma$.

DEUXIÈME CAS. — *Le sommet A est à droite du point G.* On conserve toujours les mêmes formules, mais maintenant φ a une valeur négative égale, en valeur absolue, à celle que donne la formule (3). D'ailleurs, l'angle α ne peut avoir, comme dans le premier cas, que les deux valeurs α' et $180^\circ - \alpha'$, et l'on peut voir encore que la valeur α' doit toujours être exclue.

On remarque, d'abord, que, lorsque α' est positif, $\varphi + \beta$ est nécessairement positif aussi. En effet, α' étant positif et φ négatif d'après la formule (5), on a

$$\gamma + \beta > 90$$

et si l'on désigne par φ' la valeur absolue de l'angle φ, la comparaison des formules (3) et (4) montre que l'on a

$$(14) \qquad \varphi' + \gamma < 90^\circ$$

des deux dernières inégalités, on conclut

$$\beta > \varphi' \qquad \text{ou} \qquad \beta + \varphi > 0.$$

Exprimons maintenant que l'angle C donné par l'une des formules (6) est positif, ou que α' est plus grand que $\beta + \varphi$.

La condition est évidemment impossible, lorsque α' est positif et $\beta + \varphi$ positif et plus grand que 90°, et lorsque α' est négatif et $\beta + \varphi$ positif ou négatif et plus grand, en valeur absolue, que 90°. On aura donc seulement à exprimer que deux arcs positifs du premier quadrant ou deux arcs négatifs du quatrième sont inégaux. On pourra alors substituer à l'inégalité entre les angles l'inégalité de même sens entre les sinus et l'on aura

$$(15) \qquad \sin \alpha' > \sin (\varphi + \beta)$$

ou en développant, comme dans le premier cas,

$$(16) \qquad \sin \beta \cos (\varphi - \gamma) < 0.$$

Mais l'inégalité (14) prouve que cette condition est impossible.

Prenons maintenant pour valeur de α l'angle $180^\circ - \alpha'$. Alors les formules, dont on devra se servir pour le calcul des angles seront les formules (8) dans lesquelles on supposera que φ ait la valeur négative définie plus haut.

On remarque, d'abord, que l'angle $\gamma + \beta$ ne peut être ni droit ni aigu, car s'il en était ainsi, d'après la formule (5) où $\sin \varphi$ est négatif, α' serait nul ou négatif et, par suite, l'angle A donné par la première des formules (8) serait négatif.

Supposons donc que $\gamma + \beta$ est un angle obtus ; α' sera alors positif, et si l'on exprime que A est aussi positif, on sera conduit, par un calcul tout semblable à celui qu'on a fait dans le premier cas à la condition

$$(17) \qquad \beta > 180° - 2\gamma.$$

Cette condition entraîne, d'ailleurs, la première : $\gamma + \beta$ plus grand que 90°.

La condition (17) étant remplie, il ne reste plus, comme dans le premier cas, qu'à exprimer que la valeur de C est positive ; on obtient ainsi

$$\sin \alpha' < \sin (\varphi + \beta).$$

Mais c'est ce qui a toujours lieu, puisqu'il a été démontré que l'inégalité (15) de sens contraire est absurde.

En résumant les deux cas précédents en un seul, on voit que le problème proposé a toujours une solution qui correspond au sommet A placé à gauche de I ou à droite de G, suivant que l'angle β est plus petit ou plus grand que $180° - 2\gamma$.

Troisième cas. — *Le sommet* A *est situé entre les points* I *et* G. Il faut maintenant changer γ en $-\gamma$ dans la formule (5). α ne peut toujours prendre que les valeurs α' et $180° - \alpha'$ définies comme précédemment, et je dis que la valeur α' doit encore être rejetée.

Cela est évident, si la valeur de α' est négative ou nulle, puisque la première des formules (6) donne alors pour A une valeur plus grande que 180°. Si maintenant α' est positif, en écrivant que la valeur de C est positive, on est conduit à la condition

$$\sin \alpha' > \sin (\varphi + \beta),$$

et, par suite, à l'inégalité (16) : mais on démontre, comme dans le second cas, que cette inégalité est impossible, la seule différence c'est que l'angle γ est actuellement négatif au lieu de φ, mais cette circonstance ne modifie en rien le raisonnement.

Prenons maintenant la valeur $180° - \alpha$. On emploie alors les formules (8), et en raisonnant, comme dans le premier cas, on arrive encore à l'inégalité (12). Mais, comme γ est négatif, cette inégalité est toujours satisfaite et on en conclut que le problème est toujours possible.

On peut enfin résumer le résultat de toute la discussion dans cet énoncé : *Le problème proposé a toujours deux solutions et n'en a que deux.*

C'est ce qu'on vérifie facilement par la Géométrie. En effet, lorsque le point A marche de I en G la différence B — C varie de 0 à 180°, et lorsqu'il marche, de G à l'infini vers la droite de la figure, pour revenir, de l'infini vers la gauche, au point de départ I, la différence reprend les mêmes valeurs en ordre inverse.

Remarque. — La solution du problème III se déduit de celle du problème plus général que nous venons de traiter : il suffit de faire γ égal à zéro dans la formule (4).

Problème X.

98. *Résoudre un triangle* ABC, *connaissant un côté* a, *la somme* s *des deux côtés* b *et* c, *et sachant que le sommet* A *se trouve sur une droite* EG *connue de position* (fig. 11).

On fait les mêmes constructions que dans le problème précédent, et on adopte les mêmes notations. Désignons, de plus, par λ et μ les angles BAE et CAG que les deux côtés du triangle AB et AC font, respectivement, avec les directions GE et EG.

On trouve pour équations générales du problème, quelle que soit la position du sommet A,

$$(1)\quad e\cot\lambda + f\cot\mu = g, \qquad (2)\quad \frac{e}{\sin\lambda} + \frac{f}{\sin\mu} = s,$$

et de ces équations on déduit facilement

$$\sin\mu = \frac{f\sin\lambda}{s\sin\lambda - e}, \qquad \cot\mu = \frac{g - e\cot\lambda}{f}.$$

En multipliant les deux dernières, membre à membre, il vient

$$\cos\mu = \frac{g\sin\lambda - e\cos\lambda}{s\sin\lambda - e}.$$

et en exprimant que la somme $\sin^2\mu + \cos^2\mu$ est égal à 1. on a

$$(3) \qquad (s^2 - g^2 + e^2 - f^2)\sin\lambda + 2eg\cos\lambda = 2s.$$

C'est encore une équation du premier degré par rapport au cosinus d'un même angle inconnu λ.

En posant suivant la méthode en usage

$$(4) \qquad \operatorname{tg}\varphi = \frac{2eg}{s^2 - g^2 + e^2 - f^2}$$

on obtient

$$(5) \qquad \sin(\lambda + \varphi) = \frac{s}{g}\sin\varphi$$

et les deux formules (4) et (5) résolvent complètement le problème.

En effet, quand l'angle φ a été calculé par la formule (4), on a les valeurs de λ au moyen de la formule (5), et à chacune d'elles correspond une position bien déterminée du point A, puisque, par le point B, on ne peut mener qu'une seule droite faisant un angle donné avec la direction GE.

Discussion. — Les équations (1) et (2) ajoutées et retranchées, membre à membre, donnent, d'abord

$$s + g = e\operatorname{cotg}\frac{\lambda}{2} + f\operatorname{cotg}\frac{\mu}{2} \qquad s - g = e\operatorname{tg}\frac{\lambda}{2} + f\operatorname{tg}\frac{\mu}{2}$$

et la seconde équation montre que s est toujours plus grand que g, et, par suite, que l'angle φ calculé par la formule (4) est toujours positif.

Si maintenant on multiplie, membre à membre, les deux équations précédentes et qu'on désigne par n une quantité positive de la forme $\frac{u^2 + v^2}{uv}$, on trouve

$$s^2 - g^2 = e^2 + f^2 + nef.$$

Mais la quantité n étant plus grande que 2, on a

$$(6) \qquad s^2 > g^2 + (e + f)^2.$$

On peut aussi remarquer que, si l'on changeait f en $-f$ dans l'équation (2), on arriverait de même à l'inégalité

$$(7) \qquad s^2 < g^2 + (e - f)^2.$$

D'ailleurs, on voit par le raisonnement ordinaire que les deux réciproques sont vraies, c'est-à-dire, que, suivant que l'une ou l'autre des inégalités (6) ou (7) est satisfaite, f sera positif ou négatif dans l'équation (2). Cette remarque sera utilisée plus tard.

Cela admis, écrivons que la valeur de sin $(\lambda + \varphi)$ est plus petite que l'unité : en posant $s^2 - g^2$ égal à x^2, on aura

$$(x - e)^2 - f^2 > 0 \qquad \text{ou} \qquad (x - (e + f))(x - (e - f)) > 0$$

mais x étant plus grand que $e + f$ en vertu de l'inégalité (7) est à plus forte raison plus grand que $e - f$ et, par suite, la dernière inégalité est satisfaite.

Alors, l'équation (5) détermine toujours deux valeurs de $\lambda + \varphi$ dont l'une est un angle aigu et l'autre l'angle supplémentaire, (les autres valeurs ne satisferont pas évidemment à la question); je vais faire voir qu'à chacune d'elles correspond toujours une solution du problème.

On remarque, d'abord, que, s étant plus grand que g, comme il a été prouvé plus haut, α est toujours plus grand que φ en vertu de la formule (5) et, par suite, que la valeur $\alpha - \varphi$ de λ est toujours admissible : il est, d'ailleurs, évident qu'on peut prendre aussi pour λ la valeur $180° - \alpha - \varphi$.

Cela posé, menons par le point B une droite BA faisant avec GE un angle égal à l'un des deux angles λ calculé par la formule (5); si l'on tire CA et qu'on désigne par μ' l'angle CAG, on aura

$$(8) \qquad e \cot g\, \lambda + f \cot g\, \mu' = g$$

et pour qu'il soit démontré que le point A, obtenu comme il a été dit, est le sommet d'un triangle satisfaisant à la question, il faut et il suffit de prouver que les valeurs précédemment déterminées λ et μ' satisfont à l'équation (2).

Pour le faire voir, on remarque que l'équation (3) à laquelle satisfait la valeur connue de λ était, d'abord, écrite ainsi :

$$(s \sin \lambda - e)^2 = (g \sin \lambda - e \cos \lambda)^2 + f^2 \sin^2 \lambda$$

et si l'on y remplace g par sa valeur tirée de l'équation (8), il vient

$$(9) \qquad s \sin \lambda - e = \pm f \frac{\sin \lambda}{\sin \mu'}$$

ou

$$\frac{e}{\sin\lambda} \pm \frac{f}{\sin\mu'} = s$$

mais, comme l'inégalité (6) est satisfaite, on doit, d'après une remarque faite plus haut, prendre le signe $+$ dans l'équation précédente, et, par conséquent, il est démontré que λ et μ' forment un système de valeurs satisfaisant à l'équation (2) : or l'on sait que c'est à établir ce dernier point que nous avions ramené toute la difficulté de la question.

Lorsque s^2 est égal à $g^2 + (e+f)^2$, l'inégalité (6) se trouve remplacée par l'égalité correspondante, $\sin(\lambda + \varphi)$ est égal à 1 et les deux valeurs de $\lambda + \varphi$ se réduisent à une seule $90°$: alors le problème n'a plus qu'une solution.

En résumé le problème a deux solutions toutes les fois que s^2 est plus grand que $g^2 + (e+f)^2$, une seule, lorsque ces deux quantités sont égales, et il est impossible lorsque s^2 est plus petit que $g^2 + (e+f)^2$.

Remarque. — La quantité $\sqrt{g^2 + (e+f)^2}$ est le minimum de s, et il est facile de voir que ce minimum correspond au cas où les angles λ et μ sont égaux. En effet quand ce minimum a lieu, l'inégalité (6) se trouvant remplacée par l'égalité correspondante, la quantité n ou $\frac{u^2+v^2}{uv}$ est égale à 2, et, par suite, u est égal à v. Mais u et v ayant, respectivement, pour valeurs $\cos\frac{\lambda}{2}\sin\frac{\mu}{2}$, $\sin\frac{\lambda}{2}\cos\frac{\mu}{2}$, leur égalité conduit à celle de $\operatorname{tg}\frac{\lambda}{2}$ et $\operatorname{tg}\frac{\mu}{2}$ ou de λ et μ.

Problème XI.

99. *Résoudre un triangle* ABC (fig. 11), *connaissant un côté* a, *la différence* t *des côtés* b *et* c, *et sachant que le sommet* A *se trouve sur une droite* EG *connue de position.*

Adoptant les mêmes notations que dans les deux problèmes précédents, on arrive par les mêmes calculs que dans le problème X aux équations suivantes :

$$(1)\quad e \operatorname{cotg} \lambda + f \operatorname{cotg} \mu = g \qquad (2)\quad \frac{e}{\sin \lambda} - \frac{f}{\sin \mu} = t$$

$$(3)\quad \operatorname{tg} \varphi = \frac{2eg}{t^2 - g^2 + e^2 - f^2} \qquad (4)\ \sin(\lambda + \varphi) = \frac{t}{g} \sin \varphi$$

seulement, dans ces équations, t doit être considéré comme positif ou négatif, suivant que le sommet A est à droite ou à gauche du point I.

Discussion. — L'équation (2) différant de l'équation (2) du problème X par le changement de f en $-f$, on sait, d'après ce qui a été démontré dans la discussion de ce problème que l'on doit avoir

$$t^2 < g^2 + (e - f)^2 \qquad \text{ou} \qquad t < a.$$

On voit aussi, comme dans le problème X, que la valeur absolue de sin $(\lambda + \varphi)$ n'est jamais plus grande que l'unité : la démonstration suppose, il est vrai, t plus grand que g, mais quand t est plus petit que g, la proposition est évidente.

La quantité $g^2 - e^2 + f^2$ étant plus petite que $g^2 + (e - f)^2$, on peut supposer t^2 plus grand ou plus petit que la première quantité, et, par suite, l'angle φ peut être positif ou négatif. La formule (4) donnera toujours deux angles seulement, α et $180 - \alpha$, comme dans le problème X, mais maintenant α sera un angle compris entre $-90°$ et $+90$. On démontre, d'ailleurs, comme dans le problème précédent, qu'à une valeur de λ, comprise entre 0 et 180°, correspond toujours une solution du problème et une seule.

Nous considérerons deux cas principaux dans la discussion, suivant que t est positif ou négatif.

Premier cas. — t *est positif*.

1° *On donne à* t^2 *des valeurs plus petites que* $g^2 - e^2 + f^2$. Alors les valeurs de α et φ sont négatives, et la solution $180° - \alpha - \varphi$ est évidemment à rejeter puisqu'elle donne un angle plus grand que 180°; mais la solution $\alpha - \varphi$, au contraire, est bonne, car l'équation (4), où $\lambda + \varphi$ est remplacé par α, montre que $\alpha - \varphi$ est positif.

2° t^2 *est compris entre* $g^2 - e^2 + f^2$ *et* g^2. Les angles α et φ sont maintenant tous deux positifs : alors c'est la valeur $180° - \alpha - \varphi$ qu'il faut admettre et la seconde $\alpha - \varphi$ qu'il faut rejeter; car cette dernière est négative en vertu de l'équation (4).

3° t^2 *est compris entre* g^2 *et* a^2. Les angles α et φ sont encore positifs, mais maintenant α est plus grand que φ et les deux solutions $\alpha - \varphi$ et $180° - \alpha - \varphi$ sont également bonnes.

DEUXIÈME CAS. — t *est négatif*.

1° t^2 *est plus petit que* $g^2 - e^2 + f^2$. Alors φ est négatif et α positif ; la première valeur $\alpha - \varphi$ est toujours admissible, tandis que la seconde $180 - \alpha - \varphi$ doit être rejetée comme plus grande que 180°; l'angle $- \alpha - \varphi$ étant plus grand que zéro en vertu de l'équation (4).

2° t^2 *est compris entre* $g^2 - e^2 + f^2$ *et* g^2. Maintenant φ est positif et α négatif : alors l'angle $\alpha - \varphi$ est évidemment à rejeter. Mais l'angle $180 - \alpha - \varphi$ est plus petit que 180° et donne une solution

3° t^2 *est compris entre* g^2 *et* a^2. φ est encore positif et α négatif, et la première valeur $\alpha - \varphi$ est toujours à rejeter comme dans le cas précédent ; mais ici la seconde est à rejeter aussi, car, t étant plus grand que g, l'angle $- \alpha - \varphi$ est positif et l'angle $180° - \alpha - \varphi$ est plus grand que 180°.

En résumé, on arrive aux résultats suivants : dans le cas où t est positif, c'est-à-dire, lorsque le point A est à droite de I, le problème a deux solutions, si t est plus grand que g et plus petit que a, et n'en a plus qu'une, si t est plus petit que g; dans le cas ou t est négatif, c'est-à-dire, lorsque le point A est à gauche de I, le problème n'a jamais qu'une solution, et pour que cette solution existe, t doit être plus petit que g.

On vérifie facilement ces conclusions par la Géométrie.

REMARQUE. Les problèmes X et XI sont la solution trigonométrique du problème de l'intersection d'une droite avec une ellipse ou une hyperbole, lorsque la droite laisse d'un même côté les deux foyers de la conique. L'autre cas de figure se ramène, d'ailleurs, facilement au premier, en remplaçant l'un des foyers par le point qui lui est symétrique par rapport à la droite donnée.

PROBLÈME XII.

100. *Résoudre un triangle, connaissant un côté* a, *l'angle opposé* A, *et la somme* s *de la hauteur* h *et de la différence* b — c *des deux autres côtés* (Fermat).

On a

$$b-c=\frac{a(\sin B-\sin C)}{\sin A}\qquad h=\frac{a\sin B\sin C}{\sin A}$$

et, par suite,

$$\sin B-\sin C+\sin B\sin C=\frac{s}{a}\sin A.$$

Remplaçant dans l'équation précédente $\sin B-\sin C$ et $\sin B\sin C$, respectivement, par $2\sin\frac{A}{2}\sin\frac{B-C}{2}$, $\frac{\cos(B-C)+\cos A}{2}$ puis $\cos(B-C)$ et $\cos A$ par $1-2\sin^2\frac{B-C}{2}$ et $2\cos^2\frac{A}{2}-1$, il vient, toutes simplifications faites,

$$(1)\quad a\sin^2\frac{B-C}{2}-2a\sin\frac{A}{2}\sin\frac{B-C}{2}+s\sin A-a\cos^2\frac{A}{2}=0.$$

Cette dernière équation donne

$$\sin\frac{B-C}{2}=\frac{a\sin\frac{A}{2}\pm\sqrt{a^2-sa\sin A}}{a}$$

et en posant

$$\cos^2\varphi=\frac{s\sin A}{a}$$

on a

$$\sin\frac{B-C}{2}=\sin\frac{A}{2}\pm\sin\varphi$$

$$(2)\qquad \sin\frac{B-C}{2}=2\sin\left(\frac{A}{4}\pm\frac{\varphi}{2}\right)\cos\left(\frac{A}{4}\mp\frac{\varphi}{2}\right)$$

L'angle $\frac{B-C}{2}$ doit être positif et plus petit que 90°; à chacune des deux valeurs de $\sin\frac{B-C}{2}$ donnée par l'équation (2) ne pourra donc correspondre qu'une seule solution, et, par suite, le problème proposé ne pourra jamais avoir plus de deux solutions.

Si l'on désigne par α l'une des deux valeurs de $\frac{B-C}{2}$, le calcul s'achèvera à l'aide des formules suivantes :

(2) $B = 90^\circ - \frac{A}{2} + \alpha$ (4) $C = 90^\circ - \frac{A}{2} - \alpha$,

(5) $b = \frac{a \sin B}{\sin A}$ (6) $c = \frac{a \sin C}{\sin A}$.

Discussion. — Le problème étant plus difficile à discuter que ceux qui ont été considérés jusqu'ici, nous ferons précéder la synthèse d'une courte analyse qui conduira à distinguer plusieurs cas.

Analyse. — Pour qu'une racine de l'équation (1) puisse donner une solution du problème, il faut d'abord qu'elle soit positive et plus petite que 1. Mais la formule (4) montre que $\sin \frac{B-C}{2}$ doit être non-seulement plus petit que 1, mais un nombre positif plus petit que $\cos \frac{A}{2}$: cette dernière condition est, d'ailleurs, suffisante, car, lorsqu'elle est remplie, $\sin \frac{B-C}{2}$ est plus petit que 1, et B et C sont deux angles positifs dont la somme est inférieure à 180°.

On trouve, d'abord, pour condition de réalité

$$s < \frac{a}{\sin A}. \tag{7}$$

Quant au signe des racines, il dépend du dernier terme de l'équation (1) $s \sin A - a \cos^2 \frac{A}{2}$, et l'on est amené à considérer comme valeur particulière de s la quantité $\frac{a \cos^2 \frac{A}{2}}{\sin A}$ ou $\frac{a}{2} \cot g \frac{A}{2}$.

Maintenant, pour comparer les valeurs de $\sin \frac{B-C}{2}$ à $\cos \frac{A}{2}$, on substitue dans le premier membre de l'équation (1)

$\cos\frac{A}{2}$ à la place de $\sin\frac{B-C}{2}$. On trouve pour résultat $(s-a)\sin A$, et l'on est conduit à considérer a comme l'une des valeurs principales de s. Quand s est plus grand que a, le résultat de la substitution est positif ; mais les deux racines seront toutes deux plus petites ou plus grandes que $\cos\frac{A}{2}$, suivant que leur somme $2\sin\frac{A}{2}$ sera plus petite ou plus grande que $2\cos\frac{A}{2}$, c'est-à-dire suivant que l'angle A sera aigu ou obtus.

Les deux valeurs, auxquelles on vient d'être conduit, $\frac{a}{\sin A}$, et $\frac{a}{2}\operatorname{cotg}\frac{A}{2}$ représentent, respectivement, le diamètre 2R du cercle circonscrit au triangle et la flèche f de l'arc capable de l'angle A dans ce cercle. La flèche f est toujours plus petite que 2R, mais elle peut être plus grande que a, égale à a ou plus petite que A, suivant que l'angle A est plus petit que 53° 7′ 48″, 3, égal à cet angle ou supérieur : nous désignerons cet angle par A_1, et l'on voit que, dans la discussion, on devra subdiviser le cas où l'angle est aigu en trois autres suivant l'ordre relatif de grandeur de A et A_1 (*).

La valeur de A_1 a été calculée en cherchant quel est l'angle inscrit dans un arc dont la flèche est égale à la corde. On voit facilement qu'il s'agit de trouver l'angle dont la tangente est $\frac{4}{3}$.

Synthèse. — Premier cas. — *L'angle* A *est obtus ou droit.* Dans ce cas on a, d'après ce qui a été remarqué plus haut,

$$f < a < 2R.$$

Si l'on donne d'abord à s une valeur plus petite que f, le dernier terme de l'équation (1) est négatif et les deux racines sont réelles et de signe contraire. Mais la somme s étant plus petite que a, la quantité $(s-a)\sin A$ est négative, et comme il a été établi dans l'analyse précédente, l'une des valeurs de

(*) Voir la note V des *Questions de Géométrie.*

$\sin \frac{B-C}{2}$ est alors plus petite que $\cos \frac{A}{2}$ et l'autre plus grande ; celle qui est plus petite que $\cos \frac{A}{2}$ étant la racine négative, il est clair que le problème est impossible.

Si l'on donne maintenant à s des valeurs comprises entre f et a, les deux racines de l'équation (1) sont positives, et l'une d'elles est toujours plus petite que $\cos \frac{A}{2}$ tandis que l'autre est plus grande. Le problème a donc une solution et une seule.

Je dis maintenant qu'on ne peut donner à s des valeurs supérieures à a. En effet, si l'angle A est droit, a est égal à 2R, et d'après l'inégalité (7) quand s est supérieur à 2R, les racines sont imaginaires ; quand l'angle A est obtus, les deux racines de l'équation (1) doivent être rejetées comme toutes deux plus grandes que $\cos \frac{A}{2}$, car alors $(s-a) \sin A$ est positif et la somme des racines $2 \sin \frac{A}{2}$ est plus grande que $2 \cos \frac{A}{2}$.

Deuxième cas. — *L'angle A est aigu.*

Ce cas se subdivise en trois, suivant que A est plus petit que A_1 supérieur ou égal à cet angle.

1° A *est plus petit que* A_1. On a alors

$$a < f < 2R.$$

Si la somme s est plus petite que a, on voit comme dans le cas précédent que le problème est impossible.

Lorsque s est compris entre a et f, le problème n'a qu'une solution ; en effet, s étant plus petit que f, les deux racines sont de signe contraire, et s étant plus grand que a, les deux valeurs de $\sin \frac{B-C}{2}$ sont toutes deux plus petites que $\cos \frac{A}{2}$. Donc la valeur positive de $\sin \frac{B-C}{2}$ est bonne.

Lorsque s prend une valeur comprise entre f et 2R, les deux racines sont toutes deux positives et plus petites que $\cos \frac{A}{2}$; le problème a alors deux solutions.

Lorsque s est égal à 2R, les deux solutions se réduisent à une solution double, et quand s surpasse 2R le problème est impossible.

2° A *est plus grand que* A_1. — Alors on a

$$f < a < 2R.$$

Une discussion toute semblable à la précédente montre que le problème a deux solutions, lorsque la somme s est comprise entre a et 2R, une seule quand elle est comprise entre f et a, et aucune lorsqu'elle est plus grande que 2R ou plus petite que f.

3° A *est égal à* A_1. — La flèche f est alors égale à la corde a. Le problème a deux solutions, lorsque la somme s est comprise entre a et 2R, et aucune, en dehors de ces limites; l'intervalle où le problème avait une solution et une seule dans les cas précédents se trouve maintenant supprimé.

En résumé, le problème est impossible, lorsque la somme s est plus grande que 2R ou plus petite que la plus petite des quantités a et f; il a toujours une solution, lorsque s est compris entre a et f, et il en a deux, lorsque l'angle A étant aigu, s est compris entre 2R et la plus grande des deux quantités a et f.

On pourrait vérifier tout ce qui précède par une autre méthode. Nous nous contenterons ici de faire voir que, lorsque s est compris entre a et f, le problème doit toujours avoir une solution et une seule. Pour cela, remarquons qu'en substituant 0 et $\cos\frac{A}{2}$ à $\sin\frac{B-C}{2}$ dans le premier membre de l'équation (1), on trouve $(s-f)\sin A$ et $(s-a)\sin A$. On voit alors que, si la somme s est comprise entre a et f, les nombres 0 et $\cos\frac{A}{2}$ donnant des résultats de signe contraire, il y a toujours une racine de l'équation (1) et une seule, comprise entre 0 et $\cos\frac{A}{2}$, et, par suite, le problème a une solution et une seule.

Si l'on voulait faire la discussion complète par la nouvelle méthode, on devrait, d'abord, calculer le résultat de la substitution de $\sin\frac{A}{2}$ à $\sin\frac{B-C}{2}$ dans le premier membre de l'équation (1), c'est-à-dire $(s-2R)\sin A$.

EXERCICES SUR LE CHAPITRE V.

Résolution des triangles avec les données (*) suivantes :

1. a, h, $b - c$.
2. h, $2p$, A.
3. A, h, $b - c$.
4. A, h, $\frac{b}{c}$.
5. A, h, bc.
6. h, B − C, $b \pm c$.
7. h, B − C, $\frac{b}{c}$ ou bc.
8. $2p$, A, S.
9. a, B − C, $b - c$.
10. a, A, d.
11. h, m, d.
12. C, $a^2 - b^2$, S.
13. A, h, k.
14. r, r', r'', r'''.
15. A, k, l.
16. r, A, B, C.
17. r', A, B, C.
18. R, A, B, C.
19. R, A, p.
20. r, A, p.
21. r, a, $b + c$.
22. A, h, d.
23. A, S, $a^2 + b^2 + c^2$.
24. h, $2p$, r.
25. h, $2p$, r'.
26. R, r, A.
27. R, h, A.
28. R, r', A.
29. r, r', A.
30. r', r'', C.
31. r, r', B.
32. S, r, r'.
33. S, r'', r'''.
34. r'', r''', R.
35. r', h, A.
36. h, k, r.
37. h, k, r'.
38. r, h, A.
39. AI, a, A.
40. AI, p, A.
41. AI, AI′, A.
42. R, p, AI.
43. R, p, AI′.
44. r, p, AI.
45. r, p, AI′.
46. r', p, AI.
47. H′, H″, A.
48. a, A, $\widehat{\text{MAD}}$.
49. a, A, δ.
50. a, β, δ.
51. d, a, A.
52. d, a, β.
53. d, p, β.
54. S, p, r'.
55. PO, R, A.
56. PI, R, A.
57. PI, r, A.

58. Résoudre un triangle, connaissant cinq des segments qui sont compris entre ses côtés ou ses sommets et un point pris dans son intérieur, sur des droites passant par ce point et les trois sommets.

* Voir les notations du n° 87 et aussi deux notations indiquées page (129).

59. Résoudre un triangle, connaissant les rayons des trois cercles, intérieurs au triangle, qui touchent, chacun, le cercle inscrit au triangle et deux des côtés, — même question quand les trois cercles sont tangents aux prolongements des côtés.

60. Résoudre un triangle, connaissant trois cercles qui touchent, chacun, deux côtés du triangle et un même cercle ex-inscrit à ce triangle. — On prendra successivement les trois cercles dont les centres sont les plus près de chaque sommet, puis les trois autres.

61. Résoudre un triangle, connaissant un angle et les rayons de deux des cercles dont il est question dans les deux exercices précédents.

62. Résoudre un triangle, connaissant un angle, le rayon du cercle circonscrit, et le rayon d'un des cercles qui lui est tangent extérieurement ou intérieurement et qui touche en même temps deux des côtés du triangle prolongés, s'il est nécessaire. — On pourra distinguer deux cas.

CHAPITRE VI

QUESTIONS QUI DÉPENDENT DE LA RÉSOLUTION DES TRIANGLES.

PROPRIÉTÉS DIVERSES DES TRIANGLES, DES QUADRILATÈRES ET DES POLYGONES EN GÉNÉRAL. — THÉORÈMES SUR LE CERCLE ET LES FIGURES QUI S'Y RATTACHENT.

Problème I.

101. *Par les trois sommets* A, B, C *d'un triangle* ABC, (fig. 12), *on mène des droites faisant un même angle* α *avec les trois côtés dans un même sens de rotation ; ces trois droites forment entre elles un triangle* A'B'C' : *on demande de trouver le rapport des surfaces des deux triangles* A'B'C' *et* ABC.

Soient Aa, Bb, Cc les trois droites faisant l'angle α avec les côtés du triangle, et A', B', C' leurs points d'intersection : on voit facilement que les angles A', B', C' du triangle A'B'C' sont, respectivement, égaux aux angles A, B, C du triangle donné ; tout revient donc à trouver le rapport de deux côtés homologues a' et a des deux triangles.

On a, d'abord,

$$(1) \qquad a' = B'C' = AB' + AC',$$

et si l'on remarque que les angles $A'Cb$, ABb sont, respectivement, égaux à $A - \alpha$ et $180^\circ - A - \alpha$, les triangles AB'C, ABC' donneront

$$AB' = \frac{b \sin(A - \alpha)}{\sin B} \qquad AC' = \frac{c \sin(A + \alpha)}{\sin C}.$$

Remplaçant maintenant dans ces dernières égalités les rapports $\frac{b}{\sin B}$ et $\frac{c}{\sin C}$ par le rapport égal $\frac{a}{\sin A}$, et substituant les valeurs de AB′ et AC′ dans l'équation (1), il vient

$$a' = \frac{a}{\sin A}(\sin(A-\alpha)+\sin(A+\alpha)) = 2a\cos\alpha.$$

Le rapport demandé des surfaces est donc $4\cos^2\alpha$.

Problème II.

102. *Inscrire dans un triangle* ABC, *dont la position, la grandeur et l'espèce sont déterminées, un autre triangle dont les éléments sont donnés.*

Soient D, E, F (fig. 13) les sommets, respectivement, opposés, à A, B, C : nous supposerons le triangle ABC déterminé par le côté a et les angles B et C, et pour connaître la position du triangle nous prendrons pour inconnus le segment BD et l'angle BDF.

Représentons par d, e, f les trois côtés du triangle DEF, respectivement, opposés aux sommets D, E, F, par ces dernières lettres elles-mêmes les angles du même triangle, et par x et λ le segment BD et l'angle BDF : en calculant BD et DC dans les deux triangles BDF, CDE et exprimant que la somme des segments BD et DC est égale à a, on obtient

$$\frac{e\sin(\lambda+B)}{\sin B} + f\frac{\sin(\lambda+D-C)}{\sin C} = a$$

et en développant les sinus des deux arcs $\lambda + B$ et $\lambda + D - C$ on est ramené à déterminer λ par une équation du premier degré en $\sin\lambda$ et $\cos\lambda$.

L'angle λ ayant été calculé, on aura le segment x par l'équation

$$x = \frac{e\sin(\lambda+B)}{\sin B}.$$

Problème III.

103. *Étant donné un triangle* ABC, *et ayant construit un triangle* $A_1B_1C_1$ *dont les sommets sont les points de contact* *du cercle inscrit avec les côtés du triangle donné, on demande de trouver le rapport des surfaces des deux triangles et celui des rayons des cercles qui leur sont circonscrits.*

Adoptons pour le second triangle les mêmes notations que pour le premier, mais en marquant les lettres de l'indice $_1$.

On voit, d'abord, facilement que l'on a

$$A_1 = 90^\circ - \frac{A}{2} \qquad B_1 = 90^\circ - \frac{B}{2} \qquad C_1 = 90^\circ - \frac{C}{2}.$$

1° *On veut calculer le rapport de* S_1 *à* S. — On a

$$S = \frac{a^2 \sin B \sin C}{2 \sin A}$$

$$S_1 = \frac{a_1^2 \sin B_1 \sin C_1}{2 \sin A_1} = \frac{a_1^2 \cos\frac{B}{2} \cos\frac{C}{2}}{2 \cos\frac{A}{2}}$$

d'où

$$(1) \qquad \frac{S_1}{S} = \frac{a_1^2}{a^2} \cdot \frac{\sin\frac{A}{2}}{2 \sin\frac{B}{2} \sin\frac{C}{2}}.$$

D'autre part, on a

$$a = BA_1 + CA_1$$

$$BA_1 = \frac{b_1}{2 \sin\frac{B}{2}} = \frac{a_1 \sin B_1}{2 \sin A_1 \sin\frac{B}{2}} = \frac{a_1 \cos\frac{B}{2}}{2 \cos\frac{A}{2} \sin\frac{B}{2}}$$

et de même

$$CA_1 = \frac{a_1 \cos\frac{C}{2}}{2 \cos\frac{A}{2} \sin\frac{C}{2}}$$

par suite,

$$(2) \qquad a = \frac{a_1}{2 \sin\frac{B}{2} \sin\frac{C}{2}}.$$

remplaçant maintenant dans l'équation (1) $\frac{a}{a_1}$ par sa valeur tirée de l'équation précédente, il vient

$$\frac{S_1}{S} = 2 \sin\frac{A}{2} \sin\frac{B}{2} \sin\frac{C}{2}.$$

2° *On veut évaluer le rapport* $\frac{R_1}{R}$. On a

$$R = \frac{a}{\sin A} \qquad R_1 = \frac{a_1}{\sin A_1} = \frac{a_1}{\cos\frac{A}{2}}$$

$$\frac{R_1}{R} = \frac{a_1}{a} \cdot \frac{\sin A}{\cos\frac{A}{2}} = 2\frac{a_1}{a} \sin\frac{A}{2}$$

et en remplaçant dans l'équation précédente $\frac{a_1}{a}$ par la valeur que donne l'équation (2), il vient

$$(3) \qquad \frac{R_1}{R} = 4 \sin\frac{A}{2} \sin\frac{B}{2} \sin\frac{C}{2}.$$

Problème IV.

104. *Étant donné un triangle* ABC (fig. 14), *on propose d'y inscrire une droite* DE, *telle, que sa longueur soit égale à la somme des perpendiculaires* DF *et* EG *abaissées de ses extrémités sur le côté* BC, *et qui satisfasse de plus à cette condition que son milieu* I *se projette en un point déterminé* L *de* BC.

Posons

$$BL = e, \quad LC = f, \quad DF = x, \quad EG = y, \quad FG = z.$$

La droite IL, étant la demi-somme des perpendiculaires DF et EG, est égale à la moitié de DE, et, par suite, si l'on tire les droites LD, LE, on aura un triangle rectangle DLE. Il en résulte que les deux triangles rectangles DFL, DLG sont semblables, et on en déduit

$$(1) \qquad xy = \frac{z^2}{4},$$

on a aussi

$$(2) \quad x \cot B + \frac{z}{2} = e, \qquad (3) \quad y \cot C + \frac{z}{2} = f,$$

et en éliminant x et y entre les trois équations, il vient

$$(4) \qquad (\cotg B \cotg C - 1)z^2 + 2az - 4ef = 0.$$

La quantité sous le radical dans l'expression des racines pouvant se mettre sous la forme $(e-f)^2 + 4ef \cotg B \cotg C$, les racines seront toujours réelles lorsque les angles B et C seront tous deux aigus.

On pourrait ici discuter le problème en considérant trois cas, suivant que l'angle $B + C$ est aigu, droit ou obtus, mais je préfère appliquer la solution générale à un cas particulier qui conduira plus tard à une solution du célèbre *problème de Malfatti* (*).

Ce cas particulier est celui où l'angle $B + C$ étant plus petit que 90°, le point L est le point de contact du côté BC et du cercle inscrit au triangle.

Dans les calculs qui vont suivre, nous désignerons les angles B et C par β et γ, et nous appellerons α un angle égal à $90° - \beta - \gamma$, en sorte que l'angle A sera égal à $90° + \alpha$.

On a d'abord, pour calculer les coefficients de z^2 et z dans l'équation (4) les formules

$$\cotg B \cotg C - 1 = \frac{\sin \alpha}{\sin \beta \sin \gamma} \qquad a = \frac{h \cos \alpha}{\sin \beta \sin \gamma},$$

qui se déduisent de formules connues en y remplaçant A, B, C, respectivement, par $90° + \alpha$, β et γ.

Maintenant pour obtenir le terme indépendant de z dans l'équation (4), calculons e et f.

Pour cela, nous nous servirons de la première formule des exercices sur le chapitre IV qui est la suivante

$$r = \frac{h \sin \frac{A}{2}}{2 \cos \frac{B}{2} \cos \frac{C}{2}}.$$

(Elle se déduit immédiatement des formules (3) et (8) du n° 88 par l'élimination de a.)

Revenant pour un moment aux notations ordinaires pour les angles, et tenant compte de la valeur de r donnée par la formule précédente, on a

(*) Problème de *Malfatti*, chapitre IX.

$$e = r \operatorname{cotg} \frac{B}{2} = \frac{h \sin \frac{A}{2}}{2 \sin \frac{B}{2} \cos \frac{C}{2}},$$

$$f = r \operatorname{cotg} \frac{C}{2} = \frac{h \sin \frac{A}{2}}{2 \sin \frac{C}{2} \cos \frac{B}{2}},$$

et, par suite, si l'on multiplie, membre à membre, il vient

$$ef = \frac{h^2 \sin^2 \frac{A}{2}}{\sin B \sin C} = \frac{h^2(1 - \cos A)}{2 \sin B \sin C}.$$

Revenant maintenant aux nouvelles notations pour les angles et se rappelant que A est égal à $90° + \alpha$, on obtient

$$ef = \frac{h^2}{2} \cdot \frac{1 + \sin \alpha}{\sin \beta \sin \gamma}.$$

Substituant alors dans l'équation (4) les valeurs qu'on vient de trouver pour les coefficients, on a

$$\sin \alpha z^2 + 2h \cos \alpha z - 2h^2 (1 + \sin \alpha) = 0,$$

et en prenant la racine positive, on trouve

$$z = h\left(1 + \frac{1 - \cos \alpha}{\sin \alpha}\right),$$

ou

$$z = h\left(1 + \operatorname{tg} \frac{\alpha}{2}\right). \tag{5}$$

C'est la valeur de z demandée.

Maintenant calculons x. Il est bon, d'abord, de donner une autre forme à la valeur de e trouvée plus haut. A cet effet, on remplace dans cette valeur de e, $\sin \frac{A}{2}$ par le développement de $\cos \frac{B + C}{2}$ et l'on a ainsi

$$e = \frac{h}{2}\left(\operatorname{cotg} \frac{\beta}{2} - \operatorname{tg} \frac{\gamma}{2}\right). \tag{6}$$

Cela posé, l'équation (2) donne

$$x = \frac{2e - z}{2 \operatorname{cotg} \beta},$$

et en remplaçant dans cette dernière formule z et e par les valeurs que donnent les équations (5) et (6), on obtient

$$(7) \qquad x = \frac{h}{\operatorname{cotg} \gamma}\left(\operatorname{cotg} \frac{\beta}{2} - 1 - \operatorname{tg}\frac{\alpha}{2} - \operatorname{tg}\frac{\gamma}{2}\right).$$

Mais nous allons transformer l'expression de x qu'on vient de trouver en une autre plus élégante. Pour cela, occupons-nous, d'abord, de la parenthèse qu'on représentera, pour abréger, par m, et calculons la quantité $\operatorname{cotg}\frac{\beta}{2} - 1$ qui y figure. On a la suite d'égalités :

$$\frac{\alpha}{2} + \frac{\beta}{2} + \frac{\gamma}{2} = 45^\circ, \qquad \frac{1}{\operatorname{cotg}\left(45^\circ - \frac{\beta}{2}\right)} = \operatorname{tg}\frac{\alpha + \gamma}{2},$$

$$\frac{\operatorname{cotg}\frac{\beta}{2} - 1}{\operatorname{cotg}\frac{\beta}{2} + 1} = \frac{\operatorname{tg}\frac{\alpha}{2} + \operatorname{tg}\frac{\gamma}{2}}{1 - \operatorname{tg}\frac{\alpha}{2}\operatorname{tg}\frac{\gamma}{2}},$$

$$\operatorname{cotg}\frac{\beta}{2} - 1 = \frac{2\left(\operatorname{tg}\frac{\alpha}{2} + \operatorname{tg}\frac{\gamma}{2}\right)}{1 - \operatorname{tg}\frac{\alpha}{2}\operatorname{tg}\frac{\gamma}{2} - \operatorname{tg}\frac{\alpha}{2} - \operatorname{tg}\frac{\gamma}{2}},$$

et en retranchant des deux membres de l'équation précédente la quantité $\operatorname{tg}\frac{\alpha}{2} + \operatorname{tg}\frac{\gamma}{2}$, puis posant

$$n = \frac{\operatorname{tg}\frac{\alpha}{2} + \operatorname{tg}\frac{\gamma}{2}}{1 - \operatorname{tg}\frac{\alpha}{2}\operatorname{tg}\frac{\gamma}{2} - \operatorname{tg}\frac{\alpha}{2} - \operatorname{tg}\frac{\gamma}{2}},$$

on aura

$$m = \left(1 + \operatorname{tg}\frac{\alpha}{2}\right)\left(1 + \operatorname{tg}\frac{\gamma}{2}\right) n.$$

Je dis maintenant qu'on a

$$n = \frac{\cot \beta}{1 + \operatorname{tg} \frac{\beta}{2}}.$$

En effet, on peut écrire

$$\cot \beta = \frac{\cot^2 \frac{\beta}{2} - 1}{2 \cot \frac{\beta}{2}} = \left(\cot \frac{\beta}{2} - 1\right) \times \frac{\cot \frac{\beta}{2} + 1}{2 \cot \frac{\beta}{2}}.$$

Mais le second facteur, mis en évidence dans le second membre, étant égal à $\frac{1 + \operatorname{tg} \frac{\beta}{2}}{2}$, on a

$$\frac{\cot \beta}{1 + \operatorname{tg} \frac{\beta}{2}} = \frac{\cot \frac{\beta}{2} - 1}{2},$$

et en se reportant à la valeur de $\cot \frac{\beta}{2} - 1$ trouvée plus haut, on voit bien qu'on trouve pour n la valeur que nous avons annoncée.

On peut maintenant écrire

$$m = \frac{\left(1 + \operatorname{tg} \frac{\alpha}{2}\right)\left(1 + \operatorname{tg} \frac{\gamma}{2}\right) \cot \beta}{1 + \operatorname{tg} \frac{\beta}{2}},$$

et en simplifiant au moyen de la valeur précédente de m la valeur de x donnée par l'équation (7), on voit qu'on arrive finalement à la formule

$$(8) \qquad x = h \frac{\left(1 + \operatorname{tg} \frac{\alpha}{2}\right)\left(1 + \operatorname{tg} \frac{\gamma}{2}\right)}{1 + \operatorname{tg} \frac{\beta}{2}},$$

c'est la seconde formule demandée.

On a enfin la formule qui donne y par un simple changement de lettres :

$$(9) \qquad y = h \frac{\left(1 + \operatorname{tg}\frac{\alpha}{2}\right)\left(1 + \operatorname{tg}\frac{\beta}{2}\right)}{1 + \operatorname{tg}\frac{\gamma}{2}}.$$

Problème V.

105. *Résoudre un quadrilatère* ABCD (*fig.* 15), *connaissant une diagonale* BD *et les quatre angles adjacents.*

La question revient évidemment à résoudre les deux triangles BCD, BAD dans lesquels on connaît un côté et deux angles ; on calculera ensuite la diagonale AC dans le triangle ABC. Mais comme le quadrilatère est donné d'espèce, nous pouvons nous proposer de calculer les angles inconnus sans faire intervenir aucune droite donnée.

Soient $\alpha, \beta, \gamma, \delta$ les angles données ABD, ADB, DBC, BDC et λ l'angle inconnu ACD, on a dans les trois triangles ABD, ACD, BDC

$$\frac{BD}{AD} = \frac{\sin(\alpha + \beta)}{\sin \alpha}, \quad \frac{AD}{CD} = \frac{\sin \lambda}{\sin(\lambda + \beta + \delta)},$$
$$\frac{CD}{BD} = \frac{\sin \gamma}{\sin(\gamma + \delta)};$$

et en multipliant ces égalités, membre à membre, il vient

$$1 = \frac{\sin(\alpha + \beta) \sin \lambda \sin \gamma}{\sin \alpha \sin(\lambda + \beta + \delta) \sin(\gamma + \delta)}.$$

Cette dernière équation fait connaître le rapport de $\sin(\lambda + \beta + \delta)$, à $\sin \lambda$ et l'on est ramené à la question connue : trouver deux angles connaissant leur différence et le rapport de leurs sinus. Un calcul analogue déterminerait les trois autres angles inconnus.

Problème VI.

106. *Inscrire un carré* EFGH *dans un quadrilatère* ABCD (fig. 15).

On suppose que le quadrilatère est déterminé par ses côtés

AB et BC et ses angles, et l'on prend pour inconnus le côté du carré et l'angle AEH.

Soient A, B, C, D les angles du quadrilatère, a et b ses deux côtés AB et BC, x le côté du carré et μ l'angle AEH.

Les triangles AEH, BHG donnent

$$AE = \frac{x \sin(A + \mu)}{\sin A}, \qquad EB = \frac{x \cos(\mu - B)}{\sin B}$$

d'où

$$(1) \qquad x \frac{\sin(\mu + A) \sin B + \cos(\mu - B) \sin A}{\sin A \sin B} = a;$$

on obtient de même

$$(2) \qquad x \frac{\cos \mu \sin C + \sin(B + C - \mu) \sin B}{\sin C \sin B} = b.$$

En divisant maintenant les deux dernières équations, membre à membre, on élimine x, et en développant les calculs on voit facilement que l'angle μ peut être déterminé par sa tangente. On calcule ensuite le côté x par l'une ou l'autre des formules (1) et (2).

Problème VII.

107. *Résoudre un quadrilatère* ABCD (fig. 15) *connaissant sa surface* m^2 *et ses côtés* a, b, c, d.

Égalant entre elles deux expressions de la diagonale BD et représentant pour abréger par K^2 la quantité $\frac{a^2 + d^2 - b^2 - c^2}{2}$, on obtient

$$(1) \qquad ad \cos A - bc \cos C = K^2,$$

d'un autre côté, si l'on exprime que la surface du quadrilatère est égale à la somme des surfaces des triangles ADB, DCB, on a

$$(2) \qquad ad \sin A + bc \sin C = 2m^2.$$

Isolant maintenant dans les premiers membres des équations (1) et (2) les termes $bc \sin C$ et $bc \cos C$, élevant au carré les deux membres de chaque équation, puis ajoutant, membre à membre, on obtient

$$4m^2 \sin A + 2K^2 \cos A = \frac{K^4 + 4m^4 + a^2d^2 - b^2c^2}{ad}$$

et l'on est ramené à résoudre une équation du premier degré sin A et cos A.

On déterminera de la même manière les autres angles.

PROBLÈME VIII.

108. *Trouver une relation entre les quatre côtés d'un quadrilatère ABCD et les diagonales.*

Soient e et f les diagonales AC et BD (fig. 15), et α et β les deux angles BAC, CAD (les autres notations ordinaires sont conservées) : les triangles ABC, CAD donnent, d'abord,

$$(1) \qquad b^2 = a^2 + e^2 - 2ae \cos \alpha.$$

$$(2) \qquad c^2 = d^2 + e^2 - 2de \cos \beta.$$

Mais l'angle A étant la somme des angles α et β, on a

$$(3) \quad \cos^2 A + \cos^2 \alpha + \cos^2 \beta - 2 \cos \alpha \cos \beta \cos A = 1.$$

En substituant maintenant dans l'équation (3) les valeurs de $\cos \alpha$ et $\cos \beta$ tirées des équations (1), et posant

$$a^2 + b^2 + c^2 + d^2 = M, \quad a^2c^2 + b^2d^2 - a^2b^2 - c^2d^2 = N,$$
$$a^2c^2 + b^2d^2 - a^2d^2 - b^2c^2 = P, \quad a^2c^4 + a^4c^2 + d^2b^4 + b^2d^4 = Q,$$
$$a^2c^2d^2 + a^2b^2d^2 + a^2b^2c^2 + b^2c^2d^2 = R,$$

on trouve l'équation

$$(4) \quad f^2e^4 + e^2f^4 - Me^2f^2 - Ne^2 - Pf^2 + Q - R = 0.$$

Sous cette forme on voit que l'équation est bicarrée par rapport à chaque diagonale ; on peut donc dans un quadrilatère quelconque obtenir l'expression d'une diagonale en fonction des quatre côtés et de l'autre diagonale. On voit encore que l'équation (4) est bicarrée par rapport à l'un des côtés du quadrilatère, on peut donc aussi calculer un côté connaissant les trois autres et les deux diagonales.

PROBLÈME IX.

109. *Étant donnés les côtés d'un polygone, excepté un, et les angles qu'ils font entre eux, calculer le dernier côté et les angles qui lui sont adjacents.*

Soient $a, b, c \ldots k, l$ les côtés du polygone, $ab, ac, bc \ldots$ les angles que ces côtés font entre eux : appliquant le théorème (74), en choisissant successivement chaque côté pour la droite dont on prend les angles avec les côtés du polygone, on aura les équations suivantes :

$$a = b \cos ab + c \cos ac + \ldots l \cos al,$$
$$b = a \cos ba + c \cos bc + \ldots l \cos bl,$$
$$\ldots\ldots\ldots\ldots\ldots\ldots\ldots\ldots$$
$$\ldots\ldots\ldots\ldots\ldots\ldots\ldots\ldots$$
$$\ldots\ldots\ldots\ldots\ldots\ldots\ldots\ldots$$
$$l = a \cos la + b \cos lb \ldots k \cos lk.$$

Supposons que le côté a soit celui qu'on veut calculer : alors on multiplie les deux membres des équations précédentes, respectivement, par $a, -b, -c \ldots -l$, puis on ajoute, membre à membre, et comme les angles qui contiennent la lettre a dans leur notation disparaissent, on obtient

$$a^2 - b^2 - c^2 \ldots - l^2 = 2bc \cos bc + 2bd \cos bd + \ldots$$

Cette formule permet de calculer le côté a, et l'on peut énoncer le théorème suivant :

Dans tout polygone le carré d'un côté est égal à la somme des carrés de tous les autres augmentée des doubles produits des côtés pris, deux à deux, par les cosinus des angles que comprennent les deux côtés.

On aura ensuite les angles demandés ab et al en choisissant les côtés b et l pour droites, par rapport auxquelles on prend les angles, et en appliquant le théorème (74) : en effet, les deux équations qu'on obtient ainsi ne comprennent que les deux angles ab et la qui contiennent la lettre a dans leur notation.

Remarque. — La démonstration précédente ne suppose pas que le polygone est plan : si donc on observe qu'une diagonale d'un parallélipipède fait avec trois arêtes un quadrilatère gauche, on pourra par l'application du théorème démontré, tout à l'heure, résoudre le problème de calculer les diagonales d'un parallélipipède, connaissant les longueurs des trois arêtes et les angles qu'elles font entre elles.

Problème X.

110. *Exprimer la surface d'un polygone plan convexe en fonction des côtés et des angles qu'ils font entre eux.*

Adoptant les mêmes notations que dans le problème précédent et désignant, de plus, par m, n, p . . . les diagonales AC, AD, AE . . . partant d'un même sommet A, si l'on exprime que la surface S du polygone est égale à la somme des surfaces des triangles ABC, CAD, DAE . . . on aura

$$(1) \qquad 2S = ab \sin ab + mc \sin mc + nd \sin nd + \ldots$$

Élevons maintenant aux sommets C, D, E... des droites CM, DN, EP..., respectivement, perpendiculaires aux côtés CD, DE, EF..., et appliquons le théorème (74) aux polygones ABC, ABCD, ABCDE... en prenant successivement les droites CM, DN pour droites par rapport auxquelles on prend les angles, nous aurons

$$m \sin mc = a \sin ac + b \sin bc.$$
$$n \sin nd = a \sin ad + b \sin bd + c \sin cd.$$
$$p \sin pe = a \sin ac + b \sin be + c \sin ce + d \sin de$$
$$\ldots\ldots\ldots\ldots\ldots\ldots\ldots\ldots$$
$$\ldots\ldots\ldots\ldots\ldots\ldots\ldots\ldots$$

Remplaçant maintenant dans l'équation (1) les quantités $m \sin mc$, $n \sin nd$... par les valeurs tirées des équations précédentes, on obtient

$$\begin{aligned} 2S = ab \sin ab &+ ac \sin ac + bc \sin bc + ad \sin ad \\ &+ bd \sin bd + cd \sin cd + \ldots \\ &+ \ldots\ldots\ldots\ldots\ldots\ldots \\ &\ldots\ldots\ldots\ldots\ldots\ldots \end{aligned}$$

Cette formule résout la question proposée et l'on peut énoncer le théorème suivant :

La surface d'un polygone plan convexe est égal à la moitié de la somme des produits que l'on obtient en multipliant deux côtés quelconques l'un par l'autre et par le sinus de l'angle qu'ils comprennent.

PROBLÈME XI

111. *Par un point* P *pris dans le plan d'un cercle* O (*fig.* 16) *on mène une sécante* PAB, *et l'on propose de trouver une relation entre le rayon du cercle, la distance* OP, *et les angles* POA, POB.

On pose

$$OA = r, \quad OP = d, \quad \widehat{POA} = \alpha, \quad \widehat{POB} = \beta, \quad OPA = \gamma.$$

Supposons, d'abord, que le point P soit situé hors du cercle, le triangle POA donne

$$(1) \qquad \frac{\sin(\alpha + \gamma)}{\sin \gamma} = \frac{d}{r},$$

ou

$$(2) \qquad \frac{\operatorname{tg} \frac{\alpha}{2}}{\operatorname{tg}\left(\frac{\alpha}{2} + \gamma\right)} = \frac{d - r}{d + r}.$$

Mais si l'on abaisse OEF perpendiculaire sur la corde AB, l'angle EOP mesuré par l'arc CF est égal à $\frac{\alpha + \beta}{2}$ et comme il est, en même temps, le complément de γ, on a

$$\frac{\alpha + \beta}{2} = 90^\circ - \gamma \quad \text{ou} \quad \frac{\alpha}{2} + \gamma = 90^\circ - \beta.$$

Alors en remplaçant dans l'équation (2) $\frac{\alpha}{2} + \gamma$ par $90^\circ - \beta$, on obtient

$$(3) \qquad \operatorname{tg} \frac{\alpha}{2} \operatorname{tg} \frac{\beta}{2} = \frac{d - r}{d + r}.$$

C'est la relation demandée.

Si le point P est à l'intérieur du cercle, l'équation (3) est encore vraie, pourvu que l'on considère comme négatif celui des angles α et β qui correspond au rayon situé au dessous de OP : la démonstration est la même que pour le premier cas.

COROLLAIRE. — Si l'on mène des driotes CA, BD, des points A et B où la sécante mobile coupe le cercle aux points C et D extrémités du diamètre OP, les produits tg BDO.tg ADO, cotg ACO.cotg BCO sont constants.

PROBLÈME XII.

112. *Étant donné un point* C *sur le prolongement du diamètre* AB *d'un cercle déterminé (fig. 17), on tire des droites* MA, MC, *d'un point quelconque* M *du cercle aux points* A *et* C : *on demande de trouver l'équation qui fait dépendre, l'un de l'autre, les angles* MCA, MAB.

Menons MB et la droite AD qui lui est parallèle : les triangles rectangles DAM, AMB, donnent

$$\text{tg CMA} = \frac{AD}{AM} \qquad \text{tg MAB} = \frac{MB}{AM},$$

et en divisant, membre à membre, on a

$$\frac{\text{tg CMA}}{\text{tg MAB}} = \frac{AD}{MB},$$

mais à cause des triangles semblables CDA, CMB, on a

$$\frac{AD}{MB} = \frac{CA}{CB},$$

donc

$$(1) \qquad \frac{\text{tg CMA}}{\text{tg MAB}} = \frac{CA}{CB},$$

c'est-à-dire, que le rapport des tangentes des deux angles est constant.

COROLLAIRE. — Si l'on prend un point E à droite de B, sur le prolongement du diamètre AB, et que l'on tire les quatre droites MC, MA, MB, ME, le produit des tangentes des angles CMA, BME est constant.

En effet, on a

$$(2) \qquad \frac{\text{tg BME}}{\text{tg MBA}} = \frac{EB}{EA},$$

et en multipliant, membre à membre, les équations (1) et (2) et observant que les angles BAM et MBA sont complémentaires, on obtient

$$\text{tg CMA} \,.\, \text{tg BME} = \frac{EB \times CA}{EA \times CB}.$$

PROBLÈME XIII.

113. *Par un point D pris sur la ligne des centres de deux cercles O et O' (fig. 18), on mène une droite quelconque II', et l'on tire la droite EE' qui joint ses pôles E et E' pris par rapport à chaque cercle ; on demande de trouver une équation qui fasse dépendre, l'un de l'autre, les angles des deux droites EE' et II' avec la ligne des centres.*

Soient r et r' les rayons des deux cercles O et O', d la distance des centres, e et e' les longueurs DO, DO', et α et β les deux angles IDO, EGO.

Si l'on remarque que l'angle IOD est le complément de α, on tirera, d'abord, du triangle OEG

$$\frac{\mathrm{GO}}{\mathrm{OE}}=\frac{\cos(\alpha-\beta)}{\sin\beta}.$$

Mais, d'autre part, on a

$$\mathrm{OE}=\frac{r^2}{\mathrm{OI}}=\frac{r^2}{e\sin\alpha},$$

il vient donc

$$(1)\qquad \mathrm{GO}\sin\alpha=\frac{r^2}{e}\,\frac{\cos(\alpha-\beta)}{\sin\beta},$$

mais on a évidemment de même

$$(2)\qquad \mathrm{GO'}\sin\alpha=\frac{r'^2}{e'}\,\frac{\cos(\alpha-\beta)}{\sin\beta},$$

et en ajoutant, membre à membre, les équations (1) et (2), on obtient

$$d\sin\alpha=\left(\frac{r^2}{e}+\frac{r'^2}{e'}\right)(\cos\alpha\operatorname{cotg}\beta+\sin\alpha).$$

Soit maintenant k la distance des deux polaires du point D par rapport aux deux cercles, c'est-à-dire, la quantité $d-\frac{r^2}{e}-\frac{r'^2}{e'}$, en résolvant l'équation précédente par rapport à $\operatorname{tg}\beta$, on aura

$$(3)\qquad \operatorname{tg}\alpha\operatorname{tg}\beta=\frac{d-k}{k},$$

c'est la relation demandée.

REMARQUE. — Si l'on divise, membre à membre, les équations (1) et (2), on trouve

$$\frac{GO}{GO'} = \frac{r^2 c'}{r'^2 c},$$

et on en conclut que si une droite EF tourne autour d'un point fixe de la ligne des centres, il en est de même de la droite qui joint les pôles de la première droite par rapport aux deux cercles.

PROBLÈME XIV.

114. *Par le point d'intersection* H *des côtés opposés* AB *et* CD *d'un quadrilatère inscrit dans un cercle donné (fig. 19), on mène une tangente au cercle, et l'on tire une droite* IE *du point de contact* I *au milieu* E *de la corde* DC : *on demande de calculer l'angle* IEH.

Soient r le rayon du cercle, et α, β, γ les angles ADC, BCD, ADB ou ACB. Si l'on tire les droites OI, OE et OH, on voit que les quatre points O, I, H, E, sont sur un même cercle, et, par suite, que les angles IEH, IOH sont égaux. On a alors

$$(1) \qquad \cot IEH = \cot IOH = \frac{r}{IH}$$

d'autre part,

$$\overline{IH}^2 = HC \times HD$$

et les triangles HBC, HAD donnent

$$HC = \frac{BC \sin \alpha}{\sin (\beta - \alpha)} \qquad HD = \frac{AD \sin \beta}{\sin (\beta - \alpha)}.$$

Mais, d'après une expression connue du rayon du cercle circonscrit à un triangle, on a

$$BC = 2r \sin (\alpha - \gamma), \qquad AD = 2r \sin (\beta - \gamma).$$

En multipliant les quatre dernières équations, membre à membre, et remplaçant HC × HD par $\overline{IH}^2$, on aura

$$IH = \frac{2r \sqrt{\sin \alpha \sin \beta \sin (\alpha - \gamma) \sin (\beta - \gamma)}}{\sin (\beta - \alpha)}$$

et en mettant cette valeur de IH dans l'expression de cotg IEH donnée par l'équation (1), on obtient la formule demandée.

$$(2) \quad \operatorname{cotg} \text{IEH} = \frac{\sin(\beta - \alpha)}{2\sqrt{\sin\alpha \sin\beta \sin(\alpha - \beta) \sin(\beta - \gamma)}}.$$

REMARQUE. — Si l'on avait mené la seconde tangente HK, et qu'on eût tiré la droite EK, on aurait eu identiquement la même formule que la précédente pour calculer l'angle KEH. On voit, en effet, très-facilement par la Géométrie que les deux angles HEI, HEK sont égaux.

PROBLÈME XV.

115. *Étant donné un point* E *sur le prolongement du diamètre* AB *d'un cercle connu* O (fig. 20), *on propose de mener par ce point une sécante* ED, *telle, que la projection* GH *de la corde* CD *sur le diamètre* AB *ait une longueur donnée* a.

Menons EF tangente au cercle et désignons par γ l'angle FEO : soient aussi α et λ les angles CAD, DEA.

On a, d'abord, en vertu de théorèmes connus

$$a = \text{DC} \cos\lambda, \qquad \text{DC} = 2r \sin\alpha\,;$$

d'où

$$(1) \qquad \sin\alpha = \frac{a}{2r\cos\lambda}.$$

On a maintenant dans les triangles rectangles OID, OIE, EOF (I est le milieu de la corde CD)

$$\text{OI} = r\cos\alpha, \quad \text{OI} = \text{OE}\sin\lambda, \quad \text{OE} = \frac{r}{\sin\gamma},$$

et on en conclut

$$(2) \qquad \cos\alpha = \frac{\sin\lambda}{\sin\gamma}.$$

Élevant au carré et ajoutant, membre à membre, les équations (1) et (2), on a

$$\frac{a^2}{4r^2\cos^2\lambda} + \frac{\sin^2\lambda}{\sin^2\gamma} = 1$$

ou

$$(3) \qquad 4r^2\cos^4\lambda - 4r^2\cos^2\gamma\cos^2\lambda - a^2\sin^2\gamma = 0.$$

Cette équation détermine l'angle λ et, par suite, la position de la sécante ED.

Discussion. — L'équation (3) dans laquelle nous considérons $\cos^2\lambda$ comme l'inconnue a deux racines réelles, l'une positive, et l'autre négative qui doit être rejetée. Pour que la valeur positive soit admissible, elle doit, d'abord, être plus petite que 1 ; mais comme la valeur négative est nécessairement plus petite que 1, le résultat de la substitution de 1 à $\cos^2\lambda$ devra être positif et la condition sera suffisante. Or on trouve pour résultat $(4r^2 - a^2)\sin^2\gamma$, ce qui montre que a ne doit pas être supérieur à $2r$.

D'un autre côté, l'angle γ étant plus grand que λ, on doit avoir $\cos^2\lambda$ plus grand que $\cos^2\gamma$ et comme la racine négative est nécessairement plus petite que $\cos^2\gamma$, le résultat de la substitution de $\cos^2\gamma$ à $\cos^2\lambda$ devra être négatif : or c'est ce qui a lieu sans nouvelle condition puisque le résultat de la substitution est $-a^2\sin^2\gamma$.

Ainsi, en résumé, lorsque a n'est pas supérieur à $2r$ le problème a toujours une solution et une seule.

Dans le cas particulier où a est égal à r, l'équation (3) devient

$$(4) \qquad 4\cos^4\lambda - 4\cos^2\gamma\cos^2\lambda - \sin^2\gamma = 0.$$

Problème XVI.

116. *Inscrire dans un cercle donné* O *un triangle* ABC *dont les côtés passent par trois points donnés* D, E, F (fig. 21).

Soient r le rayon du cercle, d, e, f les distances OD, OE, OF, α et β les angles connus DOE, DOF, λ, μ, ν les angles inconnus DOA, DOB, DOC.

On a, problème XI (III)

$$\operatorname{tg}\frac{\lambda}{2}\operatorname{tg}\frac{\mu}{2} = \frac{d-r}{d+r} \qquad \operatorname{tg}\frac{\lambda-\alpha}{2}\operatorname{tg}\frac{\nu-\alpha}{2} = \frac{e-r}{e+r}$$

$$\operatorname{tg}\frac{\mu-\beta}{2}\operatorname{tg}\frac{\nu-\beta}{2} = \frac{f-r}{f+r}.$$

Des deux dernières équations on tire les valeurs de $\operatorname{tg}\lambda$ et de $\operatorname{tg}\mu$ en fonction de $\operatorname{tg}\nu$, et en les substituant dans la première, on a une équation du second degré en $\operatorname{tg} \nu$. On a ensuite les valeurs de $\operatorname{tg} \lambda$ et de $\operatorname{tg} \mu$ par des équations du premier degré. (Götz, *Exercices de Trigonométrie*).

PROBLÈME XVII.

117. *Par un point* D *pris sur une tangente* AD *à un cercle donné* O (fig 22), *on mène une sécante* DBC *faisant un angle connu* α *avec* AB, *et l'on demande de calculer la surface du triangle* ABC *obtenu en joignant le point de contact* A *aux deux points d'intersection de la sécante et du cercle.*

Soient R, β et m^2 le rayon du cercle donné, l'angle OD et la surface du triangle ABC. On a, d'abord, H étant le pied de la perpendiculaire AH à BC,

$$(1) \qquad m^2 = \frac{BC \times AH}{2}, \qquad (2) \qquad \frac{BC}{2 \sin A} = R$$

puis les triangles DAH, DOA donnent

$$AH = AD \sin \alpha \qquad R = AD \operatorname{tg} \beta$$

d'où

$$(3) \qquad AH = \frac{R \sin \alpha}{\operatorname{tg} \beta}$$

et en multipliant, membre à membre, les trois équations (1), (2) et (3), on a

$$(4) \qquad \sin A = \frac{m^2 \operatorname{tg} \beta}{R^2 \sin \alpha}.$$

Mais, d'autre part, on tire du triangle CAD

$$\frac{\sin \alpha}{\sin C} = \frac{AC}{AD} = \frac{2R \sin B}{R \operatorname{cotg} \beta}$$

d'où

$$2 \sin A \sin C = \sin \alpha \operatorname{cotg} \beta.$$

Remplaçant maintenant 2 sin B sin C par une différence de cosinus, on aura, en remarquant que l'angle B — C est égal à α,

$$(5) \qquad \cos B = \sin \alpha \operatorname{cotg} \beta - \cos \alpha = \frac{\sin (\alpha - \beta)}{\sin \beta}.$$

Enfin élevons au carré les équations (4) et (5), ajoutons, membre à membre, et résolvons par rapport à m^4, nous aurons sans difficulté

$$m^4 = \frac{R^4 \sin^2 \alpha \cos^2 \beta (\sin^2 \beta - \sin^2 (\alpha - \beta))}{\sin^4 \beta}$$

ou, d'après une transformation connue,

$$m^4 = \frac{R^4 \cos^2 \beta \sin^3 \alpha \sin (2\beta - \alpha)}{\sin^4 \beta}.$$

Problème XVIII.

118. *Ayant pris un point* E *sur le prolongement du diamètre* AB *d'un cercle donné* O (fig. 23), *on mène par ce point une sécante* EC, *faisant un angle* θ *avec* EB, *on demande de calculer la surface du quadrilatère* ABCD *inscrit dans le demi-cercle.*

Du point E, on mène la tangente EL au cercle et, du centre on abaisse les droites OH, OI, OK, respectivement, perpendiculaires sur AD, DC et BC, puis on tire les rayons OD, OL et OC : soient r le rayon du cercle et α, β, γ les angles DAB, ABC, OEL.

On remarque, d'abord, que la somme des trois angles AOH, KOB, DOI étant égale à 90°, et les deux premiers étant, respectivement, égaux à $90° - \alpha$ et $90° - \beta$, l'angle DOI est égal à $\alpha + \beta - 90°$; on voit aussi facilement que la différence des angles α et β est égale à θ.

Cela posé, si l'on écrit que la surface du quadrilatère est égale à la somme des surfaces des triangles AOD, BOC, DOC, et que, dans les expressions des surfaces des triangles, on remplace les bases AD, DC, BC et les hauteurs correspondantes par les valeurs tirées des triangles rectangles AOH, DOI, BOK, on obtient

$$\sin \alpha \cos \alpha + \sin \beta \cos \beta - \sin (\alpha + \beta) \cos (\alpha + \beta) = \frac{m^2}{r^2}.$$

Mais on a

$$\sin \alpha \cos \alpha + \sin \beta \cos \beta = \frac{\sin 2\alpha + \sin 2\beta}{2} = \sin (\alpha + \beta) \cos \theta,$$

en remplaçant dans le dernier membre $\alpha - \beta$ par θ, l'équation précédente devient donc

$$\sin(\alpha+\beta)\cos\theta - \sin(\alpha+\beta)\cos(\alpha+\beta) = \frac{m^2}{r^2}$$

et l'on en tire

$$(1) \qquad -\cos(\alpha+\beta) = \frac{m^2}{r^2 \sin(\alpha+\beta)} - \cos\theta,$$

d'autre part, les triangles rectangles EOI, DOI, EOL donnent

$$\text{IO} = \text{OE}\sin\theta, \qquad \text{R}\sin(\alpha+\beta) = \text{IO}, \qquad \text{OE} = \frac{r}{\sin\gamma}$$

d'où l'on tire en multipliant, membre à membre, les trois dernières équations

$$(2) \qquad \sin(\alpha+\beta) = \frac{\sin\theta}{\sin\gamma},$$

substituant maintenant dans l'équation (1) la valeur de $\sin(\alpha+\beta)$ déduite de l'équation précédente, il vient

$$(3) \qquad -\cos(\alpha+\beta) = \frac{m^2\sin\gamma - r^2\sin\theta\cos\theta}{r^2\sin\theta},$$

et en élevant au carré les équations (2) et (3) et les ajoutant, membre à membre, on obtient

$$(4) \qquad \frac{(m^2\sin\gamma - r^2\sin\theta\cos\theta)^2}{r^4\sin^2\theta} = \frac{\sin^2\gamma - \sin^2\theta}{\sin^2\gamma},$$

d'où l'on tire

$$(5) \qquad m^2 = \frac{r^2\sin\theta}{\sin\gamma}\left(\cos\theta + \sqrt{\frac{1-\sin^2\theta}{\sin^2\gamma}}\right).$$

On a pris le radical avec le signe $+$, parce que, le premier membre de l'équation (3) étant positif, il en est de même de la quantité $m^2\sin\gamma - r^2\sin\theta\cos\theta$ et que, d'un autre côté, on a aussi $\sin^2\gamma$ plus grand que $\sin^2\theta$.

Remarque. — Si dans la formule (5) on fait γ égal à 90°, on trouve

$$m^2 = r^2\sin 2\theta.$$

C'est ce qu'il est facile de vérifier directement.

EXERCICES SUR LE CHAPITRE VI.

1. Si par les sommets A, B, C d'un triangle on mène les droites Aa, Bb, Cc qui se coupent en un même point de son intérieur, et qu'on désigne par α, β, γ les angles aAB, bBC, cCA, et par α', β', γ' les trois autres angles aAC, bBA, cCB, on a toujours la relation

$$\sin\alpha \sin\beta \sin\gamma = \sin\alpha' \sin\beta' \sin\gamma'.$$

La réciproque est vraie.

2. Vérifier, à l'aide du théorème précédent, que dans tout triangle les trois hauteurs se coupent en un même point, et qu'il en est de même des trois bissectrices et des trois médianes.

3. Soient menées dans un triangle ABC les deux droites Aa et Bb qui se coupent en L et font, respectivement, avec AB et BC les angles aAB, bBC représentés par α et β. On propose de démontrer les deux formules

$$\frac{\mathrm{AL}}{a\mathrm{L}} = \frac{\sin\alpha \sin\beta}{\sin(\mathrm{B}+\alpha)\sin(\mathrm{B}-\beta)}, \qquad \frac{\mathrm{AL}}{a\mathrm{A}} = \frac{\sin(\mathrm{B}-\beta)\sin(\mathrm{B}+\alpha)}{\sin(\mathrm{B}+\alpha-\beta)\sin \mathrm{B}}.$$

4. Si l'angle α des exercices précédents se rapporte à une médiane, on a les formules

$$\frac{\sin(\mathrm{A}-\alpha)}{\sin\alpha} = \frac{\sin \mathrm{C}}{\sin \mathrm{B}}, \qquad \cot\alpha = \frac{\sin \mathrm{C} + \cos \mathrm{A} \sin \mathrm{B}}{\sin \mathrm{A} \sin \mathrm{B}}.$$

5. Calculer les rapports des segments que détermine sur deux hauteurs leur point d'intersection, en se servant de la première formule de l'exercice (3). — Même question pour deux bissectrices ou deux médianes.

6. Calculer les trois angles d'un triangle, connaissant les rapports des segments que le point d'intersection des hauteurs détermine sur ces trois lignes.

7. Calculer les trois angles d'un triangle, connaissant les rapports dans lesquels les trois bissectrices sont partagées par leur point de rencontre L. — On s'appuiera sur la formule

$$\frac{\mathrm{AL}}{a\mathrm{L}} = \frac{1+\mathrm{tg}\frac{\mathrm{B}}{2}\,\mathrm{tg}\frac{\mathrm{C}}{2}}{1-\mathrm{tg}\frac{\mathrm{B}}{2}\,\mathrm{tg}\frac{\mathrm{C}}{2}}.$$

8. α, β γ ayant toujours la même signification, si l'on suppose que les trois droites Aa, Bb, Cc déterminent par leur rencontre un triangle $A'B'C'$, et qu'on appelle a' le côté opposé à l'angle A' ; on a

$$\frac{a'}{a}\sin A = \frac{\sin C \sin(B-\beta)}{\sin(B+\alpha-\beta)} - \frac{\sin B \sin \gamma}{\sin(A-\alpha+\gamma)}.$$

9. Calculer le rapport des surfaces des triangles A'B'C et ABC en fonction des angles A, B, C, α, β, γ.

10. On mène deux bissectrices et une hauteur et l'on demande de calculer, à l'aide de la formule demandée dans l'exercice précédent, la surface du triangle formé par ces trois droites.

11 Traiter la question analogue à la précédente en prenant deux hauteurs et une bissectrice.

12. Trouver la formule du problème I (chapitre VI) comme cas particulier de la formule de l'exercice (9).

13. Par un point pris sur le prolongement d'un des côtés d'un triangle, mener une droite qui coupe les deux autres côtés et qui soit telle, que la projection sur le premier, de la partie de la droite interceptée entre les deux autres, soit égale à une longueur donnée.

14. Étant donnés deux points D et E, l'un sur un côté d'un triangle, l'autre sur son prolongement, par le dernier point on mène une droite qui coupe le périmètre du triangle en F et G et l'on tire les droites DF, DG : on demande de calculer la surface du triangle FDG en fonction des éléments du triangle donné, des distances des deux points donnés à l'un des sommets de ce triangle, et de l'angle que la transversale fait avec la droite DE.

15. Par l'un des sommets A d'un triangle, on mène une droite AE et l'on projette sur cette droite les deux autres sommets B et C en D et E; on obtient ainsi deux triangles rectangles ABD, ACE : on demande de calculer les angles que la droite AE fait avec AB et AC lorsque la somme des surfaces des triangles rectangles est donnée.

16. Par un point D pris sur l'un des côtés BC d'un triangle, on mène des droites DE et DF qui coupent les côtés AB et AC en E et F; on demande d'exprimer la surface du quadrilatère DEAF en fonction des éléments du triangle, des distances DB, DC et des angles BDE, CDF.

17. Appliquer la formule de l'exercice précédent au cas où le point D est le pied d'une bissectrice et les droites DE, DF des parallèles aux deux autres bissectrices. — Questions analogues pour les hauteurs et les médianes

18 Dans un triangle quelconque ABC, si l'on tire une sécante arbi-

traire DE, qui coupe les côtés AB et AC en D et E, puisqu'on mène par le sommet A une droite AF qui rencontre DE et BC en G et F, le rapport de $\frac{\overline{AG}^2}{DG \times EG}$ à $\frac{\overline{AF}^2}{BF \times CF}$ est constant, quelle que soit la droite AF. — Cas particulier où les deux droites DE et BC sont anti-parallèles.

19. Étant données quatre droites qui se coupent en un même point, si une transversale quelconque les rencontré en quatre points a, b, c, d, le rapport $\frac{ac}{ad} : \frac{bc}{bd}$ est constant, quelle que soit la transversale.

20. Un triangle ABC étant donné, du pied H de la hauteur AH, on mène deux droites faisant des angles égaux avec la hauteur et rencontrant AB et AC en E et F ; on tire la droite EF qui rencontre en G le prolongement de BC : démontrer que si l'on désigne par λ et μ les deux angles EHA, EGC, on a

$$\operatorname{cotg} \mu = \frac{(\operatorname{tg} B + \operatorname{tg} C) \operatorname{tg} \lambda + 2}{\operatorname{tg} B - \operatorname{tg} C}.$$

21. Une droite EF ayant été obtenue, comme il a été dit dans l'exercice précédent, démontrer que cette droite vient toujours couper le prolongement de BC au même point lorsque l'angle EHA varie.

22 Dans une suite de triangles on donne a et $b + c$: démontrer que la projection de la bissectrice de l'angle A sur l'un des côtés de cet angle, le produit des perpendiculaires abaissées des sommets B et C sur la seconde bissectrice au sommet A, le produit des tangentes des moitiés des angles B et C, le quotient $\frac{r}{r'}$, le produit $r''r'''$ sont des quantités constantes

23. Trouver les théorèmes analogues aux précédents quand a et $b - c$ sont constants.

24. Un triangle ayant été obtenu en joignant par des droites les pieds des hauteurs d'un triangle donné, on demande d'évaluer, en fonction des angles de ce dernier triangle, les rapports des surfaces des deux triangles et ceux des rayons des cercles qui leur sont circonscrits, inscrits ou ex-inscrits

25. Des milieux des côtés AB et AC d'un triangle ABC on tire deux droites qui se coupent en un point F du troisième côté BC et qui font avec ce côté des angles égaux à un même angle α : démontrer que l'angle α est donné par la formule

$$\operatorname{cotg} \alpha = \frac{\operatorname{cotg} B + \operatorname{cotg} C}{2}.$$

26. Étant donnés un billard triangulaire et un point D sur ce billard, trouver le chemin que doit suivre une bille partant du point D pour qu'après avoir frappé les trois bandes, elle revienne au point de départ.

27. Étant données trois droites parallèles, déterminer un triangle équilatéral tel, que chacun de ses sommets soit sur l'une des droites.

28. Étant donnés dans un plan un point P et deux droites indéfinies LL', MM', si autour du point on fait tourner une transversale qui rencontre les deux droites en C et D, on pourra trouver deux points E et F sur ces droites, tels que le produit EC × FD soit constant.

Extrait des *Trois livres des Porismes d'Euclide par M. Chasles.* (Porisme 40, page 140).

L'ouvrage cité peut fournir de nombreux exercices de Trigonométrie. — Quelques exemples seulement ont été donnés ici. — On en trouvera d'autres avec les solutions dans le dernier chapitre.

29. Si par un point P on mène deux droites faisant des angles égaux avec une droite fixe PA et rencontrant une autre droite fixe XY en deux points B et C, on pourra trouver deux points D et E sur cette dernière droite, tels, que le rapport du rectangle DB × EC à BC soit constant. (Porisme 84, page 187). — Démontrer qu'il n'existe qu'un seul système de points jouissant de la propriété énoncée.

30. Résoudre un parallélogramme connaissant une diagonale, le périmètre et la surface.

31. Résoudre un trapèze connaissant les diagonales et les angles.

32. Inscrire un carré dans un parallélogramme donné.

33. Si un quadrilatère peut être à la fois inscrit dans un cercle et circonscrit à un autre, et que l'on considère les deux triangles ayant pour bases deux côtés opposés du quadrilatère et pour sommet commun le point de rencontre des deux autres côtés, le produit des rayons des cercles inscrits dans ces deux triangles est égal au carré du rayon du cercle inscrit dans le quadrilatère.

34. Étant donnés un parallélogramme ABCD et deux points E et F sur les côtés AD et CD, si par ces points on mène dans une direction quelconque deux droites parallèles qui rencontrent en G et H les deux côtés AB et CB : le produit AG × CH est constant (Porisme 95, page 203).

35. On mène les bissectrices des quatre angles d'un quadrilatère convexe, et l'on obtient ainsi un second quadrilatère dont on demande de calculer la surface en fonction des côtés et des angles du quadrilatère donné.

36. En remplaçant dans l'énoncé précédent un quadrilatère quel-

conque par un parallélogramme dont les côtés sont a et b on trouve que le rapport du rectangle obtenu au parallélogramme donné est égal à $\frac{(a-b)^2}{2ab}$. — Déduire cette expression de la formule générale demandée dans l'exercice précédent.

37. Étant donné un parallélogramme ABCD, si de ses sommets A, B on mène deux droites à chaque point M du côté opposé CD, lesquelles rencontrent la droite EF qui joint les milieux des deux côtés AB, CD en deux points G et H : O étant le centre du parallélogramme, le produit $OG \times OH$ est constant.

38. Si on désigne par c le côté d'un polygone régulier de n côtés, par a son apothème, par R le rayon du cercle qui lui est circonscrit et par S sa surface, on a

$$S = \frac{nc^2}{4} \operatorname{cotg} \frac{\pi}{n} = \frac{nR^2}{2} \sin \frac{2\pi}{n} = na^2 \operatorname{tg} \frac{\pi}{n}.$$

39. L'aire d'un polygone régulier, circonscrit à un cercle et d'un nombre de côtés pair, est une moyenne harmonique entre les aires d'un polygone régulier, d'un même nombre de côtés, inscrit dans le cercle et d'un polygone régulier, d'un nombre de côtés, moitié circonscrit au même cercle.

40. L'aire d'un polygone régulier, inscrit dans un cercle et d'un nombre de côtés pair, est moyenne géométrique entre les aires des polygones réguliers, inscrit et circonscrit, dont le nombre des côtés est moitié.

41. Étant donné un polygone régulier de n côtés et dont le côté est a, on porte, à partir de chaque sommet, une longueur b, sur le périmètre qu'on parcourt dans un sens déterminé ; on joint par des droites les points qu'on obtient successivement et l'on a ainsi un second polygone régulier : on propose de démontrer que si l'on désigne par α l'un des angles que font entre eux les côtés des deux polygones qui se correspondent et par m le rapport de la surface du second polygone au premier, on a

$$\operatorname{tg}\left(\alpha - \frac{\pi}{n}\right) = \frac{2b - a}{a} \operatorname{tg}\frac{\pi}{2}, \qquad m = \frac{\cos^2 \frac{\pi}{n}}{\cos^2\left(\alpha - \frac{\pi}{n}\right)}.$$

42. Résoudre un quadrilatère, connaissant trois côtés et les angles que l'un des côtés donnés fait avec les deux autres.

43 Résoudre un quadrilatère, connaissant les deux diagonales, leur angle et deux côtés adjacents ou opposés.

44. Connaissant les quatre côtés et les diagonales d'un quadrilatère, calculer les distances du point d'intersection des diagonales aux quatre sommets.

45. Connaissant trois côtés d'un quadrilatère inscriptible et l'angle de ses diagonales, calculer le quatrième côté.

46. Un triangle rectangle ABC a ses sommets B et C sur des parallèles données, le sommet de l'angle droit A est placé en un point, dont les distances aux parallèles sont respectivement, d et e, et l'hypothénuse passe par un point F située à une distance donnée f du point A sur la perpendiculaire abaissée de ce point sur les deux parallèles : on propos de démontrer que l'angle α de l'un des côtés AB et AC avec les parallèles peut se calculer par la formule

$$\frac{\sin^2\alpha}{d}+\frac{\cos^2\alpha}{e}=\frac{1}{f},$$

on verra comment la formule se modifie, quand le point D est sur le prolongement de l'hypothénuse (Manheim).

47. Par un point C, pris sur le prolongement d'un diamètre ED d'un cercle, on mène une sécante quelconque CG qui coupe le cercle en G, on tire DG et on élève GF perpendiculaire à CG; les trois longueurs CD, CE, CF, et l'angle CGD étant représentés, respectivement, par d, e, f et α, on propose de démontrer la formule suivante donnée par M. Manheim

$$\frac{\sin^2\alpha}{d}+\frac{\cos^2\alpha}{e}=\frac{1}{f}.$$

48. Étant donnés un triangle et le cercle qui lui est inscrit, on mène des tangentes à ce cercle, parallèles aux trois côtés du triangle, et l'on obtient ainsi trois nouveaux triangles intérieurs au premier ; démontrer que la somme des rayons des cercles inscrits à ces derniers triangles est égale au rayon du cercle inscrit dans le triangle donné, et que le produit des surfaces des quatre triangles est égal à la huitième puissance de ce même rayon.

49. Par deux points pris sur un cercle, mener deux cordes qui se coupent en un même point de ce cercle et dont le rapport soit connu.

50. Par un point A pris dans le plan d'un cercle donné O, on mène deux droites rectangulaires qui rencontrent le cercle aux points B et C : on demande de trouver une relation entre AB, AC, OA et le rayon R du cercle.

51. Étant donnés un cercle O (fig. 24) et deux tangentes AD et AE qui se coupent en A, déterminer une troisième tangente BC dont la longueur soit donnée ou qui forme avec les tangentes AD et AE un triangle ABC dont la surface soit connue.

52. Déterminer la troisième tangente de l'exercice précédent par la condition que la somme, la différence, le produit ou le quotient des segments AB et AC soit donné.

53. Étant donnés un demi-cercle et une perpendiculaire BC, menée à l'extrémité du diamètre CG (fig. 25), mener une tangente AB, telle, que la projection BD de la droite BC sur cette tangente soit égale au segment EA de la tangente, compris entre le point de contact E et le diamètre CG prolongé. — On démontrera que, si l'on projette le point de contact E en F sur le diamètre CG, le point F partage le rayon OG en moyenne et extrême raison.

54. Étant donnés un cercle et un point, par ce point on mène deux tangentes et une sécante au cercle, puis par les points de rencontre de la sécante et du cercle on tire les deux tangentes ; si l'on représente respectivement, par 2γ et 2α les angles que font entre elles les deux premières et les deux dernières tangentes et par λ l'angle de la sécante avec la droite qui joint le point donné au centre du cercle, on a

$$\sin\lambda = \sin\alpha \sin\gamma.$$

55. Comment faut-il modifier la formule précédente, quand l'angle α est remplacé par l'un des angles inscrits dans l'un des segments déterminés par la sécante.

56. Un triangle ABC étant inscrit dans un cercle, on tire la corde BD qui coupe AC en E : quelle doit être cette corde pour que la somme des rayons des cercles circonscrits aux triangles ABE, CED, soit donnée.

57. Par un point pris dans le plan d'un cercle, on propose de mener une sécante, telle, que, si l'on mène les tangentes aux points d'intersection, l'une des hauteurs du triangle formé par les tangentes et la corde de contact ait une longueur donnée.

58. Étant donné un point sur le prolongement d'un des diamètres d'un cercle, mener une sécante, telle, que les tangentes aux points d'intersection interceptent sur le diamètre une longueur donnée.

59. Étant données trois circonférences concentriques, déterminer un triangle équilatéral, tel, que chacun de ses sommets soit sur une circonférence.

60. Résoudre par la trigonométrie le problème du cercle tangent à deux cercles et à une droite donnés. — Vérifier que dans le cas particulier où les deux cercles sont tangents extérieurement et où la droite donnée est l'une des tangentes communes extérieures, si on appelle r, r', x les rayons donnés et le rayon inconnu, on a

$$\frac{1}{\sqrt{x}} = \frac{1}{\sqrt{r}} + \frac{1}{\sqrt{r'}},$$

on prendra pour inconnus le rayon x du cercle et l'angle λ que fait avec la ligne des centres donnés la droite qui joint l'un de ces centres au centre cherché.

61. Déterminer le cercle tangent à trois cercles donnés. (inconnues analogues à celles du problème précédent.)

62. Par deux points donnés, faire passer un cercle qui coupe un cercle donné sous un angle donné

63 Dans le cercle trigonométrique on a mené la tangente d'un arc α, et l'on a décrit un cercle tangent à l'arc, à sa tangente et au prolongement du rayon qui passe par l'extrémité de l'arc; on demande de calculer en fonction de α le rayon du cercle ainsi obtenu.

64. Trois cercles étant tangents extérieurement, et les tangentes communes intérieures étant prolongées jusqu'à leur point de rencontre ; si l'on désigne par d la distance de ce point de rencontre aux trois points de contact et par r, r' r'', les rayons des trois cercles, on a

$$d^2 = \frac{(r + r')(r + r'')(r' + r'')}{r + r' + r''}.$$

65. Si l'on désigne par S la surface du triangle formé en joignant les centres des trois cercles de l'exercice précédent, on a

$$S^2 = (r + r' + r'') rr'r''.$$

66. T étant la surface du triangle formé par les points de contact des trois cercles des exercices (62) et (63) et S ayant la même signification que dans l'exercice 63, on a

$$\frac{T}{S} = \frac{2rr'r''}{(r + r')(r + r'')(r' + r'')}.$$

67. Étant donnés deux cercles dans un même plan, mener par un point de la ligne des centres une sécante, telle, que, si par les points d'intersection avec les deux cercles on tire des tangentes, la somme des rayons des cercles inscrits ou ex-inscrits aux triangles formés par les cordes de contact et les tangentes ait une longueur donnée.

68. Deux cercles se coupent et sont tangents à une même droite : si α, β et β' représentent, respectivement, l'un des angles de la corde d'intersection et de la tangente, et les angles sous lesquels on voit la corde commune en se plaçant successivement aux deux points de contact, on a

$$\cot g^2 \frac{\alpha}{2} = \frac{\operatorname{tg} \frac{\beta}{2}}{\operatorname{tg} \frac{\beta'}{2}},$$

(β désigne celui des deux angles β et β' qui a son sommet sur la partie de la droite donnée formant l'un des côtés de l'angle α.)

69. Étant donné un polygone régulier, on mène des diagonales d'un des sommets à tous les autres, et on inscrit des cercles dans les triangles ainsi formés; on demande de trouver l'expression de la somme des rayons de tous ces cercles.

70. Étant donnés un cercle et un point dans son plan, par le point on mène une sécante quelconque au cercle et les deux tangentes aux points d'intersection, puis l'on abaisse du point donné des perpendiculaires sur les deux tangentes : on propose de démontrer que la somme ou la différence des inverses des perpendiculaires est constante.

71. Déterminer deux cercles qui soient tangents entre eux et à deux côtés d'un triangle et qui, de plus, satisfassent à cette condition : que le sommet opposé au côté que les deux cercles touchent en même temps soit également distant des points de contact situés sur les deux autres côtés.

72. Calculer en fonction des trois dimensions d'un parallélipipède rectangle les angles des diagonales. Cas particulier du cube.

73 Étant donnés dans une pyramide régulière le côté de la base et l'arête latérale, calculer l'angle d'une face latérale avec la base. Cas particuliers : 1° du tétraèdre régulier; 2° de la pyramide régulière dont la base est un hexagone régulier et l'arête latérale le côté du triangle équilatéral inscrit dans le même cercle que l'hexagone.

74. Par un point C pris sur le diamètre AB qui termine le demi cercle ADB, on mène une droite CD faisant avec CB l'angle DCB : on demande quel doit être cet angle pour que le volume engendré par l'aire CDB que limite l'ar : DB ait un rapport donné avec le volume engendré par le demi-cercle (Saint-Cyr).

75. D'un point pris hors d'un cercle, on mène deux tangentes et l'on fait exécuter une révolution complète, autour d'un des rayons des deux points de contact, à l'aire fermée par les deux tangentes et l'arc qu'elles interceptent; on demande quel doit être l'angle des deux tangentes, pour que le volume engendré par l'aire indiquée ait un rapport donné avec la sphère qui a même rayon que le cercle donné.

76. Trouver sur la ligne des centres de deux sphères un point d'où l'on voie sur les deux sphères deux zones de même étendue. Calculer les angles des deux cônes droits qui sont circonscrits aux deux sphères et ont pour sommet commun le point obtenu

CHAPITRE VII.

DES MAXIMA ET MINIMA EN TRIGONOMÉTRIE. — VALEURS LIMITES ET VARIATIONS DE CERTAINES FONCTIONS TRIGONOMÉTRIQUES.

119. Valeurs limites des fonctions. — Quand on fait varier une fonction trigonométrique d'un arc x, il peut arriver que pour certaines valeurs de la variable, la fonction se présente sous l'une des formes de l'indétermination. C'est ainsi que les fractions $\frac{\sin x}{x}$, $\frac{\operatorname{tg} x}{x}$ prennent la forme $\frac{0}{0}$ pour x nul, tandis que leur vraie valeur est l'unité. La méthode la plus générale pour trouver cette vraie valeur est de chercher à mettre en évidence dans la fonction les rapports $\frac{\sin x}{x}$, $\frac{\operatorname{tg} x}{x}$, x étant un arc variable qui a pour limite zéro.

Quelquefois aussi on trouve la vraie valeur en faisant voir que la fonction est comprise entre deux quantités dont les limites se déterminent sans difficulté et sont les mêmes.

Je vais donner quelques exemples.

Exemple I. — *Trouver la limite de* $\frac{x \sin x}{1 - \cos x}$ *pour* x *égal à zéro.*

On trouve d'abord $\frac{0}{0}$ pour valeur : mais remplaçons $\sin x$ par $2 \sin \frac{x}{2} \cos \frac{x}{2}$ et $1 - \cos x$ par $2 \sin^2 \frac{x}{2}$; alors en supprimant le facteur $\sin \frac{x}{2}$ commun aux deux termes de la fraction, on a

$$\frac{x \sin x}{1 - \cos x} = \frac{x \cos \frac{x}{2}}{\sin \frac{x}{2}}.$$

Maintenant la dernière fraction peut s'écrire $2 \times \frac{\frac{x}{2}}{\operatorname{tg} \frac{x}{2}}$, et en faisant tendre x vers zéro, le second facteur ayant pour limite l'unité, on trouve 2 pour la limite demandée.

EXEMPLE II. — *Trouver la limite vers laquelle tend la fonction* $\frac{1}{x} - \frac{1}{\operatorname{tg} x}$ *quand x tend vers zéro.*

On trouve d'abord $\infty - \infty$: mais si l'on remplace $\operatorname{tg} x$ par $\frac{\sin x}{\cos x}$, l'expression se met sous la forme $\frac{1}{x} - \frac{\cos x}{\sin x}$ et l'on a évidemment

$$0 < \frac{1}{x} - \frac{\cos x}{\sin x} < \frac{1 - \cos x}{\sin x},$$

mais on sait que la dernière expression est égale à $\operatorname{tg} \frac{x}{2}$, la fonction donnée est, par suite, comprise entre deux quantités dont l'une est zéro et l'autre a pour limite zéro ; elle a donc, elle-même, pour limite zéro.

EXEMPLE III. — *Trouver la limite vers laquelle tend le produit* $\cos \frac{x}{2} \cos \frac{x}{2^2} \cos \frac{x}{2^4} \ldots\ldots \cos \frac{x}{2^n}$, *lorsqu'on fait tendre x vers l'infini.*

L'expression se présente sous la forme d'un produit de facteurs dont le nombre va constamment en croissant, tandis que les derniers facteurs tendent vers l'unité : on ne peut donc pas savoir immédiatement vers quelle valeur tend le produit ; mais si l'on remplace $\cos \frac{x}{2}$, $\cos \frac{x}{2^n} \ldots \cos \frac{x}{2^n}$, respectivement, par $\frac{\sin x}{2\sin\frac{x}{2}}, \frac{\sin\frac{x}{2}}{2\sin\frac{x}{2^2}} \ldots \frac{\sin\frac{x}{2^{n-1}}}{2\sin\frac{x}{2^n}}$, et que dans le produit on supprime les facteurs communs, on trouve que la quantité donnée est égale à $\frac{\sin x}{2^n \sin\frac{x}{2^n}}$, et la question se trouve ramenée à trouver la valeur limite de $2^n \sin\frac{x}{2^n}$. Or on a

$$2^n \sin\frac{x}{2^n} = x \times \frac{\sin\frac{x}{2^n}}{\frac{x}{2^n}},$$

et lorsqu'on fait tendre n vers l'infini, l'arc $\frac{x}{2^n}$ tendant vers zéro, la dernière expression tend vers x : la limite demandée est donc $\frac{\sin x}{x}$.

Exemple IV. — *On partage un arc de cercle 2a en* n *parties égales et on prend le centre des moyennes distances des points de division : démontrer que, lorsque* n *tend vers l'infini, la distance du centre des moyennes distances au centre du cercle a pour limite* $\frac{\sin a}{a}$ (Serret).

Prenons le cercle donné pour cercle trigonométrique, et soient b la distance de l'origine à l'extrémité de l'arc qui en est la plus voisine et S la somme des perpendiculaires abaissées de tous les points de l'arc sur le diamètre origine : on a

$$S = \sin b + \sin\left(b + \frac{2a}{n}\right) + \ldots \sin\left(b + (n-1)\frac{2a}{n}\right),$$

et par suite,

$$\frac{S}{n} = \frac{\sin\left(b + (n-1)\frac{a}{n}\right)\sin a}{n\sin\frac{a}{n}}.$$

Mettons maintenant le dénominateur sous la forme $a \times \frac{\sin \frac{a}{n}}{\frac{a}{n}}$, on trouve a pour sa limite lorsque n est égal à l'infini; si ensuite on observe que $(n-1)\frac{a}{n}$ ou $a - \frac{a}{n}$ a pour limite a, on détermine la limite l de S par l'équation

$$l = \sin(a+b)\,\frac{\sin a}{a}.$$

Prenons maintenant les distances des points de division de l'arc au diamètre qui est perpendiculaire au diamètre origine, et désignons par k la limite analogue à la première, nous aurons

$$k = \cos(a+b)\,\frac{\sin a}{a},$$

et, par suite,

$$\sqrt{l^2 + k^2} = \frac{\sin a}{a}.$$

C'est ce qu'il fallait démontrer.

REMARQUE. — Il résulte de la démonstration précédente que l'on a

$$\lim \frac{2aS}{n} = 2 \sin(a+b) \sin a = \cos b - \cos(2a+b).$$

On peut donc énoncer le théorème suivant :

Si l'on divise un arc en un nombre de parties égales aussi grand que l'on veut, et que l'on multiplie chaque petit arc par la perpendiculaire abaissée de son extrémité sur un diamètre quelconque, la limite de la somme des produits ainsi obtenus est égale à la projection de la corde de l'arc sur le diamètre.

Ce théorème est l'un de ceux qui ont servi de point de départ à *Pascal* dans ses travaux sur la *Roulette*.

VARIATIONS DES VALEURS DE CERTAINES FONCTIONS TRIGONOMÉTRIQUES.

120. La méthode à suivre pour déterminer ces variations dépendra de la fonction donnée : quelquefois on ramènera la question à l'étude des variations d'une seule ligne trigonométrique; dans d'autres cas, on exprimera toutes les lignes trigonométriques en fonction d'une seule et l'on sera ramené à étudier les variations d'une fonction algébrique; enfin, dans quelques cas exceptionnels, la question sera traitée directement en faisant voir que dans un intervalle donné l'accroissement de la fonction est constamment positif ou négatif. Voici quelques exemples.

Exemple I. — *Étudier les variations de la fonction* $a \sin x + b \cos x$.

Employant un artifice connu, on met a en facteur et l'on pose $\frac{b}{a}$ égal à $\operatorname{tg} \varphi$: on est ainsi ramené à étudier l'expression $\frac{a}{\cos \varphi} \sin (x + \varphi)$ ou tout simplement $\sin (x + \varphi)$; tout revient donc à l'étude des variations du sinus d'un arc. Sans reprendre cette question connue, nous remarquerons que $\sin (x + \varphi)$ et, par suite, l'expression donnée, passe par un maximum, quand x est égal à $\frac{\pi}{2} - \varphi$ et par un minimum quand x est égal à $\frac{3}{2}\pi - \varphi$.

Remarque. — Si a avait été égal à b, et qu'on eut fait varier x entre 0 et $\frac{\pi}{2}$, on aurait eu à étudier $\sin x + \cos x$, c'est-à-dire, les variations de la somme de deux quantités dont la somme des carrés est constante (Note I. *Questions de Géométrie*).

Exemple II. — *La fonction est* $a \operatorname{tg} x + b \operatorname{cotg} x$.

Supposons, d'abord, a et b de même signe, tous deux positifs, par exemple : on est ramené à étudier les variations de la somme de deux quantités dont le produit est constant (Voyez. *Questions de Géométrie*, note I). On trouve, en particulier, que si l'on fait croître x de 0 à $\frac{\pi}{2}$, la fonction passe par un minimum lorsque x prend la valeur donnée par l'équation

$$\operatorname{tg} x = \sqrt{\frac{b}{a}}.$$

Si l'on suppose maintenant que a et b soient de signe contraire, que, par exemple, a soit positif et b négatif, il n'y aura plus de minimum proprement dit : lorsque x croîtra de zéro à $\frac{\pi}{2}$, la fonction croîtra depuis $-\infty$ jusqu'à $+\infty$, puis elle passera brusquement de $+\infty$ à $-\infty$ lorsque x dépassera $\frac{\pi}{2}$ . . . etc.

EXEMPLE III. — *La fonction est $x - \sin x$: on demande d'étudier ses variations, lorsque x croît de 0 à $\frac{\pi}{2}$.*

Nous allons démontrer directement que la fonction croît. Pour cela, il faut faire voir que pour un accroissement h de l'arc suffisamment petit, on a

$$x + h - \sin(x + h) > x - \sin x.$$

Or cette inégalité peut s'écrire

$$\sin x(1 - \cos h) + h - \cos x \sin h > 0,$$

et l'on a

$$\cos h < 1, \qquad h > \sin h > \cos x \sin h :$$

le premier membre de l'inégalité est donc toujours la somme de deux nombres positifs, et, par suite, est lui-même positif.

REMARQUE. — On ne s'est pas servi dans la démonstration précédente du droit que l'on avait de supposer h aussi petit que l'on voulait.

EXEMPLE IV. — *La fonction est $\frac{\sin x}{x}$, et l'on fait varier x de 0 à $\frac{\pi}{2}$.*

Il faut démontrer que la fonction est décroissante, c'est-à-dire, que l'on a

$$\frac{\sin x}{x} > \frac{\sin(x+h)}{x+h},$$

ou

$$x \sin x(1 - \cos h) + \cos x(h \operatorname{tg} x - x \sin h) > 0,$$

mais h et $\operatorname{tg} x$ étant, respectivement, plus grands que $\sin h$ et x, l'inégalité est évidente.

On fait la même remarque que dans l'exemple précédent.

EXEMPLE V. — *La fonction est* $\frac{\operatorname{tg} x}{x}$.

On veut démontrer que lorsque x croît de 0 à $\frac{\pi}{2}$, la fonction est croissante, c'est-à-dire, que l'on a

$$\frac{\operatorname{tg}(x+h)}{x+h} > \frac{\operatorname{tg} x}{x},$$

ou

$$x(1+\operatorname{tg}^2 x) - \frac{h}{\operatorname{tg} h}\operatorname{tg} x + h \operatorname{tg}^2 x > 0,$$

ou encore

$$\frac{x}{\cos^2 x} - \frac{h}{\operatorname{tg} h}\operatorname{tg} x + h \operatorname{tg}^2 x > 0,$$

h pouvant être aussi petit que l'on veut, $\frac{h}{\operatorname{tg} h}\operatorname{tg} x$ peut différer de $\operatorname{tg} x$ d'une quantité moindre que n'en diffère $\frac{x}{\cos^2 x}$: si donc l'on prouve que l'on a

$$\frac{x}{\cos^2 x} > \operatorname{tg} x,$$

tout sera démontré : or cette inégalité est évidente, car, elle revient à

$$2x > \sin 2x.$$

EXEMPLE VI. — *Variations de la différence tabulaire du sinus, lorsque l'arc croît de* 0 *à* $\frac{\pi}{2}$.

On a, en désignant par h la différence tabulaire, ordinairement égale à 10″,

$$\begin{aligned}\log\sin(x+h) - \log\sin x &= \log\frac{\sin(x+h)}{\sin x}\\ &= \log(\cos h + \sin h \operatorname{cotg} x),\end{aligned}$$

et l'on voit que, lorsque l'arc croît de 0 à $\frac{\pi}{2}$, la différence tabulaire décroît, depuis l'infini jusqu'à la quantité très petite $\log\cos h$.

EXEMPLE VII. — *Variations de la différence tabulaire de la tangente, lorsque l'arc croît de 0 à $\frac{\pi}{2}$.*

On a

$$\log \operatorname{tg}(x+h) - \log \operatorname{tg} x = \log \frac{\operatorname{tg} x + \operatorname{tg} h}{(1 - \operatorname{tg} x \operatorname{tg} h) \operatorname{tg} x}.$$

Posons

$$\operatorname{tg} x = y, \qquad \operatorname{tg} h = a,$$

on est ramené à étudier les variations de la fonction algébrique

$$\frac{y - ay^2}{y + a}.$$

Mais si l'on pose y égal à $z - a$, qu'on substitue cette valeur dans l'expression précédente, et qu'on divise par z, on obtient

$$2a^2 + 1 - a\left(z + \frac{a^2+1}{z}\right),$$

et toute la difficulté est réduite à étudier les variations de l'expression $z + \frac{a^2+1}{z}$ quand z croît depuis a jusqu'à l'infini. Mais le produit des deux quantités z et $\frac{a^2+1}{z}$ étant constant, on est conduit finalement (Note 1, *Questions de Géométrie*) à étudier les variations de $\left(\frac{a^2+1}{z} - z\right)^2$. On voit alors que lorsque z croît à partir de a, l'expression précédente décroît et qu'elle devient nulle pour z égal à $\sqrt{a^2+1}$. Lorsque z continue de croître, la quantité $\frac{a^2+1}{z} - z$ décroît en devenant négative, et, par conséquent, $\left(\frac{a^2+1}{z} - z\right)^2$ croît jusqu'à ce que l'on donne à z la valeur infinie.

Maintenant en suivant les différentes transformations que nous avons fait subir à la différence tabulaire, il est facile de voir qu'elle varie dans le même sens que la quantité $\left(\frac{a^2+1}{z} - z\right)^2$, et, par suite, tout ce que nous avons dit de cette quantité s'applique à la différence tabulaire. En particulier, cette différence a un minimum qui correspond à la valeur $\sqrt{a^2+1}$ de z.

Faisons les calculs relatifs à ce minimum : soit x' l'arc pour lequel la différence tabulaire atteint sa valeur minimum ; on a

$$\operatorname{tg} x' = \sqrt{a^2+1} - a = \sqrt{1+\operatorname{tg}^2 h} - \operatorname{tg} h,$$

$$\operatorname{tg} x' = \frac{1-\sin h}{\cos h} = \operatorname{tg}\left(\frac{\pi}{4} - \frac{h}{2}\right),$$

d'où

$$x' = \frac{\pi}{4} - \frac{h}{2},$$

quant à la valeur minimum de la différence tabulaire, elle est égale à $2 \log \operatorname{tg}\left(\frac{\pi}{4} + \frac{h}{2}\right)$.

En effet, on a

$$\log \operatorname{tg}(x'+h) - \log \operatorname{tg} x' = \log \frac{\operatorname{tg}\left(\frac{\pi}{4} + \frac{h}{2}\right)}{\operatorname{tg}\left(\frac{\pi}{4} - \frac{h}{2}\right)} ;$$

mais les deux arcs $\frac{\pi}{4} + \frac{h}{2}$ et $\frac{\pi}{4} - \frac{h}{2}$ étant complémentaires, la dernière fraction est égale à $\log \operatorname{tg}^2\left(\frac{\pi}{4} + \frac{h}{2}\right)$ dont la valeur est bien $2 \log \operatorname{tg}\left(\frac{\pi}{4} + \frac{h}{2}\right)$.

Exemple VIII. — *La fonction est* $\sin x \sin(a-x)$.

a est un arc positif plus petit que π.

On a

$$\sin x \sin(a-x) = \frac{\cos(a-2x) - \cos a}{2},$$

et l'on est ramené à l'étude de la fonction simple $\cos(a-2x)$. On voit, en particulier, que lorsque x est égal à $\frac{a}{2}$, la fonction donnée passe par un maximum, c'est-à-dire : *que, le maximum du produit des sinus de deux arcs, dont la somme est constante, a lieu quand les arcs sont égaux.*

Remarque. — On étudierait de même les variations des fonctions $\sin x \cos(a-x)$, $\cos x \cos(a+x)$.

EXEMPLE IX. — *La fonction est tg x tg (a — x).*

a est ici un arc compris entre 0 et $\frac{\pi}{2}$.

On a

$$\operatorname{tg} x \operatorname{tg}(a-x) = \frac{\sin x \sin(a-x)}{\cos x \cos(a-x)} = \frac{\cos(a-2x) - \cos a}{\cos(a-2x) + \cos a}$$

ou

$$\operatorname{tg} x \operatorname{tg}(a-x) = \frac{\cos(a-2x) + \cos a - 2\cos a}{\cos(a-2x) + \cos a}$$
$$= 1 - \frac{2\cos a}{\cos(a-2x) + \cos a},$$

et l'on est ramené, comme dans l'exemple précédent, à l'étude de la fonction simple $\cos(a-2x)$. On obtient encore un maximum de la fonction pour x égal à $\frac{a}{2}$. Ainsi: *le produit des tangentes de deux arcs, dont la somme inférieure à $\frac{\pi}{2}$ est constante, est maximum quand les deux arcs sont égaux.*

MAXIMA ET MINIMA.

Nous allons, d'abord, démontrer deux théorèmes généraux.

THÉORÈME I.

121. *Le produit des sinus de plusieurs arcs, tous plus petits que $\frac{\pi}{2}$, et dont la somme est constante, est maximum lorsque tous les arcs sont égaux.*

Il est évident, d'abord, qu'il y a un maximum puisque le produit des sinus est plus petit que l'unité. Je dis maintenant que, si, dans l'un des produits satisfaisant aux conditions données, deux arcs étaient inégaux, on pourrait toujours obtenir un produit plus grand.

En effet, soit $\sin x \sin y$ le produit de deux facteurs inégaux, si nous remplaçons ce produit par $\sin\frac{x+y}{2}\sin\frac{x+y}{2}$, la somme totale des arcs restera toujours la même ; mais d'après ce qui a été démontré (120 ex. VIII) le second produit est plus grand que le second ; le seul produit qui puisse être maximum est donc celui dans lequel tous les facteurs sont égaux, et, comme l'existence du maximum est certaine, le produit dont il s'agit est maximum.

Théorème II.

122. *Lorsque plusieurs arcs ont une somme constante, et que, de plus, deux quelconques d'entre eux sont tels, que leur somme est inférieure à $\frac{\pi}{2}$, le produit de leurs tangentes est maximum lorsqu'ils sont égaux entre eux.*

Je dis, d'abord, que le produit des tangentes est plus petit que l'unité, et, par suite, a un maximum (*).

En effet, considérons deux quelconques des arcs x et y ; on a, par hypothèse,

$$x + y < \frac{\pi}{2},$$

d'où

$$\operatorname{tg} y < \operatorname{cotg} x, \qquad \operatorname{tg} x \operatorname{tg} y < \operatorname{tg} x \operatorname{cotg} x < 1.$$

Alors, si le nombre des arcs est pair, on pourra considérer le produit comme obtenu en multipliant entre eux des produits de deux facteurs ; mais chacun de ces produits étant plus petit que l'unité, d'après ce qu'on vient de voir, le produit de tous les facteurs sera lui-même plus petit que l'unité.

Supposons maintenant que le nombre des facteurs soit impair, et soient $x, y \ldots k, l$, les n arcs : on a d'abord, d'après le premier cas,

$$\operatorname{tg} x \operatorname{tg} y \ldots \operatorname{tg} k < 1,$$

et, par suite,

$$\operatorname{tg} x \operatorname{tg} y \ldots \operatorname{tg} k \operatorname{tg} l < \operatorname{tg} l.$$

On prouverait de même que le produit de tous les facteurs est plus petit que l'une des autres tangentes $\operatorname{tg} k$, par exemple ; son carré est, par conséquent, plus petit que $\operatorname{tg} k \operatorname{tg} l$, et, par

(*) Gerono, *Nouvelles Annales*, tome XVII.

suite plus petit que 1 : donc, le produit des tangentes est, lui-même, plus petit que l'unité.

Cela posé, on remarque que le théorème dont il s'agit est déjà démontré pour le cas de deux facteurs (Ex 8, 120) ; alors, par un raisonnement tout semblable à celui que l'on a fait pour établir le théorème précédent, on peut l'étendre à un nombre quelconque de facteurs.

MÉTHODES GÉNÉRALES POUR LA DÉTERMINATION DES MAXIMA ET MINIMA EN TRIGONOMÉTRIE.

123. Les méthodes à suivre sont celles que nous avons indiquées pour l'étude des variations des fonctions. Les maxima et minima seront alors obtenus, ainsi qu'on l'a déjà montré, comme un détail de la discussion On pourra aussi quelquefois faire usage des deux derniers théorèmes que nous venons de démontrer.

PROBLÈME I.

124. *Par le point d'intersection* A *de deux cercles* O *et* O′ *qui se coupent (fig. 26), on mène une sécante* BD, *et on demande de trouver les maxima de la somme et du produit des deux cordes* AB *et* AD.

1° *On veut trouver le maximum de* BD. Soient r et r' les rayons des deux cercles O et O′, et α, α', A les angles BAO, DAO′, OAO′ : si l'on abaisse, des centres, les perpendiculaires OF, O′F′ sur la sécante et qu'on tire les rayons AO, AO′, on obtient deux triangles rectangles AOF, AO′F′ qui donnent

$$AF = r\cos\alpha, \qquad AF' = r'\cos\alpha',$$

et on a, d'ailleurs,

$$\alpha + \alpha' = 180^\circ - A\,;$$

par suite,

$$BD = 2(r\cos\alpha - r'\cos(A+\alpha))\,;$$

on est donc ramené à trouver le maximum de l'expression

$$r\cos\alpha - r'\cos(A+\alpha),$$

ou

$$(r - r'\cos A)\cos\alpha + r'\sin A\sin\alpha.$$

Mais en mettant en facteur r' sin A dans l'expression précédente et posant suivant la méthode (exemple (1)(120),

$$\operatorname{tg} \varphi = \frac{r' \sin A}{r - r' \cos A},$$

on trouve que l'expression devient

$$\frac{r' \sin A}{\sin \varphi} \cos(\alpha - \varphi);$$

le maximum demandé correspond, par conséquent, à une valeur de α est égal à φ, et l'on a

$$\operatorname{tg} \alpha = \frac{r' \sin A}{r - r' \cos A}.$$

De cette valeur on conclut facilement (deuxième cas des triangles, deuxième méthode) que l'angle α n'est autre que l'angle AOO', et, par suite, que la sécante maximum est parallèle à la ligne des centres.

2° *On demande de trouver le maximum du produit des deux cordes.*

On a

$$AF \times AF' = rr' \cos \alpha \cos \alpha',$$

mais

$$\cos \alpha \cos \alpha' = \frac{\cos(\alpha + \alpha') + \cos(\alpha - \alpha')}{2},$$

et comme $\alpha + \alpha'$ est constant, le maximum a lieu quand les angles α et α' sont égaux, c'est-à-dire, quand la corde est perpendiculaire à la bissectrice de l'angle OAO'.

Si les deux points B et D étaient d'un même côté du point A, on prouverait de même que la corde correspondant au maximum est la bissectrice de l'angle OAO'.

Problème II.

125. *Trouver le maximum de la surface du rectangle* CDEF *inscrit dans un secteur donné* AOB (fig. 27) (Saint-Cyr).

Soient r le rayon du cercle, α le demi-angle AOI du secteur, et x l'angle FOI que l'on prend pour inconnu. Il s'agit de trouver le maximum de $CF \times FE$ ou de $CF \times FG$; or les triangles OFG, COF donnent

$$FG = r \sin x, \quad CF = \frac{r \sin(\alpha - x)}{\sin \alpha}.$$

On a donc à trouver le maximum de $\dfrac{r^2 \sin x \sin(\alpha - x)}{\sin \alpha}$ ou de $\sin x \sin(\alpha - x)$. Mais on sait que ce maximum a lieu quand x est égal à $\dfrac{\alpha}{2}$, c'est-à-dire, que le rectangle est maximum quand son sommet F est au milieu de l'arc AI.

On peut arriver au même résultat par la *Géométrie*. On voit, d'abord, qu'il doit y avoir un maximum, puisque, lorsque la base CD passe par le centre ou se confond avec la corde AB, la surface du rectangle est nulle. Cela posé, abaissons, du sommet F d'un des rectangles, une perpendiculaire sur le rayon OH passant par le milieu H de l'arc AI, et soient K, L, M les points où cette perpendiculaire rencontre les trois droites OA, OH et OI.

D'après un théorème connu, le rectangle CFGP sera plus petit que le rectangle ayant son sommet en L milieu de la droite KM, et inscrit dans le triangle OKM, de manière que sa base soit parallèle au côté OM. Mais le dernier rectangle est lui-même plus petit que le rectangle, dont les côtés sont parallèles aux siens, et qu'on obtient inscrit dans le secteur AOI en prolongeant jusqu'à la rencontre de l'arc AI la parallèle au rayon OI menée par le point L.

On voit donc que, si le sommet F du rectangle inscrit n'est pas au milieu H de l'arc AI, on peut toujours trouver un rectangle inscrit plus grand, et que, par suite, le maximum demandé est le rectangle inscrit dont l'un des sommets est en H.

PROBLÈME III.

120. *Dans une suite de triangles, un côté* a *et la somme* s *des deux autres côtés sont constants : on demande d'étudier les variations des rayons des cercles circonscrit, inscrit et ex-inscrit, de la somme des hauteurs qui correspondent aux* *sommets B et C, et du produit des distances des sommets B et C à la bissectrice de l'angle A.*

1° *On veut étudier les variations de* R. — On a

$$R = \frac{a}{2 \sin A}, \qquad \operatorname{tg} \frac{A}{2} = \sqrt{\frac{(p-b)(p-c)}{p(p-a)}};$$

les quantités $a, p, p-a, p-b+p-c$ étant constantes, on voit qu'on est ramené à la question connue d'étudier les variations d'un produit de deux facteurs $p-b$ et $p-c$ dont la somme est constante. En particulier, on voit que $\operatorname{tg} \frac{A}{2}$ est maximum, lorsque b est égal à c, c'est-à-dire, lorsque le triangle est isocèle.

Maintenant, pour tirer les conclusions relatives à R, on doit distinguer deux cas, suivant que s est plus grand ou plus petit que $a\sqrt{2}$.

Si s est plus grand que $a\sqrt{2}$, on voit que la valeur maximum de $\operatorname{tg} \frac{A}{2}$, c'est-à dire, $\sqrt{\frac{a^2}{s^2 - a^2}}$ est plus petite que 1, et, par suite, que l'angle maximum $\frac{A}{2}$ est plus petit que 45°. L'angle A est donc toujours resté un angle aigu et, par suite, au maximum de $\operatorname{tg} \frac{A}{2}$ correspond le maximum de sin A et, par conséquent, le minimum de R.

Si s est plus petit que $a\sqrt{2}$, la valeur maximum de A est plus grande que 90°, l'angle A peut donc prendre cette dernière valeur et le minimum de R, qui correspond évidemment à cette valeur de l'angle A, est $\frac{a}{2}$.

2° *Étudier les variations de* r, r′, r″, r‴.

Pour r et r' la question est immédiatement résolue, puisque l'on a

$$r = (p-a) \operatorname{tg} \frac{A}{2}, \qquad r' = p \operatorname{tg} \frac{A}{2},$$

et qu'on est ainsi ramené comme précédemment à étudier les

variations de $\operatorname{tg}\frac{A}{2}$: on voit, en particulier, que r et r' ont leur valeur maximum lorsque le triangle est isocèle.

Considérons maintenant r'' et r'''. On a

$$r'' = p \operatorname{tg}\frac{B}{2} = p\sqrt{\frac{(p-a)(p-c)}{p(p-b)}},$$

et l'on est ramené à étudier l'expression $\dfrac{a+b-c}{a-(b-c)}$.

Mais on a

$$\frac{a+(b-c)}{a-(b-c)} = \frac{2a-(a-(b-c))}{a-(b-c)} = \frac{2a}{a-(b-c)} - 1,$$

et l'on n'a plus qu'à suivre les variations de la différence $b-c$: on voit, par exemple, que, lorsque b est égal à c, le rayon r'' est minimum.

Quant au rayon r''', comme le produit $r''r'''$ est égal à la quantité constante $p^2 \operatorname{tg}\frac{B}{2} \operatorname{tg}\frac{C}{2}$, on voit qu'il varie en sens inverse de r'' et par suite, qu'il est maximum quand le triangle est isocèle.

3° *On considère la somme des hauteurs abaissées des sommets* B *et* C.

On trouve, pour expression de la somme, $a(\sin B + \sin C)$ ou $2a\cos\frac{A}{2}\cos\frac{B-C}{2}$, et si l'on fait croître l'angle $B-C$ depuis zéro jusqu'à sa valeur maximum $90° - \frac{A}{2}$, la somme décroît depuis $2a\cos\frac{A}{2}$ jusqu'à $a\sin A$. On a donc un minimum de la somme des hauteurs, lorsque B est égal à C, c'est-à-dire, encore, lorsque le triangle est isocèle.

4° *Il s'agit du produit des distances des sommets* B *et* C *à la bissectrice de l'angle* A.

On a pour expression du produit indiqué $bc\sin^2\frac{A}{2}$ ou $(p-b)(p-c)$, et l'on est ramené à étudier les variations d'un produit de deux facteurs dont la somme est constante.

PROBLÈME IV.

127. *Trouver, parmi tous les quadrilatères convexes que l'on peut former avec quatre côtés, celui qui a la surface maximum.*

Prenons les équations (1) et (2) du problème VII (107), c'est-à-dire

$$ad \cos A - bc \cos C = K^2,$$
$$ad \sin A + bc \sin C = 2m^2.$$

Élevons les deux membres de chacune d'elles au carré et ajoutons, il viendra

$$a^2d^2 + b^2c^2 - 2abcd \cos(A + C) = K^4 + 2m^4$$

et l'on voit que le maximum de la surface m^2 correspond au minimum de cos (A + C). Mais cos (A + C) a sa valeur minimum lorsque l'angle A + C est égal à 180°. Donc : *parmi tous les quadrilatères dont les quatre côtés sont donnés, celui qui a la plus grande surface est le quadrilatère inscriptible.*

Cette solution est due à M. *Gérono.*

PROBLÈME V.

128. *Étant donnés* (fig. 28) *un angle* DOE *et un point* C *dans son intérieur, mener par ce point une droite* AB, *telle, que le triangle* AOB *ait une surface minimum.*

Tirons la droite OC, et désignons par α et β les angles qu'elle fait avec OA et OB, et par a la distance OC : nous prendrons, pour l'inconnu x, l'angle OCA que la droite cherchée fait avec OC. La question revient à trouver le minimum du produit OA $\times$ OB ou le maximum de l'inverse de ce produit ; or les triangles OCA, OCB donnent

$$OA = \frac{a \sin x}{\sin(x + \alpha)}, \qquad OB = \frac{a \sin x}{\sin(x - \beta)};$$

on a donc à déterminer le maximum de

$$\frac{\sin(x + \alpha)}{\sin x} \times \frac{\sin(x - \beta)}{\sin x};$$

mais, en laissant de côté des facteurs constants, on ramène facilement cette expression à la forme

$$(\cotg \alpha + \cotg x)\ (\cotg \beta - \cotg x),$$

et il s'agit finalement de trouver le maximum d'un produit de deux facteurs dont la somme est constante. Ce maximum a lieu, comme on sait, pour la valeur de x donnée par l'équation

$$(1) \qquad \cotg x = \frac{\cotg \beta - \cotg \alpha}{2}.$$

De là on conclut facilement que dans le triangle minimum la droite AB est partagée au point C en deux parties égales.

En effet, si le point C est le milieu de AB, qu'on prolonge OC d'une longueur OF égale à OC et que l'on tire BF, on obtiendra un triangle OBF dans lequel les angles adjacents à OF seront α et β. Mais BC étant une médiane du triangle OBF on peut appliquer la formule 18-(88), et l'on a bien l'équation (1) donnée plus haut.

Problème VI.

120. *Étant donnés deux cercles* O *et* O′ (fig. 29), *trouver sur la ligne des centres un point* A, *tel, que la somme des tangentes* AB *et* AB′ *menées de ce point aux deux cercles soit maximum.*

Soient r et r' les rayons des deux cercles O et O′, d la distance de leurs centres, et m la somme variable des deux tangentes : en tirant les rayons de contact OB et OB′, on obtient deux triangles rectangles qui donnent

$$(1) \qquad \begin{cases} \dfrac{r}{\operatorname{tg} \mathrm{BAO}} + \dfrac{r'}{\operatorname{tg} \mathrm{B'AO'}} = m, \\[2ex] \dfrac{r}{\sin \mathrm{BAO}} + \dfrac{r'}{\sin \mathrm{B'AO'}} = d. \end{cases}$$

Exprimons maintenant les tangentes et les sinus des angles BAO, B′AO′ en fonction des tangentes des moitiés de ces angles : soient u et u' ces dernières tangentes, on aura

$$\operatorname{tg} \mathrm{BAO} = \frac{2u}{1 - u^2}, \qquad \sin \mathrm{BAO} = \frac{2u}{1 + u^2},$$

et des formules semblables pour tg B'AO' et sin B'AO'.

Mais en remplaçant dans les équations (1) les deux tangentes et les deux sinus par leurs expressions en u et u', il vient :

$$\frac{r(1+u^2)}{u}+\frac{r'(1+u'^2)}{u'}=2d,$$

$$\frac{r(1-u^2)}{u}+\frac{r'(1-u'^2)}{u'}=2m,$$

et en ajoutant puis retranchant, membre à membre, les équations précédentes, on a

$$\frac{r}{u}+\frac{r'}{u'}=d+m,$$

$$ru+r'u'=d-m;$$

si enfin on multiplie, membre à membre, les deux dernières équations, on obtient

$$r^2+r'^2+rr'\left(\frac{u}{u'}+\frac{u'}{u}\right)=d^2-m^2.$$

On voit ainsi qu'on est ramené à trouver le minimum de la quantité $\frac{u}{u'}+\frac{u'}{u}$, c'est-à-dire, le minimum de la somme de deux nombres dont le produit est constant : le minimum aura donc lieu quand les deux nombres $\frac{u}{u'}$ et $\frac{u'}{u}$ seront égaux. Mais cette égalité entraîne celle de u et u' et, par suite, celle des angles BAO et B'AO' et on en conclut, comme on l'a vu dans les *Questions de Géométrie*, que le maximum demandé a lieu quand le point B se confond avec le centre de similitude interne des deux cercles.

Problème VII.

130. *Trouver l'angle maximum de deux diamètres conjugués d'une ellipse, l'ellipse étant considérée comme projection d'un cercle* (Concours).

Soit décrit le cercle qui a le grand axe pour diamètre : par le centre O on mène deux rayons rectangulaires quelconques OC et OD et l'on abaisse CE et DF perpendiculaires sur le grand axe ; si alors on détermine sur ces deux droites deux points c et d tels que les rapports $\frac{cE}{CE}$, $\frac{dF}{DF}$ soient égaux à $\frac{b}{a}$, et qu'on tire les droites Oc et Od, la question est de trouver le maximum de l'angle dOc, ou, ce qui revient au même, le minimum de la somme des angles cOE, dOF. Or on a

$$(1) \qquad \operatorname{tg}(cOE + dOF) = \frac{\operatorname{tg} cOE + \operatorname{tg} dOF}{1 - \operatorname{tg} cOE \operatorname{tg} dOF},$$

et si l'on désigne par α l'angle COE, on a

$$\operatorname{tg} cOE = \frac{cE}{OE} = \frac{b}{a} \times \frac{CE}{OE} = \frac{b}{a} \operatorname{tg} \alpha,$$

et de même

$$\operatorname{tg} dOF = \frac{b}{a} \operatorname{cotg} \alpha.$$

Le produit tg$c$OE tg$d$OF est donc constant, et l'équation (1) montre que l'on est ramené à trouver le minimum de la somme de deux quantités dont le produit est constant; ce minimum et, par suite, le maximum demandé auront lieu, par conséquent, quand tg$c$OE sera égale à tg$d$OF, ou quand tg α sera égale à cotg α, c'est-à-dire, quand l'angle α sera égal à 45° : les diamètres conjugués de l'ellipse feront alors des angles égaux avec les axes.

Problème VIII.

131. *Trouver le minimum de la surface du rectangle construit sur deux diamètres rectangulaires de l'ellipse, cette courbe étant définie par sa propriété focale* (Concours).

Soient F, F′ et O les deux foyers et le centre de l'ellipse, M un point quelconque de la courbe que l'on projette en P sur le grand axe; désignons MF′, MF, OP, MO et l'angle MOP, respectivement, par x, y, z, a et α, et conservons aux lettres a, b, c leur signification ordinaire; on aura, d'abord, dans le triangle MFF′

$$(1) \quad x^2 - y^2 = 4cz, \qquad (2) \quad x^2 + y^2 = 2u^2 + 2c^2,$$

et dans le triangle rectangle MOP

$$(3) \qquad z = u \cos \alpha,$$

On a aussi, d'après la définition de l'ellipse,

$$(4) \qquad x + y = 2a.$$

Des équations (1), (3) et (4) on déduit, d'abord,

$$(5) \qquad x - y = \frac{2cu \cos \alpha}{a},$$

et des équations (2) et (4), après avoir multiplié par 2 les deux membres de la première,

$$(6) \qquad (x - y)^2 = 4(u^2 - b^2).$$

Éliminant alors $x - y$ entre les équations (5) et (6) et résolvant l'équation obtenue par rapport à $\frac{1}{u^2}$, on a

$$(7) \qquad \frac{1}{u^2} = \frac{a^2 - c^2 \cos^2 \alpha}{a^2 b^2}.$$

Si maintenant on mène le demi-diamètre OM′ perpendiculaire sur le premier OM, et qu'on désigne sa longueur par u', pour obtenir une équation qui donne cette longueur en fonction de l'angle α et des constantes, il suffira de changer dans l'équation (7) u en u' et α en $90 - \alpha$: on aura ainsi

$$(8) \qquad \frac{1}{u'^2} = \frac{a^2 - c^2 \sin^2 \alpha}{a^2 b^2}.$$

Ajoutant enfin, membre à membre, les équations (7) et (8), on obtient la relation entre u et u'

$$(9) \qquad \frac{1}{u^2} + \frac{1}{u'^2} = \frac{1}{a^2} + \frac{1}{b^2}.$$

Mais la somme $\frac{1}{u^2} + \frac{1}{u'^2}$ étant constante, le produit $\frac{1}{u^2} \times \frac{1}{u'^2}$ sera maximum, et, par suite, uu' sera minimum, lorsque $\frac{1}{u^2}$ sera égal à $\frac{1}{u'^2}$, c'est-à-dire, lorsque u sera égal à u'.

Ainsi *le rectangle construit sur deux diamètres rectangulaires de l'ellipse sera minimum, quand il sera construit sur deux diamètres rectangulaires égaux, c'est-à-dire, sur les deux diamètres faisant des angles de 45° avec les axes.*

REMARQUE. — Il est facile de voir que le rectangle des diamètres rectangulaires de l'ellipse est maximum, lorsqu'il est le rectangle des axes. En effet, le problème de trouver le maximum de uu' revient à trouver le minimum de $\frac{1}{u^2} \times \frac{1}{u'^2}$, ou comme on l'a vu (Note I. *Questions de Géométrie*), à trouver le maximum de $\left(\frac{1}{u'^2} - \frac{1}{u^2}\right)^2$. Or cette dernière quantité est évidemment la plus grande possible, lorsque u et u' sont, respectivement, égaux à a et b.

PROBLÈME IX.

132. *Étant donnés un point A et une droite, par le point on mène deux droites rectangulaires qu'on prolonge jusqu'à leur rencontre en B et C avec la première droite, on forme ainsi un triangle rectangle ABC; un second triangle rectangle A'B'C' est obtenu, en menant les bissectrices de l'angle A et d'un angle droit adjacent: on demande de déterminer les deux triangles pour la condition que la somme de leurs surfaces soit minimum.*

Adoptant les notations ordinaires pour le premier triangle, et désignant par a' l'hypoténuse du second, je vais d'abord démontrer la relation suivante due à *M. Manheim*

$$\frac{1}{a^2} + \frac{1}{a'^2} = \frac{1}{4h^2}. \tag{1}$$

En égalant les deux expressions connues de la surface du triangle rectangle $\frac{ah}{2}$ et $\frac{a^2 \sin 2B}{4}$, on a, d'abord.

$$\frac{1}{a} = \frac{1}{2h} \sin 2B, \tag{2}$$

de même, en se rappelant que la bissectrice de l'angle A fait avec le côté opposé un angle égal à $90° - \frac{B-C}{2}$, on a

$$\frac{1}{a'} = \frac{1}{2h} \sin (B - C),$$

15

ou en remplaçant B — C par 2B — 90°

(3) $$\frac{1}{a'} = -\frac{1}{2h}\cos 2B.$$

Élevant maintenant au carré les équations (2) et (3) et ajoutant, membre à membre, on obtient la relation demandée.

Cela posé, l'équation (1) peut se mettre sous la forme

$$4h^2(a+a')^2 = a^2a'^2 + 8h^2aa',$$

et comme la question de trouver le minimum de la somme des surfaces des triangles revient à trouver celui de la somme des hypoténuses, la relation précédente prouve que le minimum demandé aura lieu en même temps que celui de aa' : or ce dernier minimum, lui-même, a lieu en même temps que le maximum du produit des facteurs $\frac{1}{a^2}$ et $\frac{1}{a'^2}$ dont la somme est constante en vertu de l'équation (1) ; donc enfin le minimum demandé aura lieu quand les hypoténuses seront égales.

En exprimant cette dernière condition par les équations (2) et (3), on voit que les triangles ont une somme minimum quand l'angle B est égal à 67° 30′.

Problème X.

133. *Étant donnés* (fig. 30) *une droite* XY *et deux points* A *et* A′ *d'un même côté de cette droite, on demande de trouver sur* XY *un point* M, *tel, qu'en se plaçant en ce point, on voie sous un angle maximum la droite* AA′ *qui joint les deux points donnés.*

Soit prolongée la droite AA′ jusqu'à sa rencontre en O avec XY, et désignons OA, OA′, OM et les angles MOA, AMA′, respectivement, par a, a', x, α et M : on a

$$\operatorname{tg} M = \operatorname{tg}(\text{OMA} - \text{OMA}') = \frac{\operatorname{tg}\text{OMA} - \operatorname{tg}\text{OMA}'}{1 + \operatorname{tg}\text{OMA}\,\operatorname{tg}\text{OMA}'}.$$

Mais si des points A et A′ on abaisse AB et A′B′ perpendiculaires sur XY, on aura par les triangles rectangles BMA, BOA, B′MA′ et B′OA′

$$\operatorname{tg}\text{OMA} = \frac{\text{BA}}{\text{BM}} = \frac{a\sin\alpha}{x - a\cos\alpha},$$

$$\operatorname{tg}\text{OMA}' = \frac{\text{B}'\text{A}'}{\text{MB}'} = \frac{a'\sin\alpha}{x - a'\cos\alpha}.$$

Substituant maintenant les valeurs de tg OMA et tg OMA′ dans l'expression de tg M, il vient

$$(1) \qquad \operatorname{tg} M = \frac{(a'-a)\, x \sin \alpha}{x^2-(a+a') \cos \alpha \,.\, x + aa'}.$$

Alors, si l'on divise les deux termes de la fraction précédente par x, on voit que l'on est ramené à trouver le minimum de $x + \frac{aa'}{x}$, c'est-à-dire, le minimum de la somme de deux quantités dont le produit est constant. On sait que le minimum a lieu, lorsque les deux parties de la somme sont égales : on a donc

$$x = \frac{aa'}{x}, \quad \text{d'où} \quad x = \sqrt{aa'}.$$

On en conclut que le point cherché est le point de contact, avec la droite donnée, d'un cercle qui est tangent à cette droite et passe par les deux points donnés.

On voit ensuite facilement que l'angle maximum, que nous appellerons β, est donné par la formule

$$(2) \qquad \operatorname{tg} \beta = \frac{(a-a') \sin \alpha}{2\sqrt{aa'} - (a+a') \cos \alpha}.$$

Remarque. — Si l'on suppose le point M à gauche de O, il suffit de changer α en $180° - \alpha$ dans le calcul précédent. La valeur de x reste alors toujours égale à $\sqrt{aa'}$, mais l'angle maximum β' est donné par la formule

$$(3) \qquad \operatorname{tg} \beta' = \frac{(a-a') \sin \alpha}{2\sqrt{aa'} + (a+a') \cos \alpha}.$$

Problème XI.

134. *Trouver le maximum de la surface d'un rectangle inscrit dans un segment de cercle donné.*

Soit (fig. 31) le segment AIB dans lequel est inscrit le rectangle DCEF dont il faut trouver le maximum : désignant par r le rayon du cercle donné et par α et x les angles BOI, DOI (I est le milieu de l'arc AB), on trouve pour expression de la surface du rectangle $2r^2 \sin x (\cos x - \cos \alpha)$, et la question est ramenée à trouver le maximum de $\sin x (\cos x - \cos \alpha)$ ou de $(1 - \cos x)(1 + \cos x)(\cos x - \cos \alpha)^2$.

Si l'on emploie la méthode des coefficients indéterminés, on divisera les trois facteurs de l'expression précédente, respectivement, par des indéterminées λ, μ, ν, et l'on sera conduit aux équations

$$-\frac{1}{\lambda}+\frac{1}{\mu}+\frac{1}{\nu}=0,$$

$$\frac{1-\cos x}{\lambda}=\frac{1+\cos x}{\mu}=\frac{\cos x-\cos\alpha}{2\nu}.$$

Alors, en remplaçant dans la première équation λ, μ, ν par les quantités proportionnelles $1-\cos x$, $1+\cos x$, $\frac{\cos x-\cos x}{2}$, on obtient

$$(1)\qquad 2\cos^2 x-\cos\alpha\cos x-1=0.$$

En rejetant la racine négative, on a pour $\cos x$ la valeur toujours admissible donnée par l'équation (1)

$$\cos x=\frac{\cos\alpha+\sqrt{\cos^2\alpha+8}}{4}.$$

Dans le cas particulier où, le segment est un demi-cercle, $\cos\alpha$ est égal à zéro et l'on trouve que l'angle x est égal à 45° : c'est ce qu'il est facile de vérifier directement.

Autre méthode. — Il est facile de voir par des considérations toutes semblables à celles dont nous avons fait usage dans la solution du problème II (125) que, si D est le point de l'arc auquel correspond le maximum, la droite HK, qui est tangente au cercle, au point D, et qu'on prolonge jusqu'à sa rencontre en K et H avec la corde AB et le rayon OG prolongés, doit être partagée par le point D en deux parties égales.

Cela posé, si l'on tient compte de l'égalité des angles DOH, DOK et de celle des droites OH et OK, les triangles rectangles KOG, BOG et DOH donneront

$$\mathrm{OG}=r\cos\alpha,\qquad \mathrm{OK}=\frac{\mathrm{OG}}{\cos 2x}=\frac{r\cos\alpha}{\cos 2x},$$

$$\mathrm{OK}=\mathrm{OH}=\frac{r}{\cos x}.$$

Par suite, on aura

$$\cos 2x=\cos\alpha\cos x$$

et en remplaçant $\cos 2x$ par $2\cos^2 x - 1$, on retombera bien sur l'équation (1).

PROBLÈME XII.

135. *Dans une suite de triangles le côté* a *et l'angle opposé* A *sont constants, on demande d'étudier les variations de la quantité* b — c + h.

On trouve, d'abord, comme au n° (100)

$$b - c + h = \frac{a}{\sin A}(\sin B - \sin C + \sin B \sin C)$$

ou

$$b - c + h = \frac{a}{\sin A}\left(-\sin^2\frac{B-C}{2} + 2\sin\frac{A}{2}\sin\frac{B-C}{2} + \cos^2\frac{A}{2}\right)$$

et tout revient à étudier les variations de la quantité entre parenthèses, ou, en désignant les quantités $2\sin\frac{A}{2}$, $\cos^2\frac{A}{2}$, $\sin\frac{B-C}{2}$, respectivement, par m, n et x, à discuter le trinôme $-x^2 + 2mx + n$.

Lorsqu'on fait varier x depuis $-\infty$ jusqu'à $+\infty$ le trinôme croît depuis $-\infty$ jusqu'à m, c'est-à-dire, $\sin\frac{A}{2}$, puis il décroît jusqu'à $-\infty$. Mais dans la discussion on doit tenir compte de la signification de la variable x. Or on observe que l'on a

$$\sin\frac{B-C}{2} < \sin\frac{B+C}{2} = \cos\frac{A}{2}.$$

On devra donc, dans la question, considérer x comme une variable qui ne prend que les valeurs comprises entre zéro et $\cos\frac{A}{2}$. Nous distinguerons deux cas principaux dans la discussion, suivant que l'angle A est aigu ou qu'il est obtus ou droit.

1° *L'angle* A *est aigu*. Alors la valeur $\sin\frac{A}{2}$ auquel correspond le maximum du trinôme est inférieure à la limite supérieure de la variable, c'est-à-dire, à $\cos \frac{A}{2}$ et le trinôme passe par le même maximum que lorsque x varie entre $-\infty$ et $+\infty$. Plus généralement, on peut dire que, lorsque $\sin \frac{B-C}{2}$ croît depuis zéro jusqu'à $\sin \frac{A}{2}$, la quantité $b-c+h$ croît depuis $\frac{a}{2} \cot g \frac{A}{2}$ ou f jusqu'à $\frac{a}{\sin A}$ ou $2R$, et que, lorsque $\sin \frac{B-C}{2}$ croît depuis $\sin \frac{A}{2}$ jusqu'à $\cos \frac{A}{2}$, la quantité $b-c+h$ décroît depuis $2R$ jusqu'à a.

2° A *est obtus ou droit*. Si A est obtus, $\sin \frac{A}{2}$ est plus grand que $\cos \frac{A}{2}$, et par suite, la variable x en croissant, à partir de zéro, n'atteindra pas la valeur à laquelle correspond le maximum du trinôme. La quantité $b-c+h$ ira alors constamment en croissant depuis f jusqu'à a.

On arrive évidemment à la même conclusion quand A est égal à 90°, car alors $\frac{a}{\sin A}$ et a ne forment plus qu'une seule quantité.

Remarque I. — On aurait encore pu faire la discussion, en ramenant tout à l'étude de la variation d'un produit de facteurs $\sin \frac{B-C}{2}$ et $2 \sin \frac{A}{2} - \sin \frac{B-C}{2}$ dont la somme est constante.

Remarque II. — Nous pouvons donner ici un exemple de l'utilité de la connaissance des maxima et des minima pour la discussion de certains problèmes *. En effet, si l'on veut prévoir les différents cas de la discussion du problème XII (100), il suffit d'appliquer les résultats précédents et on arrive aux conséquences suivantes :

Lorsque l'angle A sera obtus ou droit, le problème ne pourra avoir qu'une solution, et à la condition que la somme donnée

* *Questions de Géométrie*, chapitre V, page 283.

soit comprise entre a et f. Si l'angle A est aigu, le problème aura deux solutions, lorsque la somme donnée sera comprise entre son maximum 2R et la plus grande des deux quantités a et f, et il aura une seule solution, lorsque la somme sera comprise entre ces deux dernières quantités ; il sera enfin impossible, lorsque la somme sera inférieure à la plus petite des quantités a et f ou supérieure à la plus grande.

PROBLÈME XIII.

136. *Dans une suite de triangles* a *et* A *sont constants, on demande d'étudier les variations du produit des bissectrices des angles* B *et* C.

Appelant q le produit variable, on trouve facilement

$$q = \frac{a^2 \sin B \sin C}{\sin\left(B + \frac{A}{2}\right) \sin\left(C + \frac{A}{2}\right)};$$

ou, par les transformations ordinaires,

$$q = 2a^2 \cdot \frac{\cos^2 \frac{B-C}{2} - \sin^2 \frac{A}{2}}{\cos \frac{B-C}{2} + \sin \frac{3}{2} A}.$$

Il suffira de faire varier $\cos \frac{B-C}{2}$ depuis sa plus petite valeur, $\sin \frac{A}{2}$, jusqu'à sa plus grande, l'unité.

Représentons $\sin \frac{A}{2}$, $\sin \frac{3}{2} A$ et $\cos \frac{B-C}{2}$, respectivement, par d, e et x, on aura à discuter une expression de la forme $\frac{x^2 - d^2}{x + e}$ ou, en posant $x + e$ égal à y et laissant de côté une constante $-2e$, une expression

$$y + \frac{e^2 - d^2}{y}.$$

Nous distinguerons plusieurs cas.

1° *L'angle* A *est plus petit que* 60°. Alors $\sin \frac{3}{2} A$ est plus grand que $\sin \frac{A}{2}$ et la quantité $e^2 - d^2$ est positive. Si la variable y pouvait prendre la valeur $\sqrt{e^2 - d^2}$, il y aurait un minimum de la fonction correspondant à cette valeur : mais il n'en est pas ainsi. En effet, la quantité $\sqrt{e^2 - d^2}$ est égale à $\sqrt{\sin^2 \frac{3}{2} A - \sin^2 \frac{A}{2}}$, et cette dernière quantité est évidemment plus petite que la plus petite valeur de y, qui est $\sin \frac{A}{2} + \sin \frac{3}{2} A$. Dès lors y ne prend dans la question que des valeurs supérieures à celle pour laquelle le minimum a lieu, et, par conséquent, le produit des perpendiculaires va constamment en croissant depuis 0 jusqu'à $\dfrac{a^2 (1 + \cos A)}{1 + \sin \frac{3}{2} A}$, valeurs qui correspondent, respectivement, à l'angle $\frac{B - C}{2}$ égal à $90^\circ - \frac{A}{2}$ ou zéro.

2° *L'angle* A *est plus grand que* 60° *et plus petit que* 90° On a, d'abord,

$$90^\circ < \frac{3}{2} A < 135^\circ,$$

et

$$\frac{3}{2} A < 180^\circ - \frac{A}{2}.$$

$\frac{3}{2} A$ et $180^\circ - \frac{A}{2}$ étant des angles obtus, dont le premier est le plus petit, $\sin \frac{3}{2} A$ est plus grand que $\sin \left(180^\circ - \frac{A}{2}\right)$ ou $\sin \frac{A}{2}$, et on arrive à la même conclusion que dans le premier cas.

3° A *est plus grand que* 90° *mais plus petit que* 120°.

On déduit, d'abord, de l'hypothèse actuelle,

$$135^\circ < \frac{3}{2} A < 180^\circ,$$

$$180^\circ - \frac{3}{2} A < \frac{A}{2},$$

et comme les angles $180° - \frac{3}{2}A$ et $\frac{A}{2}$ sont des angles aigus, on a

$$\sin\frac{3}{2}A < \sin\frac{A}{2};$$

alors $c^2 - d^2$ est négatif. Mais on a vu en Algèbre que, dans le cas où $c^2 - d^2$ est négatif, lorsque y croît depuis $-\infty$ jusqu'à zéro, la quantité $y + \frac{c^2 - d^2}{y}$ croît depuis $-\infty$ jusqu'à $+\infty$, que, y passant par zéro, elle saute brusquement de $+\infty$ à $-\infty$ et que, y continuant de croître depuis zéro jusqu'à $+\infty$, la fonction croît depuis $-\infty$ jusqu'à $+\infty$. Comme, dans la question actuelle, y ne prend que des valeurs positives croissantes, on peut conclure de ce qui précède que le produit des bissectrices prend encore des valeurs croissantes en même temps que $\cos\frac{B-C}{2}$ croît.

4° A *est plus grand que* 120° *mais plus petit que* 180°.

Il en résulte, d'abord,

$$180° < \frac{3}{2}A < 270°.$$

Alors $\sin\frac{3}{2}A$ est négatif et sa valeur absolue est plus petite que $\sin\frac{A}{2}$. En effet, $\sin\frac{3}{2}A$ a même valeur absolue que $\sin\left(\frac{3}{2}A - 180°\right)$; et les deux arcs $\frac{3}{2}A - 180°$ et $\frac{A}{2}$ dont le dernier est le plus grand, étant aigus, on a

$$\sin\left(\frac{3}{2}A - 180°\right) < \sin\frac{A}{2};$$

la quantité $c^2 - d^2$ est donc négative comme dans le cas précédent, et on arrive aux mêmes conclusions.

On voit, en résumé, que, dans tous les cas, le produit des bissectrices a été en croissant, depuis zéro jusqu'à une valeur qui correspond au cas du triangle isocèle.

PROBLÈME XIV.

137. *Des différents points d'un cercle, on abaisse des perpendiculaires sur les côtés d'un angle inscrit : on demande comment varie la somme des perpendiculaires, lorsque le point se déplace sur le cercle.*

Soit C l'angle donné dont les côtés coupent le cercle en A et B (fig. 32) : en tirant la corde AB on aura un triangle inscrit dans le cercle, et les perpendiculaires MP et MQ, abaissées d'un point M du cercle sur les côtés CB et CA de l'angle, seront considérées comme positives, lorsque M et A seront d'un même côté de BC et M et B d'un même côté de AC, et elles seront négatives dans les cas contraires.

Dans les calculs qui vont suivre, les perpendiculaires MP et MQ, prises avec les signes convenus, seront désignés par p et q, et l'on prendra pour variables les deux angles ACM, BCM qu'on représentera respectivement par α et β : seulement, lorsque le point M sera sur l'arc AC, α sera considéré comme négatif.

Tout cela étant admis, je vais faire voir que la somme des perpendiculaires a toujours la même expression.

1° *Le point* M *est sur l'arc* AB. On a

$$p+q = \mathrm{MC}\,(\sin\alpha + \sin\beta),$$

mais, comme dans le triangle MBC, on a

$$\mathrm{MC} = \frac{a \sin(\mathrm{A}+\beta)}{\sin \mathrm{A}},$$

on obtient

$$p+q = \frac{a}{\sin \mathrm{A}} \sin(\mathrm{A}+\beta)(\sin\alpha + \sin\beta),$$

et en tenant compte de ce que la somme des angles α et β est égale à C, on trouve par les transformations ordinaires

$$(1)\quad p+q = \frac{a \sin\frac{\mathrm{C}}{2}}{\sin \mathrm{A}}\left(\sin\left(\mathrm{A}+\frac{\mathrm{C}}{2}\right) + \sin\left(\mathrm{A}+\frac{3}{2}\mathrm{C} - 2\alpha\right)\right).$$

2° *Le point* M *est sur l'arc* BC. En se rappelant les signes convenus, on a, d'abord,

$$p+q = \mathrm{MC}\,(\sin\alpha - \sin\beta).$$

Mais le triangle MBC donne

$$MB = \frac{a \sin (A - \beta)}{\sin A};$$

alors si l'on observe que, dans le cas actuel, la différence des angles α et β est égale à C, et qu'on effectue les transformations analogues à celles du premier cas, on retombe sur la formule (1).

3° *Le point* M *est sur l'arc* AC. En tenant compte à la fois des signes de p, q et α, on a

$$p + q = MC (\sin \alpha + \sin \beta);$$

la somme des angles α et β étant, d'ailleurs, égale à C, on retombe identiquement sur les calculs du premier cas et la formule (1) est encore démontrée.

Discussion de la formule (1).

Tout revient à étudier les variations de $\sin\left(A + \frac{3}{2} C - 2\alpha\right)$.
Dans ce qui va suivre, nous supposerons que l'angle A est le plus grand des deux angles A et B lorsque ces deux angles sont inégaux; il en résulte que l'angle $A + \frac{C}{2}$ est égal ou supérieur à 90°.

Cela posé, faisons tourner le point M sur la circonférence, à partir du point A et dans le sens ABC. L'angle variable $A + \frac{3}{2} C - 2\alpha$ est, d'abord, égal à l'angle $A + \frac{3}{2} C$, nécessairement obtus, puisque l'angle $A + \frac{C}{2}$ est égal ou supérieur à 90°. L'angle α croissant, l'angle $A + \frac{3}{2} C - 2\alpha$ diminue, et le sinus de ce dernier angle augmente, jusqu'à ce que l'angle α ait pris la valeur $\frac{A}{2} + \frac{3}{4} C - 45°$ pour laquelle le sinus est égal à 1.

D'ailleurs, l'angle α est toujours resté positif puisque $A + \frac{3}{2} C$ est plus grand que 90°; le point M qui correspond à la valeur égale à $\frac{A}{2} + \frac{3}{4} C - 45°$ ne pourra donc pas être situé sur l'arc AC ; mais il sera situé sur l'arc AB ou sur l'arc BC, suivant que l'angle A sera plus petit ou plus grand que $90^\circ + \frac{C}{2}$, car alors l'angle α sera plus petit ou plus grand que C.

Lorsque l'angle α continue de croître, l'angle $A + \frac{3}{2}C - 2\alpha$, devenant aigu et restant décroissant, a un sinus qui diminue : le point D déterminé par la valeur de α qui est égale à $\frac{A}{2} + \frac{3}{4}C - 45^\circ$ est donc une position du point M pour laquelle la somme $p + q$ est un maximum.

Je dis maintenant que l'angle α, continuant de croître, prendra la valeur $\frac{A}{2} + \frac{3}{4}C$, avant que le point M n'ait atteint le point C. En effet, lorsque le point M est en C, l'angle α est égal à $180^\circ - B$, et on a évidemment

$$\frac{A}{2} + \frac{3}{4}C < 180 - B.$$

Lorsque α atteint et dépasse la valeur $\frac{A}{2} + \frac{3}{4}C$, le sinus de l'angle $A + \frac{3}{2}C - 2\alpha$ passe du positif au négatif et continue de décroître, tant que la valeur absolue de l'arc variable, c'est-à-dire, $2\alpha - \left(A + \frac{3}{2}C\right)$ est inférieure à 90° : mais la valeur -90° est atteinte et dépassée avant que le point M ne soit arrivé en C, car, si l'on remplace, dans $2\alpha - \left(A + \frac{3}{2}C\right)$, l'angle α par $180 - A$, on obtient $360^\circ - 2B - A - \frac{3}{2}C$, et cet angle est supérieur à 90°, puisque $A + B + C$ est égal à 180° et $B + \frac{C}{2}$ inférieur à 90°.

Lorsque α atteint la valeur $\frac{A}{2} + \frac{3}{4}C + 45^\circ$ pour laquelle l'angle $2\alpha - \left(A + \frac{3}{2}C\right)$ devient égal à 90°, la somme $p + q$

passe par un minimum. En effet, si E est le point déterminé par la valeur précédente de α, lorsque le point M arrive en E, le sinus a cessé de décroître pour croître.

Je dis enfin que, lorsque le point M va de E en C, puis de C en A, la somme $p+q$ va en croissant jusqu'à la fin. En effet, lorsque le point M se déplace de E en C, l'angle $2\alpha - A - \frac{3}{2}C$ reste toujours évidemment inférieur à 180°, et le sinus de l'arc de signe contraire va toujours en croissant. Lorsque le point M marche ensuite de C en A, α croît, depuis $-B$ jusqu'à zéro, et l'arc $A+\frac{3}{2}C-2\alpha$ décroît, depuis $180^\circ+B+\frac{C}{2}$ jusqu'à $A+\frac{3}{2}C$, c'est-à-dire, en restant toujours dans le troisième et le second quadrant, puisque $B+\frac{C}{2}$ est toujours plus petit que 90° et $A+\frac{3}{2}C$ plus grand que 90° : le sinus de l'arc $A+\frac{3}{2}C-2\alpha$ va donc constamment en croissant.

Détermination géométrique des points D *et* E *auxquels correspondent le maximum et le minimum.*

Je vais démontrer que les points D et E sont les points de contact de deux tangentes au cercle, perpendiculaires à la bissectrice CI de l'angle C.

Menons le rayon OD parallèle à la bissectrice CI et dirigé du côté opposé au sommet C (*fig.* 33); le point D sera le point de contact de l'une des tangentes qu'on vient de définir. Pour qu'il soit démontré que ce point D est bien le point auquel correspond le maximum, il suffit de prouver que l'angle DCA est égal à $\frac{A}{2}+\frac{3}{4}C-45^\circ$.

Or, si l'on tire les droites OC et DC, on a

$$DCA = \frac{C}{2} + ICD = \frac{C}{2} + OCD,$$

et, d'autre part,

$$2OCD = OCI = \frac{C}{2} + A - 90^\circ,$$

d'où

$$OCD = \frac{C}{4} + \frac{A}{2} - 45°,$$

et, par suite,

$$DCA = \frac{A}{2} + \frac{3}{4}C - 45°;$$

la première partie est donc démontrée.

Maintenant pour que la seconde le soit, il suffit évidemment, puisque l'angle DCE est droit, de vérifier que la différence entre les deux angles $\frac{A}{2} + \frac{3}{4}C + 45°$ et $\frac{A}{2} + \frac{3}{4}C - 45°$ est égale à 90° : or c'est ce qui a effectivement lieu.

Problème XV.

138. *Étant menée une tangente* AD *à un cercle donné* O (fig. 22), *on prend sur cette tangente un point* D, *et par ce point on mène une sécante* BCD *au cercle : on demande quel doit être l'angle de la sécante avec la tangente pour que la surface du triangle* ABC *soit maximum.*

Nous considérerons d'abord le cas particulier ou le point D est à une distance égale au rayon du point de contact A.

En désignant par R, m^2, a, α et β le rayon du cercle, la surface ABC, la longueur AD et les angles BDA, ODA, on a trouvé (Pr. XVII, 117) la formule suivante :

$$m^4 = \frac{R^4 \cos^2\beta \sin^3\alpha \sin(2\beta - \alpha)}{\sin^4\beta}.$$

Mais, dans l'hypothèse actuelle, β est égal à 45° et $\sin(2\beta - \alpha)$ est égal à $\cos\alpha$; on est donc ramené à trouver le maximum de $\sin^3\alpha \cos\alpha$ ou de $(\sin^2\alpha)^3 \cos^2\alpha$, c'est-à-dire, à déterminer le maximum d'un produit de deux facteurs $\sin^2\alpha$ et $\cos^2\alpha$ qui sont élevés, respectivement, aux puissances 3 et 1, et dont la somme est égale à l'unité : or d'après un théorème connu en Algèbre, le maximum a lieu quand on a

$$\frac{\sin^2\alpha}{3} = \cos^2\alpha,$$

ou

$$\operatorname{tg}\alpha = \sqrt{3},$$

c'est-à-dire, lorsque l'angle α est égal à 60°.

Quand l'angle β est différent de 45°, l'expression de m^4 ne se prête plus à l'application des méthodes élémentaires. Je vais alors chercher le maximum par la méthode des *infiniment petits*.

Considérons la sécante dans deux positions voisines DC et DC′, et supposons qu'à la première corresponde le maximum : alors l'augmentation de la surface du triangle ABC, quand la sécante passe de la position DC à la position DC′, peut être considérée comme étant égale à la différence des triangles DCC′ et DBB′, tandis que la diminution est égale à la somme des triangles ABB′ et ACC′. On a ajouté, il est vrai, aux deux quantités, dont on veut prendre le rapport, la différence ou la somme de deux triangles BLB′, CMC′, mais les rapports de ces triangles aux premiers ayant, pour limites, zéro, leur introduction est permise.

La condition du maximum est

$$\lim \frac{DCC' - DBB'}{CAC' + BAB'} = 1.$$

Tirons les cordes BB′, CC′, et prolongeons-les jusqu'à leur point de rencontre en G′, et aussi, jusqu'à ce qu'elles coupent la tangente AD aux points E′ et F′ : si l'on remarque que les triangles DCC′ et ACC′, DBB′ et ABB′, ayant, deux à deux, même base, sont, entre eux, les premiers comme DF′ est à AF′, les seconds comme DE′ est à AE′, on aura

$$\lim \frac{DCC' - DBB'}{DCC' \times \dfrac{AF'}{DF'} + DBB' \times \dfrac{AE'}{DE'}} = 1.$$

D'ailleurs, le premier membre de l'équation précédente étant homogène, par rapport aux aires DCC′, DBB′, on peut remplacer ces aires par les quantités proportionnelles DC×DC′, DB × DB′, et l'on a

$$DC \times DC' \left(1 - \frac{AF'}{DF'}\right) = DB \times DB' \left(1 + \frac{AE'}{DE'}\right).$$

Passons maintenant aux limites ; les longueurs DC′ et DB′ deviennent égales à DC et à DB, les sécantes CC′ et BB′ deviennent les tangentes en C et D, et si l'on désigne par E,F,G les positions limites des points E′,F′,G′, c'est-à-dire, celles qui correspondent aux tangentes en C et D, les rapports $\frac{AE'}{DE'}$, $\frac{AF'}{BF'}$ auront, pour limites respectives, $\frac{AE}{DE}$ et $\frac{AF}{BF}$. Toutes les substitutions que nous venons d'indiquer étant faites dans l'équation de condition, on trouve sans difficulté

$$(1) \qquad \frac{\overline{DB}^2}{\overline{DC}^2}=\frac{DE}{DF};$$

c'est cette relation que nous allons prendre pour point de départ des calculs.

Posons :

$$\widehat{GBC}=\alpha, \qquad \widehat{ODA}=\beta, \qquad \widehat{CDA}=\lambda,$$
$$DB=x, \qquad DC=y.$$

Les triangles DBE, DCF donnent, d'abord,

$$\frac{x}{DE}=\frac{\sin(\alpha+\lambda)}{\sin\alpha}, \qquad \frac{y}{DF}=\frac{\sin(\alpha-\lambda)}{\sin\alpha};$$

et en divisant, membre à membre, ces équations, il vient

$$\frac{DE}{DF}=\frac{x\sin(\alpha-\lambda)}{y\sin(\alpha+\lambda)},$$

substituant maintenant dans l'équation (1) à $\frac{DE}{DF}$ sa valeur tirée de l'équation précédente, on a

$$\frac{x}{y}=\frac{\sin(\alpha-\lambda)}{\sin(\alpha+\lambda)};$$

d'où l'on déduit, à la manière ordinaire,

$$(2) \qquad \frac{y-x}{y+x}=\frac{\operatorname{tg}\lambda}{\operatorname{tg}\alpha}.$$

Mais si l'on abaisse OI perpendiculaire sur BC, et que l'on tire les rayons OB et OA, on obtient les triangles rectangles OIB, OID et OAD qui donnent

$$y-x=2r\sin\alpha, \quad y+x=2OD\cos(\lambda-\beta), \quad OD=\frac{r}{\sin\beta};$$

on a, par suite,

$$y+x=\frac{2r\cos(\lambda-\beta)}{\sin\beta},$$

substituant maintenant dans l'équation (2) les valeurs de $y + x$ et $y - x$ tirées des équations précédentes, on obtient

$$\sin^2 \alpha = \frac{\cos(\lambda - \beta) \operatorname{tg} \lambda \cos \alpha}{\sin \beta}.$$

D'autre part, les deux triangles OIB, OID donnent

$$\text{OI} = r \cos \alpha = \text{OD} \sin(\lambda - \beta) = \frac{r \sin(\lambda - \beta)}{\sin \beta},$$

d'où l'on tire

$$(3) \qquad \cos \alpha = \frac{\sin(\lambda - \beta)}{\sin \beta},$$

et en remplaçant, dans l'équation précédente, $\cos \alpha$ par la valeur tirée de l'équation (3), il vient

$$(4) \qquad \sin^2 \alpha = \frac{\sin(2\lambda - \beta) \operatorname{tg} \lambda}{2 \sin^2 \beta}.$$

Élevant maintenant au carré les deux membres de l'équation (3) et ajoutant, membre à membre, avec l'équation (4), on a

$$\sin(2\lambda - 2\beta) \operatorname{tg} \lambda + 2 \sin^2(\lambda - \beta) = 2 \sin^2 \beta.$$

Remplaçons alors, dans l'équation précédente, les quantités $\operatorname{tg} \lambda$, $2 \sin^2(\lambda - \beta)$, $2 \sin^2 \beta$, respectivement, par $\frac{\sin \lambda}{\cos \lambda}$, $1 - \cos(2\lambda - 2\beta)$, $1 - \cos 2\beta$, nous aurons

$$(\cos(2\lambda - 2\beta) - \cos 2\beta) \cos \lambda = \sin(2\lambda - 2\beta) \sin \lambda,$$

ou encore

$$2 \sin(2\beta - \lambda) \cos \lambda = \sin(2\lambda - 2\beta),$$
$$\sin 2\beta - \sin(2\lambda - 2\beta) = \sin(2\lambda - 2\beta),$$

et enfin

$$(5) \qquad \frac{\sin(2\lambda - 2\beta)}{\sin 2\beta} = \frac{1}{2}$$

l'équation (5) résout la question proposée.

Quand β est égal à 45° on tire de l'équation (5)

$$\cos 2\lambda = -\frac{1}{2},$$

l'angle λ est donc alors égal à 60°, comme nous l'avons trouvé par la première méthode.

Construction géométrique de la sécante. — De l'équation (5) on déduit

$$\frac{\operatorname{tg}(2\beta - \lambda)}{\operatorname{tg}\lambda} = \frac{1}{3}.$$

Maintenant si, du point D, on mène la seconde tangente DQ au cercle, qu'on élève RST perpendiculaire à la sécante DBC au point S, et qu'on la prolonge jusqu'à la rencontre en R et T avec les deux tangentes DA et DQ, on aura, d'après l'équation précédente,

$$\mathrm{ST} = \frac{\mathrm{SR}}{3}.$$

On est alors ramené à construire un triangle RTD, dans lequel on connaît un angle et les deux segments que la hauteur partant de ce sommet détermine sur le côté opposé. *M. John Mulcahy* est arrivé à la même construction par des considérations purement géométriques (*).

EXERCICES SUR LE CHAPITRE VII.

1. Trouver la limite de l'expression $(1 - x)\operatorname{tg}\frac{\pi x}{2}$, lorsqu'on fait tendre x vers l'unité.

2. Trouver les limites de $\frac{\sin(a+h) - \sin a}{h}$, $\frac{\cos(a+h) - \cos a}{h}$, $\frac{\operatorname{tg}(a+h) - \operatorname{tg} a}{h}$, lorsqu'on fait tendre h vers zéro.

3. Un polygone régulier étant inscrit dans un cercle donné, on le décompose en triangles par des diagonales partant d'un même sommet, puis on inscrit un cercle dans chaque triangle : on demande de trouver la limite vers laquelle tend la somme des rayons de ces cercles, lorsqu'on fait croître indéfiniment le nombre des côtés du polygone régulier.

(*) *Principes de géométrie moderne*, par M. Mulcahy.

4. Étudier les variations de $\sin x \pm \text{coséc}\, x$, $\text{séc}\, x \pm \text{tg}\, x$ et de $\text{séc}\, x \pm \text{coséc}\, x$.

5. Étudier les variations de $x - \sin x$, $\text{tg}\, x - x$, $\text{séc}\, x - x$.

6. Étudier les variations des fonctions

$$\frac{a \sin x + b \cos x}{a' \sin x + b' \cos x}, \quad \frac{a \,\text{tg}\, x + b \,\text{cotg}\, x}{a' \,\text{tg}\, x + b' \,\text{cotg}\, x}, \quad \frac{a \,\text{séc}\, x + b \,\text{coséc}\, x}{a' \,\text{séc}\, x + b' \,\text{coséc}\, x},$$

Lorsqu'on fait varier l'arc x depuis $-\infty$ jusqu'à $+\infty$.

7. Trouver les conditions qui doivent être remplies par les coefficients a, b, a', b', pour que les fractions précédentes soient constantes.

8. On retranche la suite $\sin x + \sin 2x + \ldots + \sin nx$ de celle qu'on en déduit en changeant x en $x + h$, on divise la différence par h et l'on fait tendre h vers zéro : on demande de trouver la limite du quotient et d'en déduire la somme de la suite

$$\cos x + 2 \cos 2x + 3 \cos 3x + \ldots + n \cos nx.$$

9. Trouver la propriété caractéristique du triangle dans lequel le rapport $\frac{r}{R}$ est maximum.

10. Trouver la propriété caractéristique du triangle dans lequel le rapport $\frac{r'r''r'''}{r^3}$ est maximum.

11. On décrit trois cercles tangents extérieurement au cercle circonscrit à un triangle et à deux des côtés de ce triangle, et l'on divise le produit des rayons des trois cercles par le cube du rayon du cercle circonscrit : on demande de trouver la propriété caractéristique du triangle pour lequel le rapport est maximum.

12. Par l'un des points d'intersection de deux cercles qui se coupent, on mène une sécante, et l'on tire les trois rayons qui passent par les trois points où la sécante rencontre les deux cercles ; on obtient ainsi deux triangles : on demande d'étudier la variation de la somme de leurs surfaces.

13. Étant donnés un cercle et deux tangentes parallèles, on propose de mener une troisième tangente au cercle, telle que, si l'on joint, par des droites, ses points de rencontre avec les deux premières tangentes à un point fixe pris sur le diamètre correspondant aux deux premières tangentes, l'angle des deux droites soit un minimum.

14. Étant donnés un angle droit et un point pris sur l'un de ses côtés, on demande de mener par ce point deux droites, telles, que le rapport des segments compris entre le sommet de l'angle droit et leurs

points d'intersection avec l'autre côté soit connu et que leur angle soit maximum (Concours).

15. Étant donnés un carré et une circonférence concentriques, en quels points de la circonférence doit-on se placer pour que la somme des angles sous lesquels on voit les diagonales du carré soit maximum ou minimum ?

16. Étant donnée une demi-circonférence, sur le prolongement du diamètre AB qui la termine et, de part et d'autre du centre, on prend deux points C et D, et l'on joint un point M de la circonférence aux quatre points A, B, C et D : on demande de déterminer le point M par la condition que la somme des angles AMC, BMD soit minimum.

17. Dans un triangle ABC, a et A étant constants, on propose d'étudier les variations de $i+k$, $i+k-h$, r et r' (Notations du nº 87).

18. Dans un triangle ABC, $2p$ et A sont constants, on propose d'étudier les variations de S, r, R et $a+h$.

19. Un angle étant circonscrit à une circonférence, d'un point quelconque de cette courbe, on abaisse des perpendiculaires sur les deux côtés de l'angle : on demande d'étudier les variations de la somme de ces perpendiculaires.

20. Un angle étant circonscrit à une circonférence, d'un point de cette courbe, on abaisse des perpendiculaires sur l'un des côtés de l'angle et la corde des contacts : on demande d'étudier la variation de la somme de ces perpendiculaires.

21. Étant donnés un demi-cercle et un point pris sur le prolongement du diamètre qui le termine, on propose de mener par ce point une sécante, telle, que, si l'on joint par des droites ses points d'intersection avec le cercle aux extrémités du diamètre, le quadrilatère inscrit ainsi obtenu soit maximum (Emploi de la méthode infinitésimale comme dans le problème XV).

22. Parmi tous les triangles qui ont un côté et la somme des autres constants, quel est celui qui a la plus grande hauteur correspondant au côté donné?

23. Parmi tous les triangles ayant un angle et la somme des côtés qui comprennent cet angle constants, quel est celui qui a la plus grande hauteur ?

24. Parmi tous les triangles qui ont un angle et le rayon du cercle inscrit constants, quel est celui qui est tel, que la somme des droites qui joignent le centre du cercle inscrit aux trois sommets est minimum?

25. Parmi tous les triangles qui ont la surface et un angle constants,

quel est celui qui est tel, que la somme des carrés de ses côtés est minimum?

26. Parmi tous les triangles qui ont une hauteur et le rayon du cercle inscrit constants, quel est celui qui a le plus petit périmètre?

27. Parmi tous les triangles inscrits dans un cercle donné, quel est celui qui est tel, que la somme des carrés des distances du point d'intersection des hauteurs aux trois sommets est minimum?

28. Par les trois sommets d'un triangle, on mène des droites qui font des angles égaux avec les côtés de ce triangle dans un même sens de rotation : trouver quel doit être l'angle pour que le triangle formé par l'intersection des droites soit maximum ou minimum.

29. Trouver la plus petite de toutes les droites qui sont inscrites dans un angle donné et passent par un point de la bissectrice de cet angle.

30. Un angle constant étant inscrit dans un cercle donné et ayant son sommet en un point fixe, on décrit un cercle tangent extérieurement au cercle donné et aux deux côtés de l'angle: on demande de placer l'angle de manière que le rayon du second cercle soit maximum.

31. Par un point pris dans le plan d'un angle, mener une transversale, telle, que la somme des carrés des inverses des segments compris entre le point donné et les points où la transversale coupe les côtés de l'angle soit maximum ou minimum.

32. Par l'un des sommets d'un triangle, on mène une droite qui partage le triangle en deux autres : on demande d'étudier la variation de la somme des rayons des cercles inscrits dans les deux triangles.

33. Étant donnés deux points, l'un P pris sur le côté BC du triangle ABC, l'autre Q sur son prolongement, par le point Q on mène une sécante quelconque qui coupe les côtés AB et AC en D et E, et l'on tire les droites EP et DP : on demande de trouver le maximum de l'aire du triangle DPE.

34. Par le pied H de la hauteur AH d'un triangle ABC, on mène des droites HD et EH qui font des angles égaux avec la hauteur et qui coupent les côtés AB et AC en D et E, puis on tire la droite DE : on demande le maximum de l'aire du triangle HDE.

35. Étant donnés deux points sur la bissectrice d'un angle droit, par l'un d'eux, on mène une droite qui coupe les deux côtés de l'angle, et l'on joint par deux droites les deux points d'intersection au second point donné : on demande d'étudier la variation de l'angle des deux droites.

36. Étant donnés un point et une droite, on fait tourner un angle constant autour du point donné : on demande de trouver le cercle, de rayon minimum, inscrit dans le triangle formé par la droite et les deux côtés de l'angle.

37. Par deux points pris sur deux des côtés adjacents d'un parallélogramme, on mène deux droites parallèles qui rencontrent les deux autres côtés : on demande quelle doit être la direction de ces droites pour que la somme des segments qu'elles interceptent sur les deux derniers côtés, à partir des sommets où aboutissent les premiers, soit maximum.

38. Trouver parmi tous les trapèzes que l'on peut inscrire dans un demi-cercle celui qui a la surface maximum.

39. Un trapèze isocèle, de hauteur donnée, étant inscrit dans un cercle connu, on demande de trouver le maximum de la surface.

40. Étant données une circonférence et deux tangentes qui se coupent, on propose de mener une troisième tangente, telle, que le rayon du cercle inscrit dans le triangle formé par les trois tangentes soit maximum.

41. Par un point pris dans le plan d'un cercle, on mène une droite qui coupe le cercle en deux points A et B, et, par les milieux C et D des deux arcs qui ont pour corde commune AB, on tire les droites CA et CB : on demande le maximum de la surface du quadrilatère ABCD.

42. On partage une droite donnée en deux segments, sur chacun d'eux comme diamètre on décrit un cercle, on mène une des tangentes communes extérieures, et on joint par des droites ses deux points de contact à celui des deux cercles : on demande de trouver le maximum de l'aire du triangle formé par les deux droites et la tangente commune.

43. La somme $\cos x + \cos y$ étant constante, on propose d'étudier la variation de la somme $\sin x + \sin y$.

44. La somme $\sin x + \sin y$ étant constante, on demande d'étudier la variation de la somme $\operatorname{coséc} x + \operatorname{coséc} y$.

45. Soient deux cercles concentriques : dans le plus petit on inscrit un polygone régulier d'un nombre de côtés donnés, et on construit des triangles isocèles, ayant pour bases les côtés du polygone et dont les sommets soient placés sur le second cercle; on relève tous les triangles isocèles de manière à former une pyramide régulière ayant pour base le polygone : on demande de trouver le maximum de tous les volumes qu'on obtient en faisant varier le rayon du plus petit cercle.

46. Deux points étant situés d'un même côté d'une droite donnée, on

demande de trouver le minimum de la somme des deux droites qui joignent un point quelconque de la première droite aux deux points donnés.

Dans ce problème et les trois suivants on prendra comme variables auxiliaires les tangentes des moitiés de certains angles.

47. Le baron T***, qui habite le château B situé à une distance donnée d'une voie de chemin de fer, demande qu'une gare soit placée dans une position, telle que, s'il se rend dans sa voiture à la gare, puis en chemin de fer, de la gare à une ville située sur la voie, il arrive à destination dans le temps le plus petit possible : on demande en quel point de la voie la gare doit être placée.

48. Deux points A et B sont situés de part et d'autre d'une droite; on suppose qu'un mobile aille du point A à un point C de la droite avec une vitesse donnée, puis du point C au point B avec une autre vitesse aussi donnée : on demande de trouver la position du point C pour laquelle le temps employé à parcourir le chemin ACB est minimum (Problème de Fermat, relatif à la réfraction.).

Après avoir exprimé le temps employé à parcourir le chemin ACB, en fonction des tangentes des moitiés des angles que AC et CB font avec la droite donnée, et avoir trouvé une relation entre ces deux tangentes, on remplacera, dans la première expression, l'une des tangentes en fonction de l'autre, et l'on sera conduit à trouver le minimum d'une fraction dont les deux termes seront du second degré par rapport à une même variable.

49. Parmi tous les points d'un plan qui sont également éclairés par deux points lumineux A et B situés dans ce plan, trouver ceux qui sont les plus éloignés de la droite AB.

50. Trouver parmi tous les cylindres que l'on peut inscrire dans une sphère celui dont la surface totale est maximum.

On prendra pour inconnu l'angle que font entr'eux le rayon de la sphère passant par l'un des sommets du rectangle générateur et le rayon parallèle à l'un des côtés de ce rectangle.

51. Trouver parmi tous les cônes droits que l'on peut circonscrire à une sphère celui qui a le volume minimum.

Dans ce problème et les neuf suivants, on prendra pour inconnu le demi-angle du cône.

52. Quel est parmi tous les cônes droits que l'on peut inscrire dans une sphère celui qui a le plus grand volume?

53. Par le centre d'une sphère on fait passer un plan, et l'on circonscrit à cette sphère un cône droit qui ait sa base sur ce plan et son sommet en un point de la perpendiculaire au plan menée par le centre de la sphère : on demande quel est le cône de volume minimum.

54. On circonscrit à une sphère un cylindre droit, indéfini, et l'on prend, sur l'axe de ce cylindre, deux points équidistants du centre, pour sommets de deux cônes droits qui soient tangents à la sphère et que l'on prolonge jusqu'à la rencontre de la surface cylindrique : on forme ainsi un volume dont on demande le minimum.

55. On coupe une sphère par un plan, et on lui circonscrit un cône droit tangent le long de la section : on demande de trouver le minimum de la surface du cône augmentée de m fois celle de la zone qui lui est extérieure (m est un nombre positif plus grand ou plus petit que l'unité).

56. Parmi tous les cônes de même surface totale quel est celui qui a le volume maximum ?

57. Un volume est formé d'un cylindre droit de rayon donné et de deux cônes droits égaux ayant pour bases celles du cylindre : la surface totale du volume étant donnée, on demande d'étudier la variation du volume.

58. Quel est parmi tous les cônes droits, inscrits dans une sphère, celui dont la surface totale est maximum ?

Dans ce problème et les deux suivants on fera usage de la méthode des coefficients indéterminés.

59. Quel est de tous les troncs de cône droit qu'on peut inscrire dans un hémisphère celui qui a la plus grande surface totale ?

60. On inscrit un cylindre dans une sphère, et on prend ses deux bases pour celles de deux cônes droits qui ont leurs sommets sur la sphère : on demande le maximum du volume formé du cylindre et des deux cônes.

61. Un point lumineux éclairant une surface horizontale infiniment petite se meut sur une verticale : à quelle distance de la surface doit-il être placé pour que cette surface soit aussi éclairée que possible ?

62. Un prisme triangulaire et un point lumineux étant donnés, si l'on ne considère que les rayons émis dans une section principale, on demande dans quel cas l'angle du rayon incident et du rayon émergent sera minimum.

CHAPITRE VIII.

APPLICATIONS PRATIQUES DE LA TRIGONOMÉTRIE.

PROBLÈME I.

139. *Trouver la distance d'un point* A *à un point* B *inaccessible mais visible.*

Mesurez une base AC passant par le point A et déterminez, à l'aide du graphomètre les angles BAC, BCA : dans le triangle ABC on connaîtra un côté et deux angles, on pourra donc calculer le côté AB.

REMARQUE. — On pourrait substituer au calcul une mesure sur le terrain. Pour cela, on prendrait une base AC faisant avec AB un angle droit, et l'on s'éloignerait du point A sur cette base jusqu'à ce que l'angle ACB fût de 45°; alors, le triangle BAC étant rectangle et isocèle, on aurait la distance cherchée en mesurant AC : dans ces opérations sur le terrain, on pourra, d'ailleurs, remplacer le graphomètre par l'équerre d'arpenteur.

PROBLÈME II.

140. *Trouver la distance de deux points* A *et* B *tous deux visibles mais inaccessibles.*

1re MÉTHODE. — On choisit un point C du terrain d'où l'on puisse voir les points A et B, et l'on détermine l'angle ACB au graphomètre; puis, suivant la méthode du problème précédent, on calcule les distances du point C aux deux points A et B : on est alors ramené à calculer le côté d'un triangle dans lequel on connaît deux côtés et l'angle compris. Pour simplifier les calculs, on prendra la même base dans la détermination des longueurs AC et BC.

2e Méthode. — On se place en un point C d'où l'on voit la droite AB sous un angle α qu'on détermine ; puis on se place successivement aux deux points A′ et B′, situés sur les prolongements de CA et CB et d'où l'on puisse voir AB sous des angles égaux à $\frac{\alpha}{2}$: en mesurant la distance A′B′ on aura la distance demandée. En effet, les deux triangles BCA′, ACB′, sont isocèles et, par suite, les triangles ACB, A′CB′ sont égaux.

3e Méthode. — Ayant toujours pris sur le terrain un point arbitraire C, et lu au graphomètre l'angle ACB, on élève CD et CE perpendiculaires, respectivement, à AC et BC dans un sens, tel que l'angle DCE soit égal à ACB ; puis on détermine sur ces droites des points D et E, tels que, de ces points, on voie la droite AB sous le même angle que du point C : en mesurant la distance DE, on aura la longueur demandée.

En effet, à cause de l'égalité des angles ACB, AEB et ADB les cinq points A, B, C, D, E sont sur un même cercle et comme, de plus, les deux angles ACB, ECD sont égaux, les cordes ED et AB sont égales.

4e Méthode. — Les directions CA et CB partant du point arbitraire C ayant été jalonnées, on élève sur ces directions, comme dans le problème précédent, les perpendiculaires CD et CE ; on s'éloigne ensuite du point A, successivement, sur ces dernières droites, jusqu'à ce que l'on soit arrivé en des points D et E, tels que les angles CDA, CEB soient égaux à 45°. En mesurant ED on aura évidemment la distance demandée.

5e Méthode. — On choisit sur le terrain une base XY (fig. 34), et l'on détermine sur cette base deux points C et D, tels, que les angles ACX, BDX soient droits ; on se place ensuite, successivement, en deux autres points E et F de la base, tels que les angles AEC, BFD soient égaux à 45°, puis on mesure les distances CE et DF, on a alors AB par la formule

$$AB = \sqrt{\overline{CD}^2 + (DF - CE)^2}.$$

C'est ce que l'on voit facilement en portant, de D en I, une longueur égale à DF — CE et tirant la droite CI, car ID étant égale à la différence entre BD et AC, la figure ABIC est un parallélogramme et CI est égale à AB.

REMARQUE. — Dans cette méthode et la précédente, on peut employer aussi bien l'équerre d'arpenteur que le graphomètre.

6e MÉTHODE. — Une base ayant été jalonnée, d'abord, avec beaucoup de soin, (si une route bien droite se trouve dans le voisinage des deux points, on prendra pour base l'un de ses bords), un observateur muni d'un graphomètre se dirige le long de la base jusqu'à ce qu'il voie la droite AB, successivement, sous chacun des deux angles maxima β et β' ; I et I' étant les deux stations auxquelles correspondent les angles maxima, il mesure ensuite la distance II'.

Je dis maintenant que d et x étant les distances II' et AB, la distance AB est donnée par la formule

$$(1) \qquad x = \frac{d\sqrt{\sin\beta \sin\beta'}}{\cos\frac{\beta+\beta'}{2}}.$$

En effet, O étant le point de rencontre de la base II' avec AB prolongée, on a (Problème X, 133)

$$OA \times OB = \frac{d^2}{4} \qquad OA - OB = x,$$

et, par suite,

$$OA + OB = \sqrt{x^2 + d^2}.$$

Alors, avec les notations actuelles, les formules (2) et (3), (133), deviennent

$$(2) \qquad \operatorname{tg}\beta = \frac{x \sin\alpha}{d - \sqrt{x^2+d^2}\cos\alpha}.$$

$$(3) \qquad \operatorname{tg}\beta' = \frac{x \sin\alpha}{d + \sqrt{x^2+d^2}\cos\alpha}.$$

Résolvant les deux dernières égalités par rapport aux dénominateurs, puis ajoutant et retranchant, membre à membre, on trouve

$$\operatorname{coséc}\alpha = \frac{(\operatorname{cotg}\beta' + \operatorname{cotg}\beta)x}{2d},$$

$$\operatorname{cotg}\alpha = \frac{(\operatorname{cotg}\beta' - \operatorname{cotg}\beta)x}{2\sqrt{x^2+d^2}},$$

substituant maintenant à coséc α et cotg α les valeurs précédentes dans l'équation

$$\text{coséc}^2 \alpha = 1 + \text{cotg}^2 \alpha,$$

on obtient

$$(\text{cotg}\,\beta + \text{cotg}\,\beta')^2 x^4 - 4d^2(1 - \text{cotg}\,\beta\,\text{cotg}\,\beta')x^2 - 4d^4 = 0.$$

Cette équation n'a qu'une seule racine réelle et positive. En calculant cette racine on trouve sous le radical la quantité $1 + \text{cotg}^2\,\beta + \text{cotg}^2\,\beta' + \text{cotg}^2\,\beta\,\text{cotg}^2\,\beta'$ qui est égale à $(1 + \text{cotg}^2\,\beta)(1 + \text{cotg}^2\,\beta')$ ou $\dfrac{1}{\sin^2\beta\,\sin^2\beta'}$, et en achevant les calculs on arrive bien à la formule (1).

On peut encore établir la formule (1) *d'une autre manière.* On sait que les deux points I et I' sont les deux points de contact, avec la droite donnée, de deux cercles O et O' passant par les points A et B : soient r et r' les rayons des deux cercles O et O'; si l'on tire les droites OO', OI, O'I', on obtient un trapèze qui donne

$$(4)\qquad \overline{OO'}^2 = (IO - I'O')^2 + d^2,$$

on a ensuite facilement

$$x = 2r\sin\beta = 2r'\sin\beta', \qquad OO' = r\cos\beta + r'\cos\beta',$$

et, par suite,

$$OO' = \frac{\text{cotg}\,\beta + \text{cotg}\,\beta'}{2}\,x,$$

$$(IO - I'O')^2 = (r - r')^2 = \left(\frac{\text{coséc}\,\beta - \text{coséc}\,\beta'}{2}\right)^2 x^2,$$

et en substituant dans l'équation (4) à OO' et à $(IO - I'O')^2$ les valeurs précédentes, on trouve

$$(\text{cotg}\,\beta + \text{cotg}\,\beta')^2 x^2 = (\text{coséc}\,\beta - \text{coséc}\,\beta')^2 x^2 + 4d^2,$$

et, après quelques calculs très simples, on retombe sur la formule (1) déjà trouvée.

7e Méthode. — Ayant jalonné une base, comme dans la méthode précédente, on détermine sur cette base un point d'où l'on voie la distance AB sous un angle maximum β, puis on se dirige sur la base jusqu'à ce qu'on soit arrivé en un point O qui soit en ligne droite avec les points A et B, c'est-à-dire, tel, que l'un de ces derniers points cache l'autre à l'observateur; on lit au graphomètre l'angle A'OI ou α; enfin on mesure la distance d des deux stations.

Je dis qu'on aura la distance cherchée x par la formule

$$(5) \qquad x = \frac{2d \sin \alpha \sin \beta}{\cos \alpha + \cos \beta}.$$

Adoptant les mêmes notations que dans la méthode précédente, sauf que l'on représente maintenant par d la distance OI au lieu de la distance double II', on devra changer d en $2d$ dans la formule (2) donnée plus haut, et l'on aura

$$(6) \qquad \operatorname{tg} \beta = \frac{x \sin \alpha}{2d - \sqrt{x^2 + 4d^2} \cos \alpha},$$

d'où l'on déduit

$$(7) \quad (\cos^2\beta - \cos^2\alpha)x^2 - 4d \sin\alpha \sin\beta \cos\beta x + 4d^2 \sin^2\alpha \sin^2\beta = 0;$$

de cette équation on tire les valeurs des racines x' et x'' qui sont alors données par les formules

$$(8) \quad x' = \frac{2d \sin \alpha \sin \beta}{\cos \beta + \cos \alpha}, \qquad (9) \quad x'' = \frac{2d \sin \alpha \sin \beta}{\cos \beta - \cos \alpha}.$$

Mais je dis que la valeur de x'' doit toujours être rejetée, et que, par suite, la formule (8) résout seule le problème.

D'abord, lorsque l'angle β est obtus, ou bien, lorsque l'angle β, étant aigu, est plus grand que l'angle α, la valeur x'' doit être rejetée comme négative : mais, dans toute autre circonstance, c'est-à-dire, quand l'angle β est un angle aigu plus petit que α, la valeur de x'' est encore inadmissible.

En effet, il résulte de l'équation (6) dans laquelle le radical est pris nécessairement avec le signe —, que l'on doit avoir x plus petit que $\dfrac{2d \operatorname{tg} \beta}{\sin \alpha}$. Mais la valeur x'' peut se mettre sous la forme

$$\frac{2d \operatorname{tg} \beta}{\sin \alpha} \times \frac{\cos \beta \sin^2 \alpha}{\cos \beta - \cos \alpha},$$

et le second facteur de ce produit est toujours plus grand que 1, car en écrivant qu'il en est ainsi, on trouve la condition, toujours satisfaite, que $\cos \alpha \cos \beta$ est plus petit que l'unité :

on voit donc que, dans le cas actuel, la valeur de x'' doit être rejetée comme plus grande que $\frac{2d \operatorname{tg} \beta}{\sin \alpha}$.

Quant à la formule (1), il est évident qu'elle donnera toujours pour x' une valeur admissible, si α et β sont des angles obtenus par une opération sur le terrain. Mais il n'en est plus ainsi, s'il s'agit d'un problème où les données α et β sont prises au hasard : on trouve alors que si l'angle β est aigu, il n'y a aucune condition, mais que si β est obtus, il devra être plus petit que $180° - \alpha$, afin que la valeur de x' soit positive.

Autre manière de faire le calcul. — Soient A et A′ les angles du triangle IAA′ qui sont adjacents à AA′ (on se sert de la figure (30) mais après y avoir remplacé la lettre M par I) : on a, d'abord, en tenant compte de la mesure des angles dans le cercle qui est à la fois circonscrit au triangle IAA′ et tangent à la droite XY au point I,

$$A + A' = 180° - \beta, \quad A - A' = \alpha,$$

d'où

$$A = 90° - \frac{\beta - \alpha}{2}, \quad A' = 90° - \frac{\alpha + \beta}{2}.$$

Mais en tenant compte des valeurs qu'on vient de trouver pour les angles A et A′, les triangles OAI, IAA′ donnent

$$\frac{AI}{d} = \frac{\sin \alpha}{\cos \frac{\alpha - \beta}{2}}, \quad \frac{x}{AI} = \frac{\sin \beta}{\cos \frac{\alpha + \beta}{2}},$$

et en multipliant, membre à membre, ces dernières équations, on a

$$x = \frac{d \sin \alpha \sin \beta}{\cos \frac{\alpha + \beta}{2} \cos \frac{\alpha - \beta}{2}},$$

d'où l'on déduit immédiatement la formule (1).

La formule (1) a été donnée sans démonstration par M. *Todhunter* dans son *Traité de Trigonométrie*.

Problème III.

141. Problème de Pothenot. — *Trois points* A, B, C *étant donnés sur un terrain horizontal* (fig. 35), *trouver sur le* *même plan un point M, sachant que, de ce point, on a vu les droites CB et CA sous des angles connus* α *et* β.

Prenons pour inconnus auxiliaires les deux angles MBC, MAC que nous appellerons x et y, et désignons aussi l'angle BCA par C et les droites CB et CA par a et b : on aura, d'abord,

$$(1) \qquad x + y = 360^\circ - \alpha - \beta - C$$

et, en calculant la diagonale MC dans les deux triangles MBC, MAC, il vient

$$(2) \qquad MC = \frac{a \sin x}{\sin \alpha} = \frac{b \sin y}{\sin \beta},$$

d'où l'on tire

$$(3) \qquad \frac{\sin x}{\sin y} = \frac{b \sin \alpha}{a \sin \beta}.$$

Les équations (1) et (3) montrent qu'on est ramené au problème connu de trouver deux angles, connaissant leur somme et le rapport de leurs sinus (45). L'angle x étant calculé, on aura l'angle BCM égal à $180^\circ - \alpha - x$, et on calculera MC par la première des formules (2) : on pourra donc facilement retrouver la position du point M.

Problème IV.

142. Problème de Götz. — *Quatre points* A, B, C, D *étant en ligne droite sur un terrain bien horizontal* (fig. 36), *d'un point* M *situé sur ce terrain, on a vu sous un même angle les segments consécutifs* AB, BC *et* CD : *on demande de calculer cet angle et de retrouver la position du point* M.

Soient a, b, c les trois segments AB, BC et CD et α l'angle cherché.

Les triangles ABM, BDM, DCM et ACM donnent successivement

$$(1) \quad \frac{a}{BM} = \frac{\sin \alpha}{\sin BAM}, \qquad (2) \quad \frac{BM}{b+c} = \frac{\sin BDM}{\sin 2\alpha},$$

$$(3) \quad \frac{c}{CM} = \frac{\sin \alpha}{\sin BDM}, \qquad (4) \quad \frac{CM}{a+b} = \frac{\sin BAM}{\sin 2\alpha}.$$

Multipliant maintenant ces équations, membre à membre,

et supprimant les facteurs communs, il vient, tout calcul fait,

$$(5) \qquad \cos\alpha = \frac{1}{2}\sqrt{\frac{(a+b)(b+c)}{ac}}.$$

Cette formule fait connaître l'angle α *.

Cela fait, multiplions, membre à membre, les équations (1) et (2) nous aurons

$$(6) \qquad \frac{\sin \mathrm{BDM}}{\sin \mathrm{BAM}} = \frac{2a\cos\alpha}{b+c},$$

et comme la somme des angles BDM, BAM est égale à $180^\circ - 3\alpha$, on est encore ramené, comme dans le problème précédent, à trouver deux angles, connaissant leur somme et le rapport de leurs sinus. L'angle BAM étant déterminé, on connaît, par suite, l'angle ABM ; enfin le côté BM peut être calculé par la formule (1) : alors l'angle ABM et la distance BM étant connus, le point M peut être considéré comme déterminé.

Problème V.

143. *Déterminer le rayon d'un bassin circulaire inaccessible.*

Dans ce problème et les suivants, on suppose que le bassin est entouré d'un rebord saillant ou d'une balustrade circulaire qui rende les observations possibles.

On mesure, d'abord, une base AB (fig. 37) dans le même plan que le bassin, et, de ses extrémités A et B, on dirige les alidades d'un graphomètre, tangentiellement au rebord circulaire, suivant les directions AD, AC, BE et BF; on lit alors sur l'instrument les angles DAB, CAB, FBA et EBA. Si l'on conçoit maintenant les droites OA, OB tracées sur la figure, on a un triangle OAB, dans lequel les angles OAB, OBA sont connus, comme étant, respectivement, les demi-sommes des angles CAB, DAB et des angles FBA, EBA : on peut donc calculer AO.

Mais alors, dans le triangle rectangle CAO obtenu en menant le rayon de contact OC, on connaît l'hypoténuse AO et l'angle CAO qui est la demi-différence des angles CAB et DAB, on aura donc le rayon cherché par la formule

$$\mathrm{OC} = \mathrm{AO} \sin \mathrm{OAC}.$$

* L'auteur Allemand ne donne que le calcul de l'angle α.

Problème VI.

144. *Un poteau* H (fig. 38) *est placé sur le bord d'un bassin circulaire et rencontre en* H *le plan du bassin; une station* A *étant donnée, on propose de jalonner la droite* OA *qui joint le centre* O *du bassin au point* A *et de déterminer l'angle* HOA.

La première partie de la question est immédiatement résolue, en dirigeant les deux alidades du graphomètre tangentiellement aux bords du bassin et faisant jalonner une droite qui partage en deux parties égales l'angle des deux tangentes. Le rayon du bassin est, d'ailleurs, connu directement ou déterminé comme il a été dit dans le problème précédent.

Pour obtenir maintenant l'angle cherché HOA, lisez au graphomètre l'angle HAO et calculez OA comme dans le problème précédent : vous serez alors ramené à résoudre un triangle, connaissant deux côtés OH et OA et l'angle HAO opposé à l'un d'eux. Le problème a deux solutions, mais, dans le cas de la figure, il est clair qu'il faut prendre la plus grande valeur de l'angle HOA.

Remarque. — Le poteau H pourrait dans ce problème et le suivant ne pas être placé sur le bord du bassin, mais on devrait alors donner ou calculer, d'abord, la distance OH.

Problème VII.

145. *Un poteau* H (fig. 38) *étant placé sur le bord d'un bassin circulaire et rencontrant en* H *le plan du bassin, on demande de tracer une droite* OB *qui fasse avec* OH *un angle donné.*

D'après le problème précédent, on peut d'abord tracer une droite OA dont on calcule la longueur et l'angle qu'elle fait avec OH. On pourra, d'ailleurs, se donner arbitrairement la longueur OB sur la direction cherchée. Alors, dans le triangle AOB, on connaît les deux côtés OA et OB et l'angle compris AOB qui est égal à la différence de deux angles connus; on peut donc calculer l'angle OAB et le côté AB : dès lors le point B peut être considéré comme déterminé.

On obtiendra de la même manière un second point de OB et la direction de cette droite sera déterminée.

Dès qu'on a un point B de OB, on pourrait aussi tracer directement la direction de cette droite, comme il a déjà été dit.

Problème VIII.

146. *D'un point* P *pris dans le plan d'un bassin circulaire* O (fig. 39), *on a dirigé les alidades d'un graphomètre, d'abord, vers le poteau* H *des problèmes précédents, puis tangentiellement aux bords du bassin ; on a lu sur le graphomètre les angles que les deux dernières directions font avec la première : on demande que l'on retrouve la position du point* P.

Soient PA et PB les deux tangentes au bassin, α et β les angles qu'elles font avec PH ; tirons PO, OH et prenons pour inconnus l'angle POH et la distance PO que nous appellerons λ et x.

On remarque, d'abord, que les angles APO, OPH sont, respectivement, égaux à $\frac{\alpha+\beta}{2}$ et $\frac{\alpha-\beta}{2}$; alors les triangles POH et APO donnent

$$\frac{\sin\left(\lambda+\frac{\alpha-\beta}{2}\right)}{\sin\frac{\alpha-\beta}{2}}=\frac{x}{r} \qquad \sin\frac{\alpha+\beta}{2}=\frac{r}{x},$$

et en multipliant ces équations, membre à membre, on a

$$\sin\left(\lambda+\frac{\alpha-\beta}{2}\right)=\frac{\sin\frac{\alpha-\beta}{2}}{\sin\frac{\alpha+\beta}{2}}.$$

Cette dernière équation fait connaître λ, et on aura ensuite x par l'une des deux autres : λ et x étant connus, on pourra, d'après le problème précédent, déterminer la position du point P.

Problème IX.

147. *D'un point* A (fig. 40) *on a vu, sous des angles connus, deux bassins circulaires* O *et* C *situés dans le même plan que lui : on demande de retrouver la position de ce point.*

On commence, d'abord, par déterminer la distance des centres OC en position et en grandeur. A cet effet, ayant pris arbitrairement un point B dans le plan des deux bassins, on calcule, comme dans le problème V, les distances OB et BC, et on lit au graphomètre l'angle des deux directions BO et BC préalablement jalonnées. Alors on calculera dans le triangle OCB le côté OC et l'angle COB, et, ce dernier angle étant connu, on déterminera successivement deux points de OC, comme il a été dit au problème VII.

Cela fait, et les rayons des bassins ayant, tout d'abord, été calculés, on pourra avoir les valeurs des distances OA et CA dans deux triangles rectangles qui ont ces deux droites, pour hypoténuses, et pour sommets de l'angle droit, les points de contact de deux tangentes menées du point A aux deux cercles. En effet, dans ces triangles rectangles, on connaît le rayon du cercle qui est l'un des côtés de l'angle droit et l'angle opposé qui est la moitié d'un des angles donnés.

Maintenant on connaît les trois côtés du triangle AOC, on peut donc calculer l'angle COA, et, par suite, comme au problème VII, on obtient la position du point A.

REMARQUE. — Si le pied H de la perpendiculaire, abaissée du point A sur la ligne des centres, ne tombait pas dans l'intérieur d'un des bassins, on pourrait opérer plus simplement en calculant OH et AH dans le triangle rectangle OAH.

PROBLÈME X.

148. *Trouver la hauteur d'une tour dont le pied est plus bas que le niveau du terrain où l'observateur est placé*, 1°, *lorsque l'observateur peut mesurer sa distance au pied de la tour*, 2°, *lorsqu'un obstacle s'y oppose.*

PREMIER CAS. — *On peut mesurer la distance de la position* C *de l'observateur* (fig. 41) *au pied* A *de la tour verticale* AB. — Soient a la distance AC, x la hauteur inconnue de la tour, α l'angle d'*élévation* BCD et β l'angle de *dépression* DCA lus, tous deux, sur un graphomètre dont le limbe est vertical : on a, par les triangles rectangles BDC, ADC,

$$x = AD + BD = DC\,(\operatorname{tg}\alpha + \operatorname{tg}\beta), \qquad DC = a\cos\beta,$$

et, par suite,

$$x = a \cos\beta\,(\operatorname{tg}\alpha + \operatorname{tg}\beta),$$

ou

$$x = \frac{a \sin(\alpha + \beta)}{\cos\alpha}.$$

REMARQUE. — Si le niveau du point C avait été inférieur à celui du point A, l'angle de dépression β se serait changé en un angle d'élévation, et on aurait la nouvelle formule qui convient à ce cas en changeant β en $-\beta$ dans la précédente.

DEUXIÈME CAS. — *Un obstacle se trouve de* E *en* G.

Alors on détermine la distance CE et l'angle d'élévation BEF : si l'on désigne ces deux grandeurs par b et γ, on aura dans le triangle ABE

$$x = \frac{\mathrm{BE} \sin(\beta + \gamma)}{\cos\beta};$$

on a ensuite dans le triangle BEC

$$\mathrm{BE} = \frac{b \sin(\alpha + \beta)}{\sin(\gamma - \alpha)},$$

d'où, en éliminant BE entre les deux dernières équations,

$$x = \frac{b \sin(\beta + \gamma) \sin(\alpha + \beta)}{\sin(\gamma - \alpha) \cos\beta}.$$

Si l'observateur était au-dessous du pied de la tour, on devrait changer dans la formule précédente β en $-\beta$, comme dans le premier cas.

PROBLÈME XI.

149. *Un piédestal* AB, *de hauteur* a, (fig. 42) *porte une colonne* BC *dont la hauteur est* b : *on demande à quelle distance* x *du monument on doit se placer pour voir sous le même angle le piédestal et la colonne, la hauteur* h *de l'œil au-dessus du sol étant connue.*

Soient D la position de l'œil; DF la verticale du point D et DE l'horizontale parallèle à AF : si l'on désigne par λ l'angle inconnu BDE, les triangles rectangles BED, CED donneront

$$x = (a - h) \operatorname{cotg}\lambda = (a + b - h) \operatorname{cotg} 2\lambda,$$

d'où l'on tire

$$\operatorname{tg}\lambda = \sqrt{\frac{b-a+h}{b+a-h}},$$

et, par suite,

$$x = (a-h)\sqrt{\frac{b+a-h}{b-a+h}}.$$

Problème XII.

150. *Un clocher,* BC *dont la longueur* a *est connue, est placé au dessus d'une tour* AB (fig. 42) ; *en s'arrêtant à une distance* b *du pied de la tour et à une hauteur* h *au-dessus du plan horizontal passant par ce pied, on a vu le clocher sous un angle* α : *on demande de calculer la hauteur* x *de la pointe* C *du clocher au-dessus du sol.*

Soit pris pour inconnu auxiliaire l'angle BDE que nous appellerons λ.

Les triangles rectangles BED, CED donnent

$$x - h = b\operatorname{tg}\lambda + a = b\operatorname{tg}(\lambda + \alpha),$$

d'où l'on déduit

$$(1) \qquad \operatorname{tg}(\lambda+\alpha) - \operatorname{tg}\lambda = \frac{a}{b},$$

l'équation (1) montre que la détermination de l'angle λ revient au problème connu : trouver deux angles, connaissant leur différence et celle de leurs tangentes. En posant suivant la méthode du n° (47)

$$\operatorname{tg}\varphi = \frac{2b}{a},$$

on arrive à l'équation

$$(2) \qquad \cos(2\lambda+\alpha) = \frac{\cos(\alpha+\varphi)}{\cos\varphi}.$$

Après qu'on aura déterminé λ par cette dernière équation, on aura la hauteur x par la formule

$$x = b\operatorname{tg}(\alpha+\lambda) + h.$$

PROBLÈME XIII.

151. *Une tour* AB (fig. 43) *penche vers le Nord d'un angle* λ; *en se plaçant au sud, successivement, en deux points* C *et* D *dont les distances au pied de la tour sont connues et sont, respectivement, égales à* a *et* b, *on a mesuré les angles d'élévation* α *et* β *du sommet de la tour : on demande de déterminer la hauteur* x *de la tour et son inclinaison* λ *sur l'horizon.*

Soient tracées la verticale BE et les obliques BC et BD : les triangles BCE et BDC donneront, d'abord,

$$x = \text{BC} \sin \alpha, \qquad \text{BC} = \frac{(b-a)\sin\beta}{\sin(\alpha-\beta)},$$

d'où

$$(1) \qquad x = \frac{(b-a)\sin\alpha\sin\beta}{\sin(\alpha-\beta)},$$

le triangle rectangle BAE donne ensuite

$$\text{tg}\,\lambda = \frac{x}{x\,\text{cotg}\,\alpha - a},$$

et, en remplaçant x par la valeur tirée de l'équation (1), on obtient

$$(2) \qquad \text{tg}\,\lambda = \frac{b-a}{b\,\text{cotg}\,\alpha - a\,\text{cotg}\,\beta}.$$

Les formules (1) et (2) résolvent le problème.

PROBLÈME XIV.

152. *Un observateur fait l'ascension d'une montagne par un sentier qui est le plus court chemin de la base au sommet ; l'inclinaison du chemin sur l'horizon est, d'abord,* α, *puis elle passe subitement à une valeur plus grande* β ; *la hauteur verticale* h *du sommet a, d'ailleurs, été trouvée à l'aide du baromètre, et l'angle d'élévation* γ *du sommet de la montagne a été déterminé par l'observateur, lorsqu'il était à l'extrémité inférieure du sentier : on demande de trouver la longueur totale du chemin parcouru.*

Soient ABC (fig. 44) le chemin parcouru par l'observateur

et CD la hauteur verticale de la montagne : on abaisse BF et BE, respectivement, perpendiculaires sur CD et l'horizontale AD, puis l'on tire AC ; alors les angles BAE, CBF, CAD seront, respectivement, α, β, γ.

On remarque, d'abord, que l'on a

$$\widehat{CAB} = \gamma - \alpha, \quad \widehat{ACB} = \beta - \gamma, \quad \widehat{ABC} = 180^\circ - (\beta - \alpha) ;$$

par suite, les triangles CAD, ABC donnent

$$AC = \frac{h}{\sin\gamma}, \quad AB = \frac{h \sin(\beta - \gamma)}{\sin\gamma \sin(\beta - \alpha)},$$
$$BC = \frac{h \sin(\gamma - \alpha)}{\sin\gamma \sin(\beta - \alpha)},$$

et en ajoutant les valeurs de AB et de BC, on a, toutes simplifications faites

$$x = \frac{h \cos\left(\dfrac{\alpha + \beta}{2} - \gamma\right)}{\sin\gamma \cos\dfrac{\beta - \alpha}{2}}.$$

Problème XV.

153. *On a mesuré les angles d'élévation* α, β, γ *du sommet d'une tour en se plaçant successivement aux trois points connus* A, B *et* C *situés dans un même plan avec le pied de la tour : on demande de trouver la hauteur* x *de cette tour.*

Premier cas. — *Les trois points* A, B, C (fig. 45) *sont en ligne droite.*

On donne, outre les angles α, β, γ, les distances AB et BC qu'on appelle a et b, et l'on prend, pour inconnues auxiliaires y, z et u, les trois distances DA, DB et DC : alors les deux triangles DAB, DBC donnent

$$y^2 = a^2 + z^2 - 2az \cos ABD,$$
$$u^2 = b^2 + z^2 + 2bz \cos ABD,$$

et en éliminant cos ABD entre ces deux équations, on a

$$(1) \qquad by^2 + au^2 - (a + b)z^2 = ab(a + b).$$

Si maintenant on tire les droites EA, EB et EC, les triangles rectangles EDA, EDB et EDC donnent

$$(2)\qquad y = x \operatorname{cotg} \alpha, \qquad z = x \operatorname{cotg} \beta, \qquad u = x \operatorname{cotg} \gamma\,;$$

et en substituant dans l'équation (1) pour y, z, u les valeurs données par les équations précédentes, on obtient la formule demandée

$$(3)\qquad x^2 = \frac{ab(a+b)\sin^2\alpha\sin^2\beta\sin^2\gamma}{a(\sin^2\beta-\sin^2\gamma)\sin^2\alpha + b(\sin^2\beta-\sin^2\alpha)\sin^2\gamma}.$$

Second cas. — *Les trois points* A, B *et* C *ne sont pas en ligne droite.*

On donne alors les trois côtés a, b et c du triangle ABC et on prend encore, pour inconnues auxiliaires y, z et u, les trois distances DB, DB et DC. Ces trois dernières droites et les côtés du triangle ABC forment un quadrilatère dans lequel quatre des droites sont les côtés et les deux autres sont les diagonales : or nous avons trouvé (108) une relation entre les six droites ; il suffira évidemment d'y remplacer, après y avoir introduit les notations du problème actuel, y, z et u par les expressions en x que donnent les équations (2) : on obtiendra de cette manière une équation bicarrée en x.

Problème XVI.

154. *A midi, un observateur, monté sur une falaise qui est élevée de* h *mètres au dessus du niveau de la mer, détermine l'angle d'élévation* α *d'un nuage situé dans le plan méridien et l'angle de dépression* β *de l'ombre de ce nuage sur la surface de la mer (on suppose le soleil placé derrière l'observateur regardant le nuage); la hauteur angulaire* γ *du soleil à midi est, d'ailleurs, connue : on demande la hauteur* x *du nuage au dessus du niveau de la mer* (Todhunter).

Soient A (fig. 46) la position de l'observateur sur le prolongement de la verticale passant par le point B du plan de l'horizon, C la position de l'extrémité nord du nuage, D l'ombre de ce point sur la surface de la mer : tirons les droites AC, AD et CD, et menons l'horizontale AH dans le plan du méridien ACD ; on aura

$$\widehat{CAH} = \alpha, \qquad \widehat{HAD} = \beta, \qquad CHA = \gamma,$$

et, par suite, aussi

$$ACH = 90^\circ - \alpha + 90^\circ - \gamma = 180^\circ - (\alpha + \gamma).$$

Cela posé, on remarque que, vu la petite étendue de mer embrassée par l'œil de l'observateur, les triangles CED et ABD peuvent être considérés comme des triangles rectilignes et rectangles ; alors ces triangles donnent

$$x = CD \sin \gamma, \quad AD \sin \beta = h,$$

mais, dans le triangle ACD, on a

$$CD = \frac{AD \sin(\alpha + \beta)}{\sin(\alpha + \gamma)},$$

et si l'on multiplie, membre à membre, les trois dernières équations, il vient

$$x = \frac{h \sin \gamma \sin(\alpha + \beta)}{\sin \beta \sin(\alpha + \gamma)},$$

c'est la formule donnée par M. *Todhunter*.

Problème XVII.

155. *Un vaisseau, faisant voilev ers le Nord, observe deux phares placés à l'Ouest. Mais après une heure de marche les deux phares sont vus, l'un, au Sud-Ouest, l'autre, au Sud-Sud-Ouest du vaisseau : sachant que la distance des deux phares est de 8 kilomètres, on demande la vitesse de marche du navire* (Todhunter).

Soient D la position primitive du vaisseau (fig. 47) et DN la direction vers le Nord de la méridienne du point D : les deux phares, se trouvant à l'Ouest du point D, sont en A et B sur une même perpendiculaire DO à DN et à gauche de cette dernière ligne.

Supposons maintenant que C soit la position du navire au bout d'une heure; alors, d'après l'énoncé, si l'on tire les droites CA et CB, les angles ACD, BCD seront, respectivement, égaux à 45° et $\frac{45^\circ}{2}$, et, si l'on désigne par x la vitesse de marche du vaisseau, c'est-à-dire, l'espace CD qu'il parcourt en une heure, on est ramené à calculer la hauteur x d'un triangle ABC dans lequel on connaît un côté égal à 8 et deux angles adjacents égaux à $45°$ et $90° + \frac{45°}{2}$: on obtient, par l'application de la formule connue,

$$x = \frac{8 \sin 45° \sin\left(45° + \frac{45°}{2}\right)}{\sin \frac{45°}{2}} = \frac{8 \sin 45° \cos \frac{45°}{2}}{\sin \frac{45°}{2}},$$

et finalement

$$x = 16 \cos^2 \frac{45°}{2}.$$

EXERCICES SUR LE CHAPITRE VIII.

1. Trouver la distance d'un point A au pied d'une tour inaccessible, en faisant sur le terrain les opérations suivantes : on détermine, d'abord deux points B et C pour lesquels l'angle d'élévation est le même qu'au point A; puis on mesure la distance de ces deux points et l'angle sous lequel on voit cette distance du point A.

2. Sur le bord d'une rivière s'élève une colonne surmontée d'une statue ; un observateur, placé sur la rive opposée, voit sous un même angle la statue et un soldat placé au pied de la colonne : on demande, connaissant les hauteurs de la colonne, de la statue et du soldat, de trouver la largeur de la rivière.

3. Un observateur se place sur la ligne droite qui joint les pieds de deux cheminées d'égale hauteur et mesure leurs angles d'élévation ; puis, s'éloignant de sa première position, d'une distance connue et dans une direction perpendiculaire à la droite sur laquelle il était d'abord placé, il mesure de nouveau les angles d'élévation des deux cheminées : on demande de déterminer la distance des deux cheminées et leur hauteur.

4. Une tour est observée de trois points situés sur une même droite passant par son pied. Les trois angles d'élévation de la tour sont tels, que le second et le troisième sont, respectivement, double et triple du premier : on demande de calculer la hauteur de la tour.

5. L'orientation d'un phare par rapport à un navire en mer est, d'abord E. N. E.; mais le navire s'avançant de 4 kilomètres, l'orientation du phare devient N. N. E, on demande les distances du navire au phare dans les deux positions.

6. Une tour est défendue par un fossé circulaire. A midi, un certain jour, l'ombre de la tour se projette à une distance a du bord du fossé; lorsque le soleil est à l'ouest, le même jour, l'ombre se projette à une distance b du fossé ; la distance entre les deux extrémités de l'ombre est connue et égale à c, et l'angle d'élévation du sommet de la tour vu d'un point quelconque du bord du fossé est α : on demande la hauteur de la tour et l'angle d'élévation du soleil à midi.

7. La distance entre deux arbres situés sur le bord d'une rivière est connue ; on détermine sur le bord opposé deux points dont la distance soit la même, et on lit sur le graphomètre les angles sous lesquels, des deux points, on voit la distance des deux arbres : on demande de calculer la largeur de la rivière.

8. On connaît l'angle d'élévation d'un nuage et l'angle de dépression de son image vue par réflexion dans un lac ; on connaît aussi la hauteur de l'œil de l'observateur au-dessus du lac : on demande de trouver la hauteur du nuage.

9. Un enfant enlève dans l'air un cerf-volant, un certain jour à midi, lorsque le vent souffle dans une direction faisant un angle α avec le Sud ; alors l'ombre du cerf-volant fait avec le Nord un angle β. Mais aussitôt le vent passe à une direction faisant l'angle α' avec le Sud et l'ombre du cerf-volant se place à une distance angulaire du Nord égale à β'; de plus, dans cette dernière circonstance, l'angle d'élévation du cerf-volant est autant au-dessus de 45° qu'il était primitivement au-dessous : on demande la hauteur angulaire du soleil et celle du cerf-volant dans la première position,

10. L'angle d'élévation du sommet d'une montagne, vu d'un point B situé dans le plan horizontal qui passe par le pied de la montagne, a été trouvé égal à 60°. On s'avance ensuite vers la montagne, en suivant, à partir du point B, un chemin qui fait un angle de 30° au-dessus de l'horizon, et lorsqu'on est arrivé en un point C qui est distant d'un kilomètre de la première station, on observe l'angle BCA qui est de 135° : on demande de trouver la hauteur de la montagne.

11. Deux tours situées à une distance a, l'une de l'autre, s'élèvent au milieu d'une plaine ; en se plaçant successivement au pied de chacune d'elles, on voit l'une sous un angle d'élévation double de celui sous lequel on a vu l'autre, mais, à mi-chemin des deux tours, on les aurait vues sous des angles complémentaires l'un de l'autre : on demande de trouver les hauteurs des deux tours.

12. Deux observateurs placés à une distance a, l'un de l'autre, voient un ballon, de deux stations différentes, sous un même angle d'élévation α; de plus, l'un des observateurs voit, sous un angle β, la droite qui passe

par le ballon et la station de l'autre observateur : on demande de calculer la hauteur du ballon.

13. On observe un ballon de trois stations telles, que les deux dernières soient, respectivement, au Sud et à l'Est de la première : les trois angles d'élévation du ballon, aux trois stations, étant α, β, γ et les distances de la seconde station aux deux autres étant a et b, on demande de calculer la hauteur du ballon.

14. Un observateur placé au Nord d'une tour détermine son angle d'élévation α, puis il se dirige vers l'Est, et s'arrête à une distance b de la première station, en un point d'où il détermine le nouvel angle d'élévation β de la tour : on demande la hauteur de la tour et la distance de son pied à la première station.

15. Une tour surmontée de la flèche d'un paratonnerre est située à une distance inconnue d'une montagne voisine. Un observateur qui s'avance vers la tour, sur une horizontale passant par son pied, s'arrête en deux stations au moment où le sommet de la montagne commence à être caché, d'abord, par la pointe du paratonnerre, puis par le sommet de la tour; il trouve, d'ailleurs, qu'aux deux stations l'angle sous lequel il voit la flèche du paratonnerre est le même : c étant la hauteur de la tour, $a+b$ et b les distances de l'observateur au pied de la tour dans les deux stations, on propose de démontrer que la hauteur de la montagne est égale à $\dfrac{abc}{c^2-b^2}$.

16. Deux tours, dont l'une est beaucoup plus haute que l'autre, s'élèvent dans une même plaine. Un observateur, qui suit un sentier horizontal passant par les pieds des deux tours, détermine, en s'arrêtant à une première station, leurs angles d'élévation α et β; se rapprochant ensuite de la plus petite des deux tours, il s'arrête à c kilomètres de la première station au moment où la plus petite tour cache la plus grande, et il détermine l'angle d'élévation γ des deux tours : on demande de trouver les hauteurs de ces deux tours.

17. Un mousse, monté à l'extrémité d'un des mats d'un vaisseau dont la hauteur au-dessus du niveau de la mer est a, aperçoit la lumière d'un phare au moment même où elle commence à briller à l'horizon. Mais, le vaisseau s'avançant vers le phare dans la direction d'un méridien pendant n minutes, il arrive qu'en ce moment la lumière du phare paraît raser la surface de la mer pour un observateur placé sur le pont dont la hauteur au-dessus du niveau de la mer est b : on demande quelle est la vitesse de marche du vaisseau (le rayon de la terre est supposé connu).

18. Deux phares sont observés, du pont d'un navire, sur une ligne

droite qui coupe sa direction actuelle sous un angle α. Au moment de l'observation, le vaisseau se dirige exactement vers le Nord et les deux phares sont tous deux du côté de l'Est ; mais le vaisseau, changeant tout à coup de direction, marche vers le Nord-Ouest, et quand il a parcouru a kilomètres, l'un des phares est à l'Est et le second au Nord-Est par rapport à lui : on demande de trouver la distance des deux phares.

19. Un vaisseau en observe un autre qui suit une direction parallèle à la sienne et il estime qu'il est à α degrés du Nord. Au bout de p et de q heures, le second navire paraît être au premier à des distances du Nord égales à β et γ degrés : on demande quel angle fait avec la ligne Nord-Sud la direction commune des deux navires.

Quelques-unes des questions résolues dans le chapitre, et tous les exercices, sans exception, sont tirés des ouvrages anglais, spécialement de la Trigonométrie de M. *Todhunter* : ces exercices ont été proposés pour la plupart aux examens des universités de Cambridge et de Dublin. Il est sans doute inutile de faire remarquer l'art ingénieux avec lequel ont été composés les énoncés qui se rapportent à des questions à la fois si pratiques et si propres à exercer l'intelligence des élèves.

CHAPITRE IX

QUESTIONS CHOISIES.

THÉORÈMES, PROBLÈMES, LIEUX GÉOMÉTRIQUES, PORISMES, QUESTIONS DE CONCOURS, APPLICATIONS A LA MÉCANIQUE.

On a voulu réunir dans ce chapitre les questions dont les solutions ont paru les plus remarquables, sous le rapport de l'élégance et de la simplicité, et aussi montrer, par quelques exemples, l'étendue des ressources que peut offrir la Trigonométrie.

I.

155. ABCD (fig. 48) *est un losange formé de deux triangles équilatéraux ; une transversale* EF *tourne autour du sommet* D *et coupe les deux côtés de l'angle* A *en* E *et en* F ; *on tire les droites* BE *et* CF : *on demande de démontrer que l'angle* BMC *des deux droites est constant* (Concours).

Soient a le côté AB du losange, λ, μ et ν les angles FDA, BCM et MBC : on a dans les triangles BFD et BCF

$$BF = a\frac{\sin(\lambda - 30^\circ)}{\sin(\lambda + 30^\circ)}, \qquad BF = \frac{a \sin\mu}{\sin(60^\circ - \mu)},$$

d'où

$$\frac{\sin\mu}{\sin(60^\circ - \mu)} = \frac{\sin(\lambda - 30^\circ)}{\sin(\lambda + 30^\circ)},$$

et, par la combinaison ordinaire, on a

$$\frac{\operatorname{tg} 30^\circ}{\operatorname{tg}(30^\circ - \mu)} = \frac{\operatorname{tg} \lambda}{\operatorname{tg} 30^\circ},$$

ou

$$\operatorname{tg}(30^\circ - \mu) = \frac{1}{3 \operatorname{tg} \lambda},$$

mais on trouvera évidemment, de la même manière, en se servant des triangles BCE et CDE

$$\operatorname{tg}(30^\circ - \nu) = -\frac{1}{3 \operatorname{tg} \lambda},$$

des deux dernières égalités on conclut évidemment

$$30^\circ - \mu = \nu - 30^\circ$$

ou

$$\mu + \nu = 60^\circ.$$

L'angle M est donc lui-même égal à 120° et le point M appartient, par suite, à la circonférence circonscrite au triangle ABC.

Autre manière de faire le calcul. — Prenons pour un moment, comme angle auxiliaire, l'angle FDB que nous appellerons α ; en égalant deux expressions de BF dans les mêmes triangles que tout à l'heure, nous aurons

$$\frac{\sin(60^\circ - \mu)}{\sin \mu} = \frac{\sin(\alpha + 60^\circ)}{\sin \alpha},$$

ou

$$\operatorname{cotg} \mu = 2 \operatorname{cotg} 60^\circ + \operatorname{cotg} \alpha,$$

ou encore, en remplaçant α par sa valeur $\lambda - 30^\circ$,

$$\operatorname{cotg} \mu = 2 \operatorname{cotg} 60^\circ + \operatorname{cotg}(\lambda - 30^\circ),$$

ou enfin

$$\operatorname{cotg} \mu = \frac{9 + \sqrt{3} \operatorname{cotg} \lambda}{3(\sqrt{3} - \operatorname{cotg} \lambda)};$$

changeant ensuite λ en $180^\circ - \lambda$ dans la formule précédente et y remplaçant μ par ν, il vient

$$\operatorname{cotg} \nu = \frac{9 - \sqrt{3} \operatorname{cotg} \lambda}{3(\sqrt{3} - \operatorname{cotg} \lambda)}.$$

Mettant maintenant les valeurs précédentes de $\operatorname{cotg}\mu$ et $\operatorname{cotg}\nu$ dans l'équation

$$-\operatorname{cotg} M = \frac{\operatorname{cotg}\mu \operatorname{cotg}\nu - 1}{\operatorname{cotg}\mu + \operatorname{cotg}\nu},$$

on obtient

$$-\operatorname{cotg} M = \frac{(\operatorname{cotg}^2\lambda + 9)}{(\operatorname{cotg}^2\lambda + 9)\sqrt{3}},$$

et en supprimant le facteur commun $\operatorname{cotg}^2\lambda + 9$, on trouve que cotg M est égale à $\frac{-\sqrt{3}}{3}$, et, par suite, comme nous l'avions déjà vu, l'angle M est égal à 120°.

Remarque. — Si la transversale EF avait coupé l'un des côtés de l'angle A et le prolongement de l'autre, on aurait trouvé que l'angle BMC était égal à 60° ; mais en ayant égard à la situation du point M, on en aurait toujours conclu que ce point se trouve sur le cercle circonscrit au triangle ABC : en un mot, ce cercle est *le lieu géométrique* des points M qui correspondent à toutes les positions de la sécante.

II.

156. *Étant données deux cordes* AB *et* CD *d'un cercle connu* O (fig. 49), *on propose de trouver sur ce cercle un point* M, *tel que, si on le joint aux extrémités de la première corde par des droites* MA *et* MB, *les segments* EF *et* EG, *interceptés sur la seconde corde entre son milieu* E *et les droites, soient égaux entre eux.*

Tirons les droites AC, AD, BC et BD, et soient α, β, γ les trois angles donnés ACD, BDC, AMB, R le rayon du cercle, et G et F les angles MGF, MFG du triangle GMF : nous prendrons pour inconnu l'angle GEM que nous appellerons x.

La droite EM étant une médiane du triangle GMF, on a, d'abord, en vertu d'une formule connue,

$$(1) \qquad 2 \operatorname{cotg} x = \operatorname{cotg} F - \operatorname{cotg} G.$$

Calculant maintenant les segments CG et FD dans les triangles

ACG, BFD, et écrivant que ces segments sont égaux, on a

$$(2) \qquad \frac{AC \sin(G + \alpha)}{\sin G} = \frac{BD \sin(F + \beta)}{\sin F}.$$

Mais R étant le rayon d'un cercle circonscrit aux deux triangles ADC et BCD, et les angles ADC, BCD étant, respectivement, égaux à $\beta - \gamma$ et $\alpha - \gamma$, il vient

$$AC = 2R \sin(\beta - \gamma), \qquad BD = 2R \sin(\alpha - \gamma);$$

mettant pour AC et BD les valeurs précédentes dans l'équation (2), développant $\sin(G + \alpha)$ et $\sin(F + \beta)$, puis remplaçant le rapport du sinus au cosinus d'un même arc par la cotangente de cet arc, on a l'équation

$$(3) \quad \text{cotg } G (\text{cotg } \gamma - \text{cotg } \beta) - \text{cotg } F (\text{cotg } \gamma - \text{cotg } \alpha) = \text{cotg } \gamma (\text{cotg } \beta - \text{cotg } \alpha).$$

Éliminant maintenant cotg G entre les équations (1) et (3), et posant

$$p = \frac{\text{cotg } \gamma - \text{cotg } \beta}{\text{cotg } \alpha - \text{cotg } \beta},$$

il vient

$$(4) \qquad \text{cotg } F = - \text{cotg } \gamma + 2p \text{ cotg } x,$$

d'un autre côté, en posant

$$q = \frac{\text{cotg } \gamma - \text{cotg } \alpha}{\text{cotg } \alpha - \text{cotg } \beta},$$

on a, par un calcul analogue,

$$(5) \qquad \text{cotg } G = - \text{cotg } \gamma + 2q \text{ cotg } x.$$

Mais l'angle γ étant supplémentaire de la somme des angles F et G, on a

$$- \text{cotg } \gamma = \frac{\text{cotg } F \text{ cotg } G - 1}{\text{cotg } F + \text{cotg } G},$$

et en substituant dans cette équation les valeurs de cotg F et de cotg G données par les équations (4) et (5), on obtient, après avoir remplacé $1 + \text{cotg}^2 \gamma$ par $\frac{1}{\sin^2 \gamma}$,

$$(6) \qquad \text{cotg } x = \frac{1}{2 \sin \gamma \sqrt{pq}}.$$

Mais les valeurs de p et q, écrites plus haut, peuvent se mettre sous la forme suivante

$$p = \frac{\sin(\beta - \gamma)\sin\alpha}{\sin(\beta - \alpha)\sin\gamma}, \qquad q = \frac{\sin(\alpha - \gamma)\sin\beta}{\sin(\beta - \alpha)\sin\gamma},$$

et en substituant ces dernières valeurs dans l'équation (6), on a enfin

$$(7) \quad \operatorname{cotg} x = \frac{\sin(\beta - \alpha)}{2\sqrt{\sin\alpha \sin\beta \sin(\alpha - \gamma)\sin(\beta - \gamma)}}.$$

Remarque I. — Si l'on avait cherché le point M sur l'arc CABD, on eût trouvé la même valeur que la précédente pour l'angle aigu que fait avec la corde CD la droite menée du point E au point cherché.

Remarque II. — La valeur de cotg x est la même que celle que nous avons trouvée en résolvant le problème XIV (114); il en résulte que l'angle GEM ou son égal LED dans la fig. (49) est le même que l'angle IEH de la figure (19) et ainsi se trouve démontré par la Trigonométrie le théorème III, (105), des *Questions de géométrie.*

III.

157. *Une corde* AB *est donnée dans un cercle connu* O (fig. 50); *on mène une tangente quelconque* CG, *qui coupe la corde* AC *au point* C, *puis on tire la bissectrice* CM *de l'angle* ACG *et, du centre* O, *on abaisse une perpendiculaire* OM *sur* CM : *on demande le lieu géométrique du point* M.

Soient r le rayon du cercle et α et β les angles MCA et ACO; tirons le rayon OG et abaissons MP et OI perpendiculaires sur la corde AB; les triangles rectangles MPC, OMC et OGC donnent, d'abord,

$$MP = MC\sin\alpha, \quad MC = OC\cos(\alpha + \beta), \quad OC = \frac{r}{\sin(2\alpha + \beta)};$$

et en multipliant ces équations, membre à membre, on a

$$MP = \frac{r\sin\alpha\cos(\alpha + \beta)}{\sin(2\alpha + \beta)}.$$

Si maintenant on multiplie par 2 les deux membres de cette

dernière équation et qu'on remplace le double produit d'un sinus par un cosinus par une différence de sinus, on obtient

$$2MP = r - \frac{r \sin \beta}{\sin(2\alpha + \beta)}.$$

Mais, dans le triangle rectangle OIC, on a

$$OI = OC \sin \beta,$$

ou, en remplaçant OC par sa valeur $\frac{r}{\sin(2\alpha + \beta)}$ tirée d'une des équations précédentes,

$$OI = \frac{r \sin \beta}{\sin(2\alpha + \beta)}.$$

On a donc

$$2MP = r - OI \quad \text{ou} \quad MP = \frac{EI}{2}.$$

Le lieu demandé est, par conséquent, une parallèle à la corde AB, menée par le milieu de la flèche EI de l'arc AEB.

IV.

158. *Étant donnés deux droites parallèles* PQ, RS *et un point* A *sur l'une d'elles* PQ (fig. 51), *par le point* A *on mène une droite quelconque* AB *qui rencontre* RS *en* B, *au point* B *on élève* BC *perpendiculaire sur* AB, *puis, par le point* C *où* BC *rencontre* PQ, *on mène* CD *faisant avec* PQ *un angle* ACD *double de l'angle* BAC, *et enfin du point* A *on abaisse* AM *perpendiculaire sur* CD : *on demande le lieu géométrique du point* M (Concours).

Soit α l'angle BAC ; abaissons AE perpendiculaire sur RS et désignons cette perpendiculaire par a : les trois triangles rectangles AMC, ABC et AEB donneront

$$AM = AC \sin 2\alpha, \quad AC = \frac{AB}{\cos \alpha}, \quad AB = \frac{a}{\sin \alpha},$$

et en multipliant les équations, membre à membre, on a, après avoir remplacé $\sin 2\alpha$ par $2 \sin \alpha \cos \alpha$,

$$AM = 2a.$$

Le lieu du point M est donc un cercle qui a pour centre le point A et dont le rayon est double de la distance des deux parallèles.

V.

159. ABC (fig. 52) *est un triangle de périmètre constant et dont l'angle* A *est donné; on mène la bissectrice* CM *de l'angle extérieur* BCE *et on abaisse* BM *perpendiculaire sur* CM : *on demande le lieu du point* M.

Décrivons le cercle ex-inscrit O qui touche le côté BC, et les prolongements de AB et AC aux points D et E, tirons la corde DE et prolongeons la bissectrice CM de l'angle BCE jusqu'à sa rencontre en M avec cette corde ; il sera prouvé que le point M ainsi obtenu se confond avec le point M de l'énoncé, si joignant le premier point au point B par une droite BM, on obtient un angle BMD complémentaire de CME.

Or on a d'abord

$$\widehat{CME} = 90^\circ - \frac{B}{2},$$

et si l'on désigne l'angle BMD par x, le triangle BMD donne

$$(1) \qquad \frac{\cos\left(\frac{A}{2} - x\right)}{\sin x} = \frac{DM}{DB}.$$

Nous allons maintenant chercher à évaluer le rapport $\frac{DM}{DB}$.

A cet effet, tirons les droites OD, OE, OB et abaissons OI perpendiculaire sur DE ; nous obtiendrons trois triangles rectangles DOB, DOI, OCE, qui donneront

$$DB = r' \operatorname{tg} \frac{B}{2}, \quad DE = 2r' \cos \frac{A}{2}, \quad CE = r' \operatorname{tg} \frac{C}{2};$$

d'autre part, le triangle CME donne

$$EM = \frac{CE \cos \frac{C}{2}}{\cos \frac{B}{2}} = \frac{r' \sin \frac{C}{2}}{\cos \frac{B}{2}},$$

donc

$$DM = DE - EM = \frac{r' \cos \frac{A - B}{2}}{\cos \frac{B}{2}}.$$

Remplaçant maintenant dans l'équation (1) DM et DB par les expressions que nous venons de trouver, on a

$$\frac{\cos\left(\frac{A}{2} - x\right)}{\sin x} = \frac{\cos \frac{A - B}{2}}{\sin \frac{B}{2}},$$

d'où l'on déduit que l'angle x est égal à $\frac{B}{2}$, c'est-à-dire, complémentaire de l'angle CME.

VI.

160. ABCD (fig. 53) *est un parallélogramme*, CL *une droite quelconque qui passe par le sommet* C, P *et* Q *deux points en ligne droite avec le sommet* A *et situés sur les prolongements des côtés* CD *et* CB ; *par les points* P *et* Q *on mène deux droites* PM *et* QM *qui se rencontrent en un point quelconque* M *de* CL *et qui coupent, respectivement, les prolongements de* AB *et de* AD *en* E *et* F : *on demande de prouver que le rapport de* AE *à* AF *est indépendant de la position du point* M *sur* CL (Chasles (Porisme (33), page (134)).

G étant le point d'intersection de PQ et CL, posons

$$PG = a, \quad QG = b, \quad \widehat{LGP} = \gamma.$$

Soient aussi

$$\widehat{PAD} = \alpha, \quad \widehat{QAB} = \beta, \quad \widehat{MPA} = \lambda, \quad \widehat{MQA} = \mu.$$

Les triangles AEP, FAQ donnent

$$AE = \frac{AP \sin \lambda}{\sin (\lambda + \beta)}, \quad AF = \frac{AQ \sin \mu}{\sin (\mu + \alpha)},$$

et, par suite, on a

$$\frac{AE}{AF} = \frac{AP \sin\alpha\,(\operatorname{cotg}\mu + \operatorname{cotg}\alpha)}{AQ \sin\beta\,(\operatorname{cotg}\lambda + \operatorname{cotg}\beta)}.$$

La question est donc ramenée à prouver que le rapport $\frac{\operatorname{cotg}\mu + \operatorname{cotg}\alpha}{\operatorname{cotg}\lambda + \operatorname{cotg}\beta}$ est constant, λ et μ étant deux angles, variables mais évidemment liés, entr'eux, par une certaine relation.

Pour trouver cette relation, égalons entr'elles deux valeurs de GM tirées des triangles MGP, MGQ, nous aurons ainsi

$$GM = \frac{a \sin\lambda}{\sin(\lambda + \gamma)} = \frac{b \sin\mu}{\sin(\gamma - \mu)},$$

d'où l'on déduit, en remplaçant $\frac{b}{a}$ par m, l'équation de condition demandée

$$\operatorname{cotg}\mu = \operatorname{cotg}\lambda + (m+1)\operatorname{cotg}\gamma.$$

Remplaçant maintenant, dans le rapport $\frac{\operatorname{cotg}\mu + \operatorname{cotg}\alpha}{\operatorname{cotg}\lambda + \operatorname{cotg}\beta}$, la variable $\operatorname{cotg}\mu$ par l'expression que donne l'équation précédente, on sera ramené au rapport

$$\frac{m \operatorname{cotg}\lambda + (m+1)\operatorname{cotg}\gamma + \operatorname{cotg}\alpha}{\operatorname{cotg}\lambda + \operatorname{cotg}\beta},$$

mais pour que le rapport précédent soit constant, il faut et il suffit que, dans ses deux termes, les coefficients de la variable $\operatorname{cotg}\lambda$ soient proportionnels aux quantités qui en sont indépendantes, c'est-à-dire, qu'on doit avoir

$$(m+1)\operatorname{cotg}\gamma + \operatorname{cotg}\alpha = m \operatorname{cotg}\beta.$$

Or en égalant entr'elles deux valeurs de CG déduites des triangles PCG, QCG, on a la relation

$$\frac{a \sin\beta}{\sin(\gamma - \beta)} = \frac{b \sin\alpha}{\sin(\gamma + \alpha)}$$

qui, après avoir remplacé $\frac{b}{a}$ par m, conduit bien à la précédente. La proposition est donc démontrée.

VII.

161. *Par un point* A *donné dans le plan d'un cercle connu* O (fig. 54), *on mène deux droites rectangulaires* AB *et* AC *qu'on prolonge jusqu'à leur rencontre en* B *et* C *avec le cercle; en ces derniers points on mène les tangentes* BM *et* CM : *on demande de prouver que le lieu géométrique du point d'intersection* M *des tangentes est un cercle dont le centre est sur* OA *ou son prolongement* (Concours, 1870).

Supposons que le lieu soit effectivement un cercle dont le centre soit un point G situé sur la droite indéfinie OA, à droite ou à gauche du centre O : si nous tirons la droite GM, le triangle GOM donnera

$$GM^2 = \overline{OM}^2 + \overline{GO}^2 - 2GO \times OM \cos GOM.$$

Nous avons supposé sur la figure que le point G était à gauche de O ; s'il était à droite, on devrait remplacer dans l'équation précédente l'angle GOM par l'angle supplémentaire adjacent : dans les deux cas le second membre de l'équation est constant.

Réciproquement, si, b et c représentant deux constantes et θ l'angle variable MOA, on trouve que MO est liée aux deux constantes et à l'angle par une équation de la forme

$$(1) \qquad OM^2 - 2b \times OM \cos \theta + b^2 = c^2,$$

on pourra affirmer que le lieu du point M est un cercle dont le centre est à droite ou à gauche de O suivant que b sera positif ou négatif. En effet, si l'on porte à droite ou à gauche de O, suivant que b est positif ou négatif, une longueur OG égale à la valeur absolue de b, et que l'on tire MG, en calculant cette dernière droite, on aura, pour l'expression de son carré, le premier membre de l'équation (1), par suite MG sera égale à la constante c et le lieu du point M sera un cercle dont le centre sera le point G et dont le rayon sera égal à c.

Cela posé, on voit que tout revient à trouver une relation entre MO, l'angle MOA et les constantes. Représentons les longueurs OM, OI et IB par ρ, u et v, le rayon du cercle donné par r et la distance OA par a ; on tire immédiatement des triangles OMB, OIB, OIA, en remarquant que AI est égale à IB,

$$\rho = \frac{r^2}{u}, \quad u^2 + v^2 = r^2,$$

$$v^2 = u^2 + a^2 - 2au \cos\theta.$$

Éliminant maintenant entre ces trois équations les inconnues auxiliaires u et v, on obtient

$$\rho^2 + \frac{2ar^2 \cos\theta}{r^2 - a^2}\rho = \frac{2r^4}{r^2 - a^2},$$

mais si l'on pose

$$\frac{ar^2}{a^2 - r^2} = b$$

et qu'on ajoute b^2 aux deux membres de l'équation précédente, on aura

$$(2) \qquad \rho^2 - 2b\rho\cos\theta + b^2 = b^2 - \frac{2br^2}{a},$$

donc, d'après ce qui a été démontré plus haut, le lieu est un cercle.

Si le point A est à l'intérieur du cercle donné, b est négatif et le centre G est à gauche de O ; si, au contraire, le point A est extérieur au cercle, b est positif et le centre G est à droite de O. On peut remarquer que, dans ce dernier cas, le second membre de l'équation (2) pouvant être nul ou négatif, le lieu peut se réduire à un point ou ne plus exister : on voit, d'ailleurs, facilement que, lorsque le lieu se réduit à un point, c'est au point A lui-même.

VIII.

162. *Étant donnés un cercle* O *et un point* P *dans son plan* (fig. 55), *par le point* P *on mène deux sécantes* PAB, PA′B′, *et l'on circonscrit deux cercles aux triangles* PAA′, PBB′ : *on demande le lieu du point* M *d'intersection des deux cercles.*

Tirons les droites PO, MA, BB′, AA′, PM, et soient représentées, respectivement, par a, b, a', b', d, $2u$, $2u'$ les distances PA, PB, PA′, PB′, PO et les cordes AB, A′B′ ; soient aussi α, α', β, γ les angles OPA, OPA′, OPM et PA′A.

Le triangle PAA′ donne, d'abord,

$$\text{(1)} \qquad \frac{\sin(\alpha+\alpha'+\gamma)}{\sin\gamma} = \frac{a'}{a},$$

d'où l'on tire

$$\text{(2)} \qquad \cot\gamma = \frac{a' - a\cos(\alpha+\alpha')}{a\sin(\alpha+\alpha')}.$$

Mais si l'on remarque que l'angle PMB′ est égal à l'angle PBB′ et, par suite, à l'angle PA′A ou γ, et que l'angle PMA est aussi égal à γ, on déduira des triangles PMA, PMB′ les équations

$$\text{(3)}\ \mathrm{PM} = \frac{a\sin(\alpha+\beta+\gamma)}{\sin\gamma}, \qquad \text{(4)}\ \mathrm{PM} = \frac{b'\sin(\alpha'-\beta+\gamma)}{\sin\gamma}.$$

Si maintenant on développe les numérateurs des formules précédentes en γ, considérant les quantités $\alpha+\beta$ et $\alpha'-\beta$ comme représentant, chacune, un seul arc, qu'on remplace le rapport de $\cos\gamma$ à $\sin\gamma$ par $\cot\gamma$, et qu'enfin on substitue à $\cot\gamma$ la valeur que donne la formule (2), on obtient

$$\text{(5)} \qquad \mathrm{PM} = \frac{a'\sin(\alpha+\beta) + a\sin(\alpha'-\beta)}{\sin(\alpha+\alpha')},$$

$$\text{(6)} \qquad \mathrm{PM} = \frac{(a'\sin(\alpha'-\beta) + a\sin(\alpha+\beta))\,b'}{a\sin(\alpha+\alpha')}.$$

Si alors on égale entr'elles les valeurs de PM, après avoir remplacé $a'b'$ par la quantité ab qui lui est égale, on trouve

$$\text{(7)} \qquad \frac{\sin(\alpha+\beta)}{\sin(\alpha'-\beta)} = \frac{b-a}{a'-b'} = \frac{u}{u'}.$$

Cela posé, remplaçant, dans la valeur de PM donnée par la formule (5), a et a', respectivement, par $d\cos\alpha - u$ et $d\cos\alpha' + u'$, et tenant compte de la relation (7), il vient

$$\mathrm{PM} = \frac{d\,(\cos\alpha\sin(\alpha'-\beta) + \cos\alpha'\sin(\alpha+\beta))}{\sin(\alpha+\alpha')}$$

ou

$$\mathrm{PM} = \frac{d\,(\sin(\alpha+\alpha'-\beta) + \sin(\alpha+\alpha'+\beta))}{2\sin(\alpha+\alpha')}.$$

Si maintenant on remplace une somme de sinus par le double

produit d'un sinus par un cosinus et qu'on supprime le facteur commun $\sin(\alpha + \alpha')$, on obtient

$$PM = d \cos\beta.$$

Cette dernière équation exprime que le triangle POM est rectangle : le lieu demandé est donc le cercle décrit sur OP comme diamètre.

Remarque. — L'équation (7), qui s'est présentée dans le calcul, montre que les distances du point M aux deux sécantes PAB, PB'A' sont proportionnelles aux deux cordes u et u'.

IX.

163. *Étant donnés deux droites* AB *et* AC (fig. 56), *un point* D *sur la première, et un point* O *hors de l'angle* BAC *de ces droites, on pourra déterminer un angle* β, *un rapport* m *et un point* E *sur la deuxième droite, de manière que, si l'on fait tourner l'angle* β *autour du point* O *comme sommet, ses côtés rencontrent, respectivement, les deux droites en des points* F *et* G, *tels, que le rapport des segments* EG *et* DF *soit égal à* m (Porisme d'Euclide rétabli par M. Chasles).

Tirons la droite AO et posons

$$AD = a, \quad AO = b, \quad AE = x, \quad AF = y, \quad AG = z,$$

$$\widehat{BAC} = \alpha, \quad \widehat{CAO} = \gamma.$$

On a, d'abord, en vertu de l'équation de condition

$$\frac{x - z}{a - y} = m$$

ou

$$(1) \qquad z = x - ma + my.$$

Mais les triangles AFO, AGO donnent

$$\frac{\sin(AOF + \alpha + \gamma)}{\sin AOF} = \frac{b}{y}, \qquad \frac{\sin(AOG + \gamma)}{\sin AOG} = \frac{b}{z},$$

et de ces égalités on déduit

$$(2) \qquad \cot AOF = \frac{b - y\cos(\alpha + \gamma)}{y\sin(\alpha + \gamma)},$$

$$(3) \qquad \cot AOG = \frac{b - z\cos\gamma}{z\sin\gamma};$$

or l'angle FOG ou β étant égal à la différence des angles AOG, AOF, on a

$$\cot\beta = \frac{\cot \mathrm{AOF} \cot \mathrm{AOG} + 1}{\cot \mathrm{AOF} - \cot \mathrm{AOG}},$$

et en substituant dans le second membre de cette équation, à la place de cotg AOF et cotg AOG, les valeurs données par les équations (2) et (3), on obtient

$$(4) \quad \cot\beta = \frac{yz\cos\alpha - by\cos(\alpha+\gamma) - bz\cos\gamma + b^2}{yz\sin\alpha - by\sin(\alpha+\gamma) + bz\sin\gamma}.$$

Remplaçons maintenant, dans l'équation précédente, z par la valeur que donne l'équation (1), et posons

$$p = (x - ma)\cos\alpha - b\cos(\alpha+\gamma) - bm\cos\gamma$$
$$q = (x - ma)\sin\alpha - b\sin(\alpha+\gamma) + bm\sin\gamma.$$

nous aurons

$$(5) \quad \cot\beta = \frac{m\cos\alpha\, y^2 + py - b(x - ma)\cos\gamma + b^2}{m\sin\alpha\, y^2 + qy + b(x - ma)\sin\gamma}.$$

Exprimons maintenant que cotg β est constant en écrivant que les coefficients des mêmes puissances de y sont proportionnelles dans les deux termes de la fraction qui forme le second membre de l'équation (5).

Comme le rapport des coefficients de y^2 est cotg α, on voit d'abord que l'angle constant β doit être égal à α.

Si on exprime ensuite que p est égal à q cotg α, en développant la condition et résolvant l'équation obtenue par rapport à m, on trouve

$$(6) \qquad m = \frac{\sin\gamma}{\sin(\alpha+\gamma)},$$

c'est-à-dire que le rapport m est égal à celui des distances du point O aux deux côtés de l'angle donné.

Écrivant enfin que le rapport des termes indépendants de y est égal à cotg α, on a

$$(x - ma)\cos\gamma - b = -(x - ma)\sin\gamma\cot\alpha,$$

et en remplaçant m par la valeur que donne la formule (6), il vient

$$(7) \qquad x = \frac{b + a \sin \gamma}{\sin(\alpha + \gamma)}.$$

Pour vérifier que cette valeur de x est bien celle que l'on doit trouver, remarquons que lorsque les points F et D se confondent, il en est de même des points G et E. Si donc l'on fait dans la formule (4) y égal à a et z égal à x, qu'en même temps on remplace β par α, m par la valeur que donne la formule (6), puis qu'on résolve l'équation obtenue par rapport à x, on devra trouver pour x la valeur que donne l'équation (7) : or c'est ce que le calcul confirme.

Remarque. — Si l'on compare la démonstration qui précède à la démonstration géométrique donnée par M. Chasles *, on doit accorder, qu'au point de vue logique, la Trigonométrie a ici l'avantage sur la Géométrie, puisque la méthode elle-même conduit aux valeurs de toutes les inconnues, ce que la Géométrie ne fait pas.

X.

164. *Un angle* ABC *de grandeur donnée* (fig. 57) *se meut, de manière qu'un de ses côtés* AB *passe par un point fixe* A *et que son sommet* B *glisse sur une circonférence donnée ; son deuxième côté rencontre cette courbe en un deuxième point* C *par lequel on mène une droite* CD *faisant avec* BC *un angle* BCD *égal à l'angle* ABC, *mais dans un sens contraire : il faut démontrer que la droite* CD *passe constamment par un point fixe* (Porisme d'Euclide *).

Tirons les droites DOA, OB et OC, et si F est le point fixe cherché, tirons aussi la droite AF, puis posons :

$$\mathrm{OA} = a, \quad \widehat{\mathrm{ABC}} = \alpha, \quad \widehat{\mathrm{OAF}} = \beta, \quad \widehat{\mathrm{OAB}} = x, \quad \widehat{\mathrm{OBA}} = y.$$

Si l'on observe que les angles DCO et OBA sont égaux et

* *Porismes d'Euclide*, par M. Chasles, page 146, ou *Questions de Géométrie*, page 72.

* Mêmes ouvrages, pages 173 et 174.

que l'angle CDA est égal à $360° - x - 2\alpha$, on aura dans les triangles OBA et OCD

$$\sin y = \frac{a \sin x}{r}, \qquad \text{OD} = \frac{-r \sin y}{\sin (x + 2\alpha)},$$

et en multipliant, membre à membre, on obtient

$$\text{OD} = \frac{-a \sin x}{\sin (x + 2\alpha)},$$

il vient, par suite,

$$\text{AD} = \frac{a (\sin (x + 2\alpha) - \sin x)}{\sin (x + 2\alpha)}.$$

Mais dans le triangle ADF on a

$$\text{AF} = \frac{\text{AD} \sin (x + 2\alpha)}{\sin (x + 2\alpha + \beta)},$$

et en mettant dans cette dernière équation la valeur de AD que donne la précédente, on obtient

$$\text{AF} = \frac{a (\sin (x + 2\alpha) - \sin x)}{\sin (x + 2\alpha + \beta)},$$

ou encore

$$\text{AF} = \frac{2a \cos (x + \alpha) \sin \alpha}{\sin (x + 2\alpha + \beta)}.$$

Mais $\cos (x + \alpha)$ étant égal à $\sin (x + \alpha + 90)$, on voit que la condition nécessaire et suffisante pour que AF soit constant est

$$\beta = 90° - \alpha.$$

C'est le résultat trouvé par la Géométrie.

XI.

165. DG *est une corde quelconque d'une circonférence donnée* (fig. 58), A, B *et* C *sont trois points quelconques de cette circonférence dont les deux premiers sont fixes et le troisième mobile; on tire les droites* AC *et* BC *qui coupent la corde* DG *en* E *et* F : *il faut démontrer que le rapport* $\frac{\text{DE} \times \text{FG}}{\text{EF}}$ *est constant* (Porisme d'Euclide).

Tirons les droites AD, BG et DC et posons

$$\widehat{DCA} = \alpha, \quad \widehat{ACB} = \beta, \quad BG = b.$$

Des triangles DCE, ECF et FBG on déduit

$$\frac{DE}{EC} = \frac{\sin \alpha}{\sin CDG}, \qquad \frac{EC}{EF} = \frac{\sin EFC}{\sin \beta}, \qquad FG = \frac{b \sin CBG}{\sin BFG}.$$

Multipliant, membre à membre, les équations précédentes et observant que les deux angles CDG et CBG sont égaux, on obtient

$$\text{(1)} \qquad \frac{DE \times FG}{EF} = \frac{b \sin \alpha}{\sin \beta},$$

mais si l'on représente par R le rayon du cercle, on a

$$2R = \frac{AD}{\sin \alpha} = \frac{AB}{\sin \beta},$$

d'où

$$\frac{\sin \alpha}{\sin \beta} = \frac{AD}{AB}.$$

Remplaçant maintenant dans l'équation (1) $\frac{\sin \beta}{\sin \alpha}$ par la valeur qu'on vient de trouver, on a

$$\frac{DE \times FG}{EF} = \frac{BG \times AD}{AB}.$$

C'est ce qu'il fallait démontrer.

XII.

166. *Déterminer un cercle C qui coupe sous des angles donnés α, α', α'' les cercles connus O, O', O''* (fig. 59).

Soient A, A', A'' trois points d'intersection du cercle C avec les cercles O, O', O'' : tirons les droites CA, CA', OA, O'A', CO, CO', OO', OO'' et O'O'', et représentons par a'', a' et a ces trois dernières droites, par x et y le rayon du cercle C et la distance OC, et enfin par λ, μ et β les trois angles O'OC, O''OC et O'OO''.

Les triangles COO′, CO′A′, COA donnent, d'abord,

$$(1)\qquad \overline{CO'}^2 = a''^2 + y^2 - 2a''y\cos\lambda,$$
$$(2)\qquad \overline{CO'}^2 = r'^2 + x^2 - 2r'x\cos\alpha,$$
$$(3)\qquad y^2 = r^2 + x^2 - 2rx\cos\alpha.$$

Égalant entre elles les valeurs de $\overline{CO'}^2$ données par les deux premières équations, et remplaçant, dans l'équation ainsi obtenue, y^2 par la valeur que donne l'équation (3), on a

$$a''^2 + r^2 - 2rx\cos\alpha - 2a''y\cos\lambda = r'^2 - 2r'x\cos\alpha',$$

ou, en posant

$$r^2 - r'^2 + a''^2 = 2K'',$$
$$(4)\qquad (r'\cos\alpha' - r\cos\alpha)x + K'' = a''y\cos\lambda.$$

Posant aussi

$$r^2 - r''^2 + a'^2 = 2K',$$

on a, de même,

$$(5)\qquad (r''\cos\alpha'' - r\cos\alpha)x + K' = a'y\cos\mu.$$

Mais la somme des angles λ et μ étant égale à β, on a

$$(6)\qquad \cos^2\lambda + \cos^2\mu - 2\cos\beta\cos\lambda\cos\mu = \sin^2\beta.$$

Multiplions maintenant les deux membres de l'équation précédente par y^2 et remplaçons-y $y\cos\lambda$, $y\cos\mu$ et y^2 par les valeurs que donnent les équations (4), (5) et (3) ; nous obtiendrons une équation du second degré pour déterminer le rayon x du cercle cherché.

Reste encore à déterminer la position du centre C. A cet effet, on calcule l'angle λ par l'équation (4) où l'on remplace, d'abord, x par l'une des racines de l'équation du second degré qu'on a obtenue, comme il a été dit, et y par la valeur correspondante que donne l'équation (3) : on connaît ainsi la direction OC, mais comme la longueur de OC est connue, le point C peut donc être considéré comme déterminé.

XIII.

167. *Étant donnés un polygone régulier, d'un nombre pair de côtés* 2n, *et une circonférence concentrique, on demande de trouver une relation entre les tangentes des angles sous les-*

quels, d'un point de la circonférence, on voit les diagonales passant par le centre (Concours).

Soit M (fig. 60) un point du cercle donné, dont le centre est en O, et AB l'une des diagonales : tirons les droites MA, MB et MO, et désignons par r, a, α, β le rayon du cercle, la demi-diagonale OA, et les angles AMB et AOM. La formule (21) (88), en adoptant les notations actuelles, donne immédiatement

$$(1) \qquad \operatorname{tg} \alpha = \frac{2ar \sin \beta}{r^2 - a^2}.$$

Si l'on considère maintenant les diagonales suivantes A'B', A''B'', A'''B''', etc., en tournant dans un certain sens, elles font avec MO des angles respectivement égaux à $\beta + \frac{\pi}{n}$, $\beta + \frac{2\pi}{n}$, $\beta + \frac{3\pi}{n}$, etc., et la dernière fait avec MO l'angle $\beta + (n-1)\frac{\pi}{n}$.

Désignons maintenant par α', α'', α''' ... α^{n-1} les angles A'MB', A''MB'', A'''MA''' ... $A^{n-1}MA^{n-1}$, nous aurons $n-1$ équations qui se déduiront de l'équation (1) en y remplaçant successivement α par α', α'', α''' ... α^{n-1} et β par $\beta + \frac{\pi}{n}$, $\beta + \frac{2\pi}{n}$, $\beta + \frac{3\pi}{n} \ldots \beta + (n-1)\frac{\pi}{n}$. En élevant ces équations au carré et les ajoutant, membre à membre, il viendra

$$\operatorname{tg}^2 \alpha + \operatorname{tg}^2 \alpha' + \operatorname{tg}^2 \alpha'' + \ldots = \frac{4a^2r^2}{(r^2-a^2)^2}\left(\sin^2\beta + \sin^2\left(\beta + \frac{\pi}{n}\right) + \ldots \sin^2\left(\beta + (n-1)\frac{\pi}{n}\right)\right),$$

ou

$$\operatorname{tg}^2 \alpha + \operatorname{tg}^2 \alpha' + \operatorname{tg}^2 \alpha'' + \ldots = \frac{2a^2r^2}{(r^2-a^2)^2}\left(n - \left(\cos 2\beta + \cos\left(2\beta + \frac{2\pi}{n}\right) + \ldots \cos\left(2\beta + (n-1)\frac{2\pi}{n}\right)\right)\right).$$

Mais la somme des cosinus entre parenthèses est nulle, comme on le démontre, à l'aide de la formule (2) (76), ou en remarquant que la somme est celle des perpendiculaires abaissées des sommets d'un polygone régulier sur un diamètre du cercle circonscrit : on a donc finalement

$$\operatorname{tg}^2 \alpha + \operatorname{tg}^2 \alpha' + \ldots \operatorname{tg}^2 \alpha^{n-1} = \frac{2na^2r^2}{(r^2 - a^2)^2},$$

c'est la relation qu'il s'agissait de trouver.

Autre démonstration. — On peut faire une démonstration entièrement géométrique, en n'empruntant à la trigonométrie que l'expression des tangentes. A cet effet, abaissons du point M des perpendiculaires MH, MH', MH'', etc., sur toutes les diagonales, et substituons à la formule (1), la formule suivante qu'on rencontre, d'abord,

$$(2) \qquad \operatorname{tg} \alpha = \frac{2a \times \mathrm{MH}}{r^2 - a^2}.$$

Remarquons maintenant que les points H, H', H'' sont sur une même circonférence, décrite sur OM comme diamètre, et que le polygone obtenu en joignant consécutivement les points H, H', H'', est un polygone régulier de n côtés. Mais on sait que la somme des carrés des distances d'un point M d'un cercle aux sommets d'un polygone régulier inscrit HH'H''... est une quantité constante ; donc, à cause de l'équation (2) et des équations semblables, il en est de même de la somme des carrés des tangentes. Quand le point M se déplace, le cercle, auquel s'applique le théorème dont nous avons fait usage, tourne, il est vrai, autour du point O, mais cela ne gêne en rien l'application du théorème dont on fait usage.

XIV.

168. Problème de Malfatti. — *Déterminer trois cercles, tels, que chacun d'eux touche à la fois les deux autres et deux côtés d'un triangle donné.*

Première méthode.

Premier cas de figure. — *Les trois cercles sont intérieurs au triangle.*

Soient ABC le triangle donné (fig. 61), O le centre du cercle inscrit, D, E, F, les centres des trois cercles demandés : tirons les droites DE, DF et EF, et abaissons DH, FK et OI, FL, EM et OS, DP, EN et OR, trois à trois, respectivement, perpendiculaires sur AB, BC et AC; puis menons aussi une parallèle à AB, la droite DV qui rencontre OI en T et FK en V. Si l'on prend, pour inconnues auxiliaires x, y, z, les projections LM, NP et HK des côtés du triangle DEF sur ceux du triangle ABC, on aura, comme au problème IV (104),

$$\mathrm{DH} \times \mathrm{FK} = \frac{z^2}{4}, \qquad \mathrm{DH} \times \mathrm{EN} = \frac{y^2}{2}, \qquad \mathrm{EN} \times \mathrm{FK} = \frac{x^2}{4},$$

d'où l'on tire, pour calculer les rayons DH, FK et EN des trois cercles cherchés, les équations suivantes

$$(1) \qquad \mathrm{DH} = \frac{yz}{2x}, \qquad \mathrm{FK} = \frac{xz}{2y}, \qquad \mathrm{EN} = \frac{xy}{2z},$$

et tout est ramené à calculer x, y, z.

On a, d'abord, dans le triangle DOT

$$(2) \qquad \operatorname{tg}\frac{A}{2} = \frac{\mathrm{OT}}{\mathrm{DT}} = \frac{r - \mathrm{DH}}{\mathrm{IH}}.$$

Mais comme les six segments IH, PR, IK, SL, SM et RN sont égaux, deux à deux, on a

$$(3) \qquad \mathrm{IH} = \frac{y + z - x}{2}.$$

Mettant maintenant dans l'équation (2), pour DH et IH, les valeurs données par la première des équations (1) et l'équation (3), il vient

$$(4) \qquad \operatorname{tg}\frac{A}{2} = \frac{2rx - yz}{x(y + z - x)},$$

et l'on aura pour déterminer $\operatorname{tg}\frac{B}{2}$ et $\operatorname{tg}\frac{C}{2}$ deux équations semblables à la précédente et qui s'en déduiront par un simple changement de lettres.

Cela posé, on remarque que les trois angles $\frac{A}{2}$, $\frac{B}{2}$ et $\frac{C}{2}$ ayant une somme égale à 90°, on a la relation

$$(5) \qquad \operatorname{cotg}\frac{A}{2} + \operatorname{cotg}\frac{B}{2} + \operatorname{cotg}\frac{C}{2} = \operatorname{cotg}\frac{A}{2}\operatorname{cotg}\frac{B}{2}\operatorname{cotg}\frac{C}{2},$$

et si l'on y remplace $\operatorname{cotg}\frac{A}{2}$, $\operatorname{cotg}\frac{B}{2}$, $\operatorname{cotg}\frac{C}{2}$ par les valeurs que donnent l'équation (4) et les deux équations semblables, on trouve

$$(6)\qquad 2r^2 - 2r(yz + xz + xy) + xyz = 0,$$

ou, sous une autre forme,

$$2r(r - x)(y + z - x) + (2rx - yz)(2r - x) = 0,$$

de cette équation, on tire

$$\frac{2rx - yz}{y + z - x} = \frac{2r(x - r)}{2r - x},$$

et, par suite, l'équation (4) devient

$$(7)\qquad \operatorname{tg}\frac{A}{2} = \frac{2r(x - r)}{x(2r - x)},$$

ou

$$(8)\qquad \operatorname{tg}\frac{A}{2}x^2 + 2r\left(1 - \operatorname{tg}\frac{A}{2}\right)x - 2r^2 = 0,$$

de cette dernière équation, on tire, en laissant de côté la racine négative,

$$x = r\left(1 + \frac{-1 + \sqrt{1 + \operatorname{tg}^2\frac{A}{2}}}{\operatorname{tg}\frac{A}{2}}\right)$$

ou

$$(9)\qquad x = r\left(1 + \operatorname{tg}\frac{A}{4}\right).$$

Mais dans le triangle OAI on a

$$OA = \frac{r}{\sin\frac{A}{2}},\qquad AI = \frac{r}{\operatorname{tg}\frac{A}{2}},$$

et, par suite,

$$OA - AI = \frac{r\left(1 - \cos\frac{A}{2}\right)}{\sin\frac{A}{2}} = r\operatorname{tg}\frac{A}{4};$$

on a donc finalement

$$x = \text{OI} + \text{OA} - \text{AI},$$

et on obtiendrait de même y et z.

La solution à laquelle nous venons d'arriver est celle-là même que *Malfatti* avait donnée sans démonstration.

Deuxième cas. — *Les trois cercles sont toujours dans l'intérieur des angles du triangle, mais leurs points de contact avec les côtés sont sur les prolongements de ces côtés.*

Dans ce cas, les rayons des cercles cherchés sont plus grands que le rayon du cercle inscrit et, dans la formule (2), on doit remplacer $r - \text{DH}$ par $\text{DH} - r$, ou, ce qui revient au même, changer $\text{tg}\,\frac{A}{2}$ en $-\text{tg}\,\frac{A}{2}$: de même on changera $\text{tg}\,\frac{B}{2}$ et $\text{tg}\,\frac{C}{2}$ en $-\text{tg}\,\frac{B}{2}$ et $-\text{tg}\,\frac{C}{2}$ dans les deux formules analogues.

On devra, par suite, faire les mêmes changements dans l'équation (4) et dans les deux équations semblables. Alors les équations (5) et (6) restent les mêmes, et, pour avoir les équations qui donnent les inconnues x, y et z, on devra changer, dans l'équation (7) et les deux équations pareilles, les signes de $\text{tg}\,\frac{A}{2}$, $\text{tg}\,\frac{B}{2}$ et $\text{tg}\,\frac{C}{2}$: la nouvelle équation en x, par exemple, sera

$$\text{tg}\,\frac{A}{2}\,x^2 - 2r\left(1 + \text{tg}\,\frac{A}{2}\right)x + 2r^2 = 0.$$

Les deux racines de cette équation sont réelles et positives, mais comme, en substituant r à la place de x dans le premier membre, on trouve le résultat négatif $-r^2\,\text{tg}\,\frac{A}{2}$, l'une des valeurs de x est plus petite et l'autre plus grande que r : c'est la dernière qu'il faut prendre.

Troisième cas. — *Les trois cercles sont dans l'espace formé par un côté* AB *et les prolongements des deux autres.*

On voit facilement que les deux cercles inscrits dans les angles $180° - A$ et $180° - B$ ont un rayon plus petit que r', tandis que le cercle inscrit dans l'angle C a un rayon plus grand. On devra maintenant, après le changement de r en r', remplacer, dans la formule (4) et les deux analogues ainsi que dans l'équation (5), les angles $\frac{A}{2}$, $\frac{B}{2}$, $\frac{C}{2}$, respectivement, par $90^\circ - \frac{A}{2}$, $90^\circ - \frac{B}{2}$ et $-\frac{C}{2}$, mais la somme de ces trois derniers angles étant encore égale à 90°, le résultat de l'élimination entre les nouvelles équations sera toujours l'équation (6), au changement près de r en r'. On aura donc pour déterminer x, y et z des équations qui se déduiront de l'équation (8) et des deux analogues en faisant les changements prescrits : le choix de la racine dans chaque équation n'offrira, d'ailleurs, aucune difficulté.

QUATRIÈME CAS. — *Deux des cercles sont toujours inscrits dans les angles* $180^\circ - A$ *et* $180^\circ - B$ *adjacents au côté* AB, *mais le troisième cercle est compris dans l'angle* C *entre le sommet de cet angle et les deux autres cercles* *.

Soient K, G et P les points de contact du cercle ex-inscrit de rayon r' et des côtés BC, AC et AB ; I et E les points de contact de BC avec le second et le troisième cercle ; L et M les points de contact avec AB du premier et du second cercle ; F et D les points de contact de AC avec le premier et le troisième cercle : on a alors

$$EK - IK = x, \quad DG - FG = y, \quad LP + PM = z,$$

d'où l'on déduit en tenant compte des égalités

$$EK = DG, \quad IK = PM, \quad FG = LP,$$

$$DG = \frac{x+y+z}{2}, \quad PM = \frac{y+z-x}{2}, \quad LP = \frac{x+z-y}{2}.$$

Les rayons des cercles cherchés ont, d'ailleurs, toujours la même expression en x, y et z que dans les autres cas, et l'on remarque aussi qu'ils sont tous trois plus petits que r'. Pour obtenir maintenant l'équation analogue à l'équation (4) on devra, d'abord, comme dans le cas précédent, changer dans cette dernière équation r en r' et $\operatorname{tg}\frac{A}{2}$ en $\operatorname{cotg}\frac{A}{2}$, et en fai-

* Le lecteur est prié de faire la figure

sant les mêmes calculs que dans le premier cas, on aura

$$\cot g \frac{A}{2} = \frac{r' - \frac{yz}{2x}}{\frac{x+z-y}{2}}.$$

Mais si l'on change dans cette formule r' en $-r'$, z en $-z$ l'équation devient

$$\cot g \frac{A}{2} = \frac{r' - \frac{yz}{2x}}{\frac{y+z-x}{2}}.$$

On verra de même que les formules qui donnent $\cot g \frac{B}{2}$ et $- \operatorname{tg} \frac{C}{2}$ se déduisent des deux formules qui leur correspondent dans le troisième cas, en changeant toujours z et r' en $-z$ et $-r'$. L'équation (6) aura, d'ailleurs, toujours lieu au changement près de r en r'. On aura donc, pour déterminer x, y, z dans le quatrième cas, les mêmes équations que dans le troisième, sauf le changement de r' en $-r'$ et de z en $-z$.

DEUXIÈME MÉTHODE.

Nous nous bornerons ici au cas traité par Malfatti.

Remarquons d'abord que le problème peut être énoncé ainsi : *Étant donnés* (fig. 61) *un triangle* ABC *et les bissectrices de ses trois angles* OA, OB *et* OC, *déterminer un triangle* DEF *qui ait ses sommets sur ces trois droites et qui satisfasse, de plus, à cette condition : que chacun de ses côtés soit égal à la somme des perpendiculaires qui projettent ses extrémités sur le côté correspondant du triangle donné.*

Je dis maintenant que la solution du problème ainsi posé est la conséquence immédiate de celle qui a été donnée du problème (IV) (104).

En effet, proposons-nous d'inscrire, dans chacun des triangles COB, COA et AOB, une droite qui satisfasse aux conditions que remplit la droite DE (fig. 14), dans le cas particulier traité page 177, les points analogues au point L étant sur les trois côtés du triangle ABC. On pourra calculer les longueurs des projetantes des extrémités de chaque droite, à l'aide de la formule (8) et des formules analogues dans lesquelles on remplacera h par r et α, β, γ par $\frac{A}{2}$, $\frac{B}{2}$, $\frac{C}{2}$.

Ainsi les longueurs de FL et EM se calculeront par les formules (8) et (9) en y faisant le changement qu'on vient d'indiquer.

Supposons, d'abord, que la droite EF ait été déterminée de position, d'après les valeurs de FL et EM calculées comme il vient d'être dit, et proposons-nous d'inscrire dans l'angle AOB une droite D'F' satisfaisant aux conditions que le côté DF du triangle DEF doit remplir. Pour obtenir la longueur de la perpendiculaire F'K' à AB, il suffira, dans la formule (8) (104) où x représente FL, de remplacer, d'abord, h, α, β et γ par r, $\frac{A}{2}$, $\frac{B}{2}$ et $\frac{C}{2}$, puis de permuter A et C. Mais cette permutation n'amenant aucun changement dans la formule, on en conclut que F'K' est égale à FL, et, par suite, que F' et F se confondent.

Si de même on se proposait d'inscrire dans l'angle AOC une droite D''E'' satisfaisant aux conditions que DE doit remplir, on trouverait, à l'aide de la formule (9) (104), que le point E'' se confond avec le point E. On prouvera enfin au moyen d'une formule analogue aux formules (8) et (9) que les points D'' et D' se confondent en un seul point D.

Le problème proposé peut maintenant être considéré comme résolu, puisque les formules (8) et (9), et une troisième formule analogue, dans lesquelles on remplace h, α, β, γ par r, $\frac{A}{2}$, $\frac{B}{2}$, $\frac{C}{2}$, donnent les valeurs des trois rayons. D'ailleurs, de ces valeurs on peut déduire celles des projections des côtés du triangle DEF sur ceux du triangle ABC, et l'on retombe ainsi sur la solution même de Malfatti.

Troisième méthode.

On se borne encore au premier cas de figure.

Soient (fig. 61) x, y, z les distances AH, BK, CN des trois sommets A, B, C aux points de contact H, K et N : on a, d'abord,

$$x + y + \text{HK} = \text{C},$$

mais, comme on l'a déjà vu,

$$HK = 2\sqrt{DH \times FK}$$

et les triangles rectangles DAH et FKB donnent

$$DH = x \operatorname{tg} \frac{A}{2}, \quad FK = y \operatorname{tg} \frac{B}{2},$$

on a donc

$$HK = 2\sqrt{xy \operatorname{tg} \frac{A}{2} \operatorname{tg} \frac{B}{2}},$$

et en mettant pour HK cette valeur dans la première équation, on obtient

$$(1) \qquad x + y + 2\sqrt{xy \operatorname{tg} \frac{A}{2} \operatorname{tg} \frac{B}{2}} = c.$$

Désignons maintenant comme toujours, par p le demi-périmètre du triangle et posons

$$(2) \qquad a = p \sin^2 \alpha, \quad b = p \sin^2 \beta, \quad c = p \sin^2 \gamma,$$

$$(3) \qquad x = p \cos^2 \lambda, \quad y = p \cos^2 \mu, \quad z = p \cos^2 \nu.$$

α, β et γ sont des angles connus qui sont déterminés par les formules (2) et qu'on pourra toujours supposer compris entre 0 et 90°; λ, γ et ν sont des angles aigus que l'on prend pour inconnus auxiliaires.

Cela posé, on a

$$(4) \qquad \operatorname{tg} \frac{A}{2} \operatorname{tg} \frac{B}{2} = \frac{p - c}{p} = \cos^2 \gamma,$$

et si l'on remplace dans l'équation (1) x, y, c et $\operatorname{tg} \frac{A}{2} \operatorname{tg} \frac{B}{2}$ par les valeurs que donnent les équations (2), (3) et (4), il vien

$$(5) \qquad \cos^2 \lambda + \cos^2 \mu + \cos^2 \gamma + 2 \cos \lambda \cos \mu \cos \gamma = 1.$$

On aura ensuite deux équations semblables.

On sait résoudre l'équation (5) qui a une infinité de solutions; mais comme les six angles qui figurent dans l'équation (5) et les deux équations analogues sont des angles aigus, on a seulement les relations suivantes :

$$\lambda + \mu + \gamma = 180°, \quad \lambda + \nu + \beta = 180°, \quad \mu + \nu + \alpha = 180°$$

qui donnent un seul système de valeurs pour les inconnues λ, μ, ν.

Alors, si l'on désigne par $2s$ la somme des angles donnés α, β et γ, et qu'on substitue dans les équations (3) pour λ, μ, ν les valeurs trouvées, on aura

$$x = p \sin^2 (s - \alpha), \quad y = p \sin^2 (s - \beta), \quad z = p \sin^2 (s - \gamma),$$

et la construction des inconnues x, y et z se fera sans difficultés.

La solution précédente est due à M. Schellback *.

Je vais maintenant terminer le chapitre par quelques applications à la mécanique.

XV.

169. *Trouver la position d'équilibre d'une droite homogène dont les extrémités reposent sur deux plans fixes qui se coupent.*

On démontre en mécanique que l'intersection des deux plans donnés doit être horizontale et que la droite doit être située dans un plan vertical perpendiculaire à cette horizontale.

Soient (fig. 62) OA et OB les intersections de ce plan avec les deux plans donnés, AB la position d'équilibre de la droite, CA et CB deux droites, respectivement, perpendiculaires à AO et OB, aux points A et B, et CD la droite qui joint le point C au milieu D de A; la condition nécessaire et suffisante pour l'équilibre est que la droite CD soit verticale.

Soit HI une horizontale menée par le point O dans le plan de la figure, nous appellerons α et β les angles AOH et BOI que cette droite fait avec OA et OB : toute la difficulté de la question se trouve ramenée à connaître la direction de AB, ou, ce qui revient au même, à calculer l'angle BDC : or, d'après ce qui a été dit (Problème V, 128), on a la formule

$$2 \operatorname{cotg} \mathrm{DBC} = \operatorname{cotg} \mathrm{ACD} - \operatorname{cotg} \mathrm{BCD}.$$

* *Nouvelles Annales*, tome XII, page 131.

ou encore, puisque les angles ACD et BCD sont, respectivement, égaux à α et β,

$$\operatorname{cotg} BDC = \frac{\operatorname{cotg} \alpha - \operatorname{cotg} \beta}{2}.$$

XVI.

169. *Une échelle repose sur le sol horizontal par une de ses extrémités, tandis que l'autre s'appuie contre un mur vertical : on demande de trouver la position limite de l'échelle, c'est-à-dire, la dernière position qu'elle prend avant de glisser.*

Concevons un plan vertical perpendiculaire au milieu des échelons horizontaux, lorsque l'échelle est en équilibre : cette échelle peut alors être assimilée à une droite AB (fig. 61), dont les extrémités tendent à glisser le long de deux droites rectangulaires OA et OB, intersections du sol et du mur vertical avec le plan de symétrie passant par les milieux des échelons.

Cela posé, remarquons qu'au moment où l'équilibre se rompt, les réactions de chaque plan en tenant compte du frottement, peuvent être considérées comme des forces agissant dans le plan de la figure suivant des directions AC et BC qui font, respectivement, avec les normales AD et BD aux deux points d'appui, des angles CAD et CBD égaux à l'angle du frottement, dans le sens opposé à celui dans lequel le mouvement va se produire. Il en résulte que si l'on tire une droite CG, du centre de gravité G de l'échelle au point C de rencontre des droites AC et BC, la seule condition suffisante et nécessaire pour l'équilibre sera que la droite CG soit verticale.

Désignons maintenant par φ et f l'angle et le coefficient de frottement, par m le rapport de AB à GA, et appelons x l'angle BAO que nous prenons pour inconnu : le triangle GAC et le triangle BAC, qui est évidemment rectangle en C, donnent immédiatement

$$GA = \frac{AC \sin \varphi}{\cos x}, \quad AC = BA \sin(x + \varphi) ;$$

et en multipliant, membre à membre, ces équations, et remplaçant $\frac{BA}{GA}$ par m, on a

$$m = \frac{\cos x}{\sin \varphi \sin(x + \varphi)},$$

d'où l'on déduit facilement

$$\operatorname{tg} x = \frac{1 - m \sin^2 \varphi}{m \sin \varphi \cos \varphi},$$

remplaçant enfin $\sin \varphi$ et $\cos \varphi$ par leurs valeurs en $\operatorname{tg} \varphi$ ou f, on obtient la formule demandée

$$\operatorname{tg} x = \frac{1 + f^2}{mf} - f.$$

XVII.

171. *Étant donnés un point* A *de l'espace et un plan* P, *par le point* A *on fait passer des plans en nombre quelconque; sur chacun d'eux successivement, on abandonne en* A *un point pesant : on demande de déterminer le plan qui est tel, que le mobile, posé sur lui, met, sous l'action de la pesanteur, le temps le plus petit possible pour arriver au plan* P. (On fait abstraction du frottement).

Traitons, d'abord, la question pour tous les plans qui passent par l'une des horizontales du point A.

Si l'on mène un plan perpendiculaire à l'horizontale qu'on a choisie, ce plan contiendra la verticale AB du point A (fig. 64) et coupera le plan P suivant une certaine droite BC. Alors les droites que suivra le mobile en descendant le long des différents plans, c'est-à-dire, les lignes de plus grande pente, seront des droites du plan ABC passant par le point A; soient AD l'une d'elles, α et β les deux angles DAB et ABC, et a la longueur AB; si l'on appelle t le temps que le mobile met à parcourir la distance AD, on a, comme on le sait

$$t^2 = \frac{2}{g} \cdot \frac{\text{AD}}{\cos \alpha}.$$

Mais le triangle ADB donne

$$\text{AD} = \frac{a \sin \beta}{\sin (\alpha + \beta)},$$

et en substituant pour AD sa valeur dans l'expression de t^2, on a

$$t^2 = \frac{4a \sin \beta}{g} \times \frac{1}{2 \cos \alpha \sin (\alpha + \beta)}.$$

On est ainsi ramené à trouver le maximum de $2 \cos \alpha \sin (\alpha + \beta)$

ou de $\sin(2\alpha + \beta) + \sin\beta$, et le maximum a évidemment lieu quand α est donné par l'équation

$$2\alpha + \beta = 90^\circ.$$

Pour trouver une construction géométrique du problème, mettons l'équation précédente sous la forme

$$\alpha + \beta = 90^\circ - \alpha,$$

et tirons l'horizontale AC : les angles ADC et CAD étant, respectivement, égaux à $\alpha+\beta$ et $90^\circ-\alpha$ qui sont des angles égaux en vertu de l'équation précédente, le triangle ACD est isocèle, et l'on a le point D en prenant une longueur CD égale à AC.

Quant à la valeur du minimum que nous appellerons t', on l'obtiendra par la formule

$$t'^2 = \frac{4a}{g} \cdot \frac{\sin\beta}{1+\sin\beta},$$

ou encore

$$t'^2 = \frac{4a}{g} \cdot \frac{1}{\frac{1}{\sin\beta} + 1}.$$

Pour obtenir maintenant le *minimum minimorum*, cherchons parmi toutes les valeurs de t' qui correspondent aux différentes horizontales que l'on prend successivement, la valeur qui est la plus petite : or, d'après la formule précédente, t' est minimum en même temps que β, et cet angle a sa valeur minimum quand la droite BC est la projection de AB sur le plan P.

Mais alors le plan ABC est perpendiculaire au plan P et la ligne de plus grande pente du plan cherché sera la droite qui joint le point A à un point obtenu, comme il a été dit, tout à l'heure, pour le point D, mais avec cette condition que le plan ABC soit un plan vertical, perpendiculaire au plan P.

On conclut facilement, de tout ce qui précède, que le point d'arrivée du mobile sur le plan P, lorsqu'il y est parvenu dans le temps le plus court, est le point de contact du plan donné et d'une sphère qui est tangente à ce plan, passe par le point A, et a son centre sur la verticale de ce point. On serait, du reste, arrivé à cette conclusion, sans calcul, en démontrant, d'abord, que, si par le point le plus haut d'une sphère on fait passer différents plans, et qu'en ce point et sur les différents plans on abandonne successivement un point pesant, ce point mettra toujours le même temps pour arriver à la surface de la sphère.

NOTES

NOTE I.

SUR LA DIVISION D'UN ARC EN PARTIES ÉGALES.

Avant de passer au cas général, nous traiterons d'abord le cas où le nombre de parties est égal à 3.

PROBLÈME I.

On donne sin a *et l'on veut trouver sin* $\frac{a}{3}$.

On a déjà vu (31) qu'en représentant sin a par b et sin $\frac{a}{3}$ par x, on est conduit à résoudre l'équation du troisième degré

$$(1) \qquad 4x^3 - 3x + b = 0.$$

Nous allons démontrer maintenant que cette équation doit avoir trois racines réelles.

En effet, sin a étant donné, a est l'un quelconque des arcs donnés par les formules

$$a = 2k\pi + \alpha, \qquad a = (2k + 1)\pi - \alpha,$$

et, par suite, on a

$$(2) \quad x = \sin\left(\frac{2k\pi}{3} + \frac{\alpha}{3}\right), \qquad x = \sin\left(\frac{2k\pi}{3} + \frac{\pi}{3} - \frac{\alpha}{3}\right).$$

Mais si, après avoir donné à k une valeur k', on lui donne une valeur $k' + 3p$ qui diffère de la première d'un multiple de 3, la fraction $\frac{2k\pi}{3}$ prend successivement les valeurs $\frac{2k'\pi}{3}$ et $\frac{2k'\pi}{3} + 2p\pi$; par conséquent, les valeurs x données par les formules (2) sont les mêmes pour deux valeurs entières de k qui diffèrent d'un multiple de 3. Il suffira donc de donner à k trois valeurs entières consécutives, par exemple, 0, 1 et 2: on aura ainsi

$$(3)\quad x' = \sin\frac{\alpha}{3},\quad x'' = \sin\left(\frac{2\pi}{3} + \frac{\alpha}{3}\right),\quad x''' = \sin\left(\frac{4\pi}{3} + \frac{\alpha}{3}\right),$$

$$(4)\quad x_1' = \sin\left(\frac{\pi}{3} - \frac{\alpha}{3}\right),\quad x_1'' = \sin\left(\pi - \frac{\alpha}{3}\right),\quad x_1''' = \sin\left(\frac{5\pi}{3} - \frac{\alpha}{3}\right).$$

Il semble, d'abord, que x ait six valeurs, mais on voit facilement que les valeurs données par les formules (4) sont, respectivement, égales à celles qui sont données par les formules (3).

En effet, les arcs $\frac{\alpha}{3}$ et $\pi - \frac{\alpha}{3}$, d'une part, $\frac{2\pi}{3} + \frac{\alpha}{3}$ et $\frac{\pi}{3} - \frac{\alpha}{3}$, de l'autre, ont une somme égale à π, et la somme des deux arcs $\frac{4\pi}{3} + \frac{\alpha}{3}$ et $\frac{5\pi}{3} - \frac{\alpha}{3}$ est égale à 3π: or on sait que, dans les deux cas, les sinus des arcs pris, deux à deux, sont égaux. On voit donc qu'on peut réduire les six valeurs de x aux trois valeurs qui sont données par les formules (3). D'ailleurs, ces trois dernières valeurs sont, en général, inégales, car la différence entre deux des trois arcs $\frac{\alpha}{3}$, $\frac{2\pi}{\alpha} + \frac{\alpha}{3}$, $\frac{4\pi}{3} + \frac{\alpha}{3}$ n'est pas un nombre entier de circonférences, et la somme de deux des mêmes arcs ne pourrait être un multiple impair de π que pour des valeurs particulières de α.

Il est donc bien démontré que l'équation (1) a trois racines réelles et, en général, inégales, qui sont données par les formules (3).

L'équation (1) peut être résolue, sans l'aide des tables, dans quelques cas particuliers.

1° *Deux racines sont égales.* — Comme nous l'avons déjà

remarqué, deux des valeurs de x données par les formules (3) ne peuvent être égales qu'autant que leur somme est un multiple impair de π. Mais nous pouvons supposer, sans restreindre la généralité des formules (3), que l'arc α est compris entre $-\frac{\pi}{2}$ et $\frac{\pi}{2}$, alors pour exprimer que deux des valeurs de x sont égales, il suffira d'écrire que la somme des deux arcs qui y figurent est égale à π, car la valeur la plus grande que puisse avoir la somme de deux des trois arcs étant $2\pi + \frac{\pi}{3}$, la somme est inférieure à 3π.

Cela posé, écrivons que les valeurs de x, $\sin\frac{\alpha}{3}$ et $\sin\left(\frac{2\pi}{3}+\frac{\alpha}{3}\right)$, sont égales : l'équation de condition est

$$\frac{2\pi}{3}+\frac{2\alpha}{3}=\pi,$$

d'où l'on tire pour α la valeur $\frac{\pi}{2}$:

Lorsque l'arc α est égal à $\frac{\pi}{2}$ les formules (3) donnent

$$x'=x''=\sin\frac{\pi}{6}=\frac{1}{2},\qquad x'''=\sin\frac{3\pi}{2}=-1,$$

et l'équation (1) doit avoir une racine simple égale à -1 et une racine double égale à $\frac{1}{2}$: c'est ce que l'on vérifie facilement.

En effet, l'équation (1), dans laquelle on fait b égal à 1, peut s'écrire

$$4x^3-4x+x+1=0,$$

ou

$$4x(x^2-1)+x+1=0,$$

ou encore

$$(2x-1)^2(x+1)=0,$$

et, sous cette forme, le résultat annoncé est immédiatement vérifié.

Écrivons maintenant que les racines x' et x''' sont égales, on aura

$$\frac{4\pi}{3}+2\frac{\alpha}{3}=\pi,$$

d'où l'on tire pour α la valeur $-\frac{\pi}{2}$. Alors x' et x''' deviennent toutes deux, égales à $-\sin\frac{\pi}{6}$, ou $-\frac{1}{2}$, et x'' est égal à $\sin\frac{\pi}{2}$ ou 1 : donc l'équation

$$4x^3 - 3x - 1 = 0,$$

qu'on déduit de l'équation (1) en y changeant b en -1, a une racine double égale à $\frac{1}{2}$ et une racine simple égale à 1.

C'est ce qu'on peut vérifier directement comme plus haut, ou plus simplement encore, en remarquant que les racines de la dernière équation et celles de l'équation (1), où l'on a remplacé b par 1, sont égales et de signe contraire.

Enfin nous remarquons que x'' et x''' ne peuvent pas devenir égales, parce que la somme des arcs qui y figurent est toujours supérieure à π et inférieure à 3π.

2° *Deux racines sont égales et de signe contraire.*

On sait que, pour que deux sinus soient égaux et de signe contraire, il faut que la différence des deux arcs correspondants soit un multiple impair de π, ou que la somme des deux arcs soit un multiple pair. La première condition est évidemment impossible ici, et comme nous avons supposé que l'arc α est compris entre $-\frac{\pi}{2}$ et $\frac{\pi}{2}$, la seconde condition ne pourra être remplie qu'autant que la somme des arcs dans les formules (3) sera égale à zéro ou à 2π.

Cela posé, on voit facilement qu'en écrivant que x' est égal et de signe contraire à x'' ou x''', on trouve pour α des valeurs qui ne sont pas comprises entre $-\frac{\pi}{2}$ et $\frac{\pi}{2}$; le problème est donc impossible. Quant à x'' et x''', elles ne peuvent devenir égales et de signe contraire en exprimant que la somme des arcs correspondants est égale à 0, car alors α devrait avoir pour valeur -3π ; mais on trouve qu'elles sont égales et de signe contraire, lorsque la somme des arcs est égale à 2π, pour une valeur de α égale à zéro.

Dans ce cas, les valeurs de x données par les formules (3) deviennent

$$x' = 0, \quad x'' = \sin\frac{2\pi}{3} = \frac{\sqrt{3}}{2}, \quad x''' = \sin\frac{4\pi}{3} = -\frac{\sqrt{3}}{2}.$$

Faisons maintenant b égal à zéro dans l'équation (1), nous aurons

$$4x^3 - 3x = 0, \qquad \text{ou} \qquad x(4x^2 - 3) = 0,$$

et l'on voit bien que, dans le cas particulier dont il s'agit, l'équation (1) a une racine nulle et les deux valeurs égales et de signes contraires qui ont été trouvées par la Trigonométrie.

PROBLÈME II.

On donne cos a *égal à* c, *et l'on veut trouver* $\cos\frac{a}{3}$ *que l'on représente par* y.

L'équation du problème est (31)

$$(1) \qquad 4y^3 - 3y - c = 0,$$

et si l'on désigne par α l'un quelconque des arcs qui ont pour cosinus le cosinus donné c, on a

$$a = 2k\pi \pm \alpha;$$

y ne peut donc prendre que les valeurs données par la formule générale

$$y = \cos\left(\frac{2k\pi}{3} \pm \frac{\alpha}{3}\right).$$

On voit, d'abord, comme dans le problème précédent, qu'il suffit de donner à k, dans la formule précédente, les valeurs 0, 1 et 2. On a alors les trois expressions

$$\cos\left(\pm\frac{\alpha}{3}\right), \quad \cos\left(2\frac{\pi}{3} \pm \frac{\alpha}{3}\right), \quad \cos\left(\frac{4\pi}{3} \pm \frac{\alpha}{3}\right).$$

Mais les deux arcs $\frac{\alpha}{3}$ et $-\frac{\alpha}{3}$ ayant une somme nulle et les deux arcs $\frac{2\pi}{3} + \frac{\alpha}{3}$ et $\frac{4\pi}{3} - \frac{\alpha}{3}$, d'une part, $\frac{2\pi}{3} - \frac{\alpha}{3}$ et $\frac{4\pi}{3} + \frac{\alpha}{3}$, de l'autre, donnant des sommes égales à 2π, les cosinus sont, deux à deux égaux et de même signe. On pourra prendre, par exemple, l'arc $\frac{\alpha}{3}$ avec le signe + dans les trois expressions, et l'on aura trois valeurs de y seulement :

$$(2)\quad y' = \cos\frac{\alpha}{3},\quad y'' = \cos\left(\frac{2\pi}{3} + \frac{\alpha}{3}\right),\quad y''' = \cos\left(\frac{4\pi}{3} + \frac{\alpha}{3}\right).$$

Ces trois valeurs sont réelles et généralement inégales, car pour qu'elles devinssent égales, il faudrait que la différence ou la somme des arcs qui y figurent fût un nombre exact de circonférences. Or la première condition n'est jamais remplie, et la seconde ne peut l'être que pour des valeurs particulières de α.

Cas particuliers où les racines sont égales et de même signe ou égales et de signe contraire. Comme la différence des arcs dans les formules (2) n'est jamais un nombre exact de circonférences, deux des valeurs y, y'' et y''' ne pourront être égales et de même signe ou égales et de signe contraire que si la somme des arcs est un nombre pair ou impair de demi-circonférences. Ici l'arc α peut être considéré comme compris entre 0 et π. On voit alors que, si α est nul ou égal à π, l'équation (1) a une racine simple et une racine double, et que, dans le cas où α est égal à $\frac{\pi}{2}$, l'équation (1) a une racine nulle et les deux autres égales et de signe contraire.

Problème III.

On donne tg a *égale à* d, *et l'on veut trouver tg* $\frac{a}{3}$ *que l'on représente par* z.

L'équation du problème est (31)

$$(1)\qquad z^3 - 3dz^2 - 3z + d = 0.$$

α désignant l'un quelconque des arcs qui a d pour tangente, on a

$$a = k\pi + \alpha,\qquad z = \frac{k\pi}{3} + \frac{\alpha}{3}.$$

On voit, comme dans les problèmes précédents, qu'il suffit de donner à k les valeurs 0, 1 et 2, et il vient

$$(2)\quad z' = \operatorname{tg}\frac{\alpha}{3}, \quad z'' = \operatorname{tg}\left(\frac{\pi}{3} + \frac{\alpha}{3}\right), \quad z''' = \operatorname{tg}\left(\frac{2\pi}{3} + \frac{\alpha}{3}\right).$$

On trouve ici immédiatement trois valeurs réelles, et comme la différence de deux quelconques des arcs n'est pas un nombre exact de demi-circonférences, et que, d'ailleurs, elle est indépendante de α, il en résulte que deux des valeurs ne sont jamais égales, même pour des valeurs particulières de α.

Cas où deux des racines de l'équation (1) sont égales et de signe contraire. — Pour que deux des racines soient égales et de signe contraire, il faut et il suffit que la somme des arcs correspondants soit égale à un multiple entier de π. Mais si l'on suppose que α est un arc compris entre $-\frac{\pi}{2}$ et $\frac{\pi}{2}$, la somme des arcs sera comprise entre 0 et 2π, et on devra écrire seulement que la somme des arcs est égale à π. On trouve ainsi,

pour α égal à $\frac{\pi}{2}$,

$$z' = \operatorname{tg}\frac{\pi}{6} = \frac{\sqrt{3}}{3}, \quad z''' = \operatorname{tg}\frac{5\pi}{6} = -\frac{\sqrt{3}}{3}, \quad z'' = \operatorname{tg}\frac{\pi}{2},$$

et pour α égal à zéro,

$$z' = 0, \quad z'' = \operatorname{tg}\frac{\pi}{3} = \sqrt{3}, \quad z''' = \operatorname{tg}\frac{2\pi}{3} = -\sqrt{3}.$$

Mais les racines z' et z'' ne peuvent pas devenir égales et de signe contraire.

On vérifie facilement ces conclusions sur l'équation (1) en y faisant successivement d égal à l'infini ou à zéro.

Signification géométriques des racines des équations (1) dans les trois problèmes précédents.

Prenons sur le cercle trigonométrique, à partir de l'origine A, un arc AM égal à $\frac{\alpha}{3}$, et partageons la circonférence en trois parties égales par les points de division M, M′, M″, en tirant les cordes MM′, M′M″, M″M on aura un triangle équilatéral MM′M″ inscrit dans le cercle, et les trois arcs AM, AM′, AM″ seront, respectivement, égaux à $\frac{\alpha}{3}$, $\frac{2\pi}{3} + \frac{\alpha}{3}$, $\frac{4\pi}{3} + \frac{\alpha}{3}$.

Les sinus, cosinus et tangentes des arcs, qui ont, pour extrémités, les sommets du triangle équilatéral, seront donc les racines des trois équations qui servent à résoudre les trois problèmes précédents.

Nouvelle méthode pour traiter le cas des racines égales et de même signe ou égales et de signe contraire.

En se servant du triangle équilatéral que nous venons de définir, on peut trouver facilement dans quels cas les trois équations (1) ont des racines égales ou des racines égales et de signe contraire.

En effet, on se rappelle qu'une ligne trigonométrique ne peut avoir la même valeur, au signe près, qu'en l'un des sommets du rectangle trigonométrique. Mais, comme le triangle équilatéral est un polygone d'un nombre de côtés impair, deux sommets ne peuvent pas être symétriques par rapport au centre ; deux lignes trigonométriques ne peuvent donc être égales, aux signes près, que si deux sommets du triangle équilatéral sont symétriques par rapport au diamètre origine AA′ ou par rapport au diamètre BB′ qui lui est perpendiculaire.

1° *Deux sommets du triangle équilatéral sont symétriques par rapport à* BB′. Supposons, d'abord, que les deux sommets symétriques soient situés au-dessus du diamètre AA′ : ces deux sommets seront nécessairement M et M′. Alors l'arc AM sera égal à $\frac{\pi}{6}$ et, par suite, α sera égal à $\frac{\pi}{2}$. Donc quand l'arc α est égal à $\frac{\pi}{2}$, le sinus a deux valeurs égales et de même signe, le cosinus et la tangente, chacun, deux valeurs égales et de signe contraire.

Si maintenant on suppose que les deux sommets symétriques par rapport à BB′ sont au-dessous du diamètre AA′, ces deux sommets sont M et M″ et l'arc AM est égal à $-\frac{\pi}{6}$. L'arc α est donc égal à $-\frac{\pi}{2}$. Ainsi, lorsque l'arc α est égal à $-\frac{\pi}{2}$, on arrive encore à la même conclusion.

2° *Deux sommets du triangle équilatéral sont symétriques par rapport à* AA′. Si l'on suppose que les deux sommets symétriques sont à gauche de BB′, le sommet M sera en A et les deux sommets M′ et M″ seront les deux sommets symétriques. L'arc α sera alors évidemment nul, et on peut dire que, lorsqu'il en est ainsi, le sinus et la tangente ont, chacun deux valeurs égales et de signe contraire tandis que le cosinus a deux valeurs égales et de même signe.

Admettons maintenant que les deux sommets symétriques par rapport à AA′ soient à droite de BB′. Il ne peut évidemment en être ainsi que, lorsque α est égal à π, et comme on ne donne à α des valeurs comprise entre $\frac{\pi}{2}$ et π que dans le cas du cosinus, on en conclut que, lorsque α est égal à π, le cosinus a encore deux valeurs égales.

On voit, en résumé, que tous les résultats sont les mêmes que ceux que l'on avait obtenus par la première méthode.

Problème IV.

Connaissant sin a *dont la valeur donnée est* b, *trouver* $\sin\frac{a}{n}$ *dont la valeur cherchée est représentée par* x (n est un nombre entier quelconque).

On distingue deux cas suivant que n est impair ou pair.

Premier cas. — n *est impair.*

En remplaçant dans l'équation (1) (78) les puissances de cos a qui sont toutes paires, par leurs expressions en sin a, on obtient dans le second membre un polynome entier et rationnel par rapport à sin a, et du degré n. Si alors on change dans l'équation a en $\frac{a}{n}$, et qu'on remplace sin a par b, $\sin\frac{a}{n}$ par x on a une équation du degré n en x.

Il s'agit maintenant de faire voir que l'équation ainsi obtenue a n racines réelles. Pour cela, il n'y a qu'à suivre la même marche que pour le problème I.

Désignons ici, tout de suite, par α un arc compris entre $\frac{-\pi}{2}$ et $\frac{\pi}{2}$, et dont le sinus est égal à b, on aura

$$a = 2k\pi + \alpha, \qquad a = 2(k+1)\pi - \alpha;$$

et, par suite,

$$x = \frac{2k\pi}{n} + \frac{\alpha}{n}, \qquad x = \frac{2k\pi}{n} + \frac{\pi}{n} - \frac{\alpha}{n}.$$

On voit, comme pour le problème I, qu'il suffit de donner à n les valeurs entières consécutives depuis 0 jusqu'à $n - 1$; on obtient ainsi deux suites de valeurs qui ont été rangées dans deux colonnes verticales (1) et (2), comme on le voit ici :

(1)	(2)
$\sin \frac{\alpha}{n}$	$\sin\left(\frac{\pi}{n} - \frac{\alpha}{n}\right)$
$\sin\left(\frac{2\pi}{n} + \frac{\alpha}{n}\right)$	$\sin\left(\frac{2\pi}{n} + \frac{\pi}{n} - \frac{\alpha}{n}\right)$
$\sin\left(\frac{4\pi}{n} + \frac{\alpha}{n}\right)$	$\sin\left(\frac{4\pi}{n} + \frac{\pi}{n} - \frac{\alpha}{n}\right)$
. . . . . .	
. . . . . .	
$\sin\left((n-1)\frac{2\pi}{n} + \frac{\alpha}{n}\right)$	$\sin\left(\frac{(n-1)\,2\pi}{n} + \frac{\pi}{n} - \frac{\alpha}{n}\right).$

Mais je dis que les valeurs données par les formules (2) sont, respectivement, égales aux premières.

En effet, la différence entre deux arcs des deux suites n'étant jamais un nombre entier de circonférences, pour que deux sinus soient égaux, il faut et il suffit que la somme des arcs correspondants soit égale à un multiple impair de π, c'est-à-dire, à π ou à 3π, puisque la somme des arcs est toujours plus petit que 4π.

Si l'on écrit, d'abord, que la somme de deux arcs, qui occupent les rangs $p + 1$ et $q + 1$ dans les deux suites, est égale à π, on a

$$(3) \qquad q = \frac{n-1}{2} - p,$$

et en donnant à p toutes les valeurs, depuis zéro jusqu'à $\frac{n-1}{2}$, q prendra toutes les valeurs, depuis $\frac{n-1}{2}$ jusqu'à 0.

Écrivant maintenant que la somme de deux arcs de rang $p+1$ et $q+1$ est égale à 3π, on a

$$q = \frac{3n-1}{2} - p. \tag{4}$$

Alors si l'on donne à p toutes les valeurs consécutives entières, à partir du nombre $\frac{n+1}{2}$ qui suit $\frac{n-1}{2}$, jusqu'à $n-1$, q prendra toutes les valeurs des nombres entiers consécutifs depuis $n-1$ jusqu'à $\frac{n+1}{2}$.

Il résulte de là que, si dans chacune des deux suites (1) et (2) on forme deux groupes, tels, que le premier contienne un terme de plus que le second, et que, dans la seconde suite, on écrive les termes des deux groupes dans l'ordre inverse, les termes de même rang seront égaux dans les deux suites. Pour plus de clarté, considérons le cas particulier où n est égal à 5. On écrira les valeurs de $\sin\frac{a}{5}$, comme il suit :

$\sin\frac{\alpha}{5}$	$\sin\left(\frac{4\pi}{5}+\frac{\pi}{5}-\frac{\alpha}{5}\right)$
$\sin\left(\frac{2\pi}{5}+\frac{\alpha}{5}\right)$	$\sin\left(\frac{2\pi}{5}+\frac{\pi}{5}-\frac{\alpha}{5}\right)$
$\sin\left(\frac{4\pi}{5}+\frac{\alpha}{5}\right)$	$\sin\left(\frac{\pi}{5}-\frac{\alpha}{5}\right)$
$\sin\left(\frac{6\pi}{5}+\frac{\alpha}{5}\right)$	$\sin\left(\frac{8\pi}{5}+\frac{\pi}{5}-\frac{\alpha}{5}\right)$
$\sin\left(\frac{8\pi}{5}+\frac{\alpha}{5}\right)$	$\sin\left(\frac{6\pi}{5}+\frac{\pi}{5}-\frac{\alpha}{5}\right).$

On a mis en évidence les deux groupes dans chaque suite, et dans la seconde, on a immédiatement interverti l'ordre des termes dans les deux groupes. Il est visible alors que les sinus de même rang dans les deux suites sont égaux et de même signe.

Il est maintenant démontré que le problème proposé n'a que n solutions, et dorénavant on considérera les n valeurs contenues dans la suite (1) comme étant les racines de l'équation du degré n qui donne x. On peut remarquer, d'ailleurs, que ces n racines sont, en général, inégales, puisque la différence de deux quelconques des arcs, dont elles dépendent, n'est jamais un multiple d'une circonférence, et que la somme des mêmes arcs ne peut être un multiple impair de π que pour des valeurs particulières de α.

Cas des racines égales. — On exprime d'abord que deux racines de rang $p+1$ et $p'+1$ sont égales, en écrivant que la somme des arcs correspondants est égale à un multiple impair de π, $(2k+1)\pi$. On trouve ainsi

$$\alpha = \frac{(2k+1)\,n - 2\,(p+p')}{2},$$

ou, plus simplement, en représentant par m un nombre entier quelconque, positif ou négatif

$$\alpha = (2m+1)\,\frac{\pi}{2}.$$

Mais, d'après l'hypothèse que l'on a faite sur α, on devra prendre $2m+1$ égal à 1 ou -1, et l'on aura

$$\alpha = \pm\frac{\pi}{2}.$$

Cette condition étant remplie, voyons comment on déterminera les valeurs de p et p' qui donnent un couple de racines égales : prenons, pour fixer les idées α égal à $\frac{\pi}{2}$. Comme la somme de deux arcs est toujours inférieure à 4π, on devra exprimer que la somme de deux arcs de rangs $p+1$ et $p'+1$ est égale à π ou 3π. On trouve ainsi, suivant que l'on fait l'une ou l'autre hypothèse

$$(5)\quad p+p' = \frac{n-1}{2} \quad \text{ou} \quad (6)\quad p+p' = \frac{3n-1}{2}.$$

Alors si l'on donne à p, d'abord, toutes les valeurs des nombres entiers depuis zéro jusqu'à $\frac{n-1}{2}$, la formule (5) donnera pour p' tous les nombres entiers depuis $\frac{n-1}{2}$ jusqu'à zéro, et si l'on donne ensuite à p toutes les valeurs des nombres entiers, depuis le nombre $\frac{n+1}{2}$ jusqu'à $n-1$, la formule (6) donnera pour valeurs correspondantes de p' tous les nombres entiers depuis $n - 1$ jusqu'à $\frac{n+1}{2}$. On est donc conduit à séparer les racines de la suite (1), comme on l'a déjà fait, en deux groupes, tels, que le premier contienne un terme de plus que le second.

Cela posé, on considère deux cas suivant que n est un multiple de 4 augmenté ou diminué de 1, c'est-à-dire, est de la forme $4p + 1$ ou $4p - 1$.

Dans le premier cas, le nombre des termes du premier groupe est $2p + 1$ et celui des termes du second groupe $2p$. Il y a alors dans le premier groupe un terme du milieu, dont le rang est $p + 1$ ou $\frac{n+3}{4}$, et qui donne une racine simple, tandis que les termes qui sont à égale distance de lui représentent, deux à deux, des racines égales. Quant aux racines du second groupe, la première et la dernière et, en général, deux racines à égale distance des extrêmes sont égales.

Dans le cas où n est de la forme $4p - 1$, on dit du second groupe ce que l'on disait du premier, lorsque n était de la forme $4p + 1$, et réciproquement; alors le rang de la racine simple est $3p$ ou $\frac{3n+3}{4}$.

Vérification par la géométrie. — Portons sur le cercle trigonométrique, à partir de l'origine A, un arc AM égal à $\frac{\pi}{2n}$, et inscrivons dans le cercle le polygone régulier de n côtés MM'M''..... On voit, comme dans le cas où n est égal à 3, que les valeurs données par la suite (1) sont les sinus des arcs qui ont pour extrémités les sommets du polygone. Si n est un nombre impair de la forme $4p + 1$, le sommet dont le rang est $\frac{n+3}{4}$, correspondant à l'arc $\frac{\pi}{2n} + \frac{n-1}{4} \cdot \frac{2\pi}{n}$ ou $\frac{\pi}{2}$, est situé au point B. Les autres sont donc, deux à deux, symétriques par rapport au diamètre BB'. Ainsi l'équation du problème a une racine simple égale à 1 et les autres sont égales, deux à deux.

Maintenant si l'on suppose que n est de la forme $4p - 1$, le sommet dont le rang est $\frac{3n+3}{4}$, correspondant à l'arc $\frac{\pi}{2n}+\frac{3n-1}{4}\cdot\frac{2\pi}{n}$ ou $\frac{3\pi}{2}$, est situé au point B', et on a alors une racine simple égale à -1 et les autres égales, deux à deux.

On a supposé, dans ce qui précède, α égal à $\frac{\pi}{2}$, mais si l'on avait pris α égal à $\frac{-\pi}{2}$, on verrait toujours de la même manière, qu'à part une racine simple égale à 1 ou -1, l'équation du problème a ses racines, deux à deux, égales.

Cas des racines égales et de signe contraire. — Pour que deux racines soient égales et de signe contraire, il faut et il suffit que la somme des deux arcs correspondants soit égale à un multiple exact d'une circonférence, c'est-à-dire, à $2k\pi$. En écrivant qu'il en est ainsi pour deux arcs de rangs $p+1$ et $p'+1$, on trouve

$$\alpha=(kn-(p+q))\pi,$$

ou plus simplement en représentant par m un entier quelconque.

$$\alpha=m\pi,$$

Mais α étant, par hypothèse, un arc compris entre $-\frac{\pi}{2}$ et $\frac{\pi}{2}$, on ne pourra prendre pour α que la valeur 0. On trouve alors la relation

$$p+p'=n.$$

On remarque, d'abord, qu'on ne pourra pas prendre p égal à zéro ; la première valeur donnée par la suite (1), doit donc être mise à part. Mais si l'on donne à p les valeurs des nombres entiers consécutifs depuis 1 jusqu'à $\frac{n-1}{2}$, p' prend les valeurs des nombres entiers depuis $n-1$ jusqu'à $\frac{n+1}{2}$. Par conséquent, la seconde valeur de la suite (1) et la dernière sont égales et de signe contraire ; de même, la troisième et l'avant dernière et ainsi de suite.

La vérification *géométrique* est évidente dans le cas actuel ; car l'arc $\frac{\alpha}{n}$ étant égal à 0, le sommet M du polygone régulier est en A et les autres sont, deux à deux, symétriques par rapport au diamètre AA'. Quant à la vérification *algébrique*, elle est tout aussi simple. En effet, l'équation du problème ne contenant que des puissances impaires de x, et le terme tout connu b devenant égal à zéro, on pourra diviser par x et supprimer ainsi la racine nulle. Il restera alors une équation qui ne contiendra que des puissances paires de l'inconnue et qui, par conséquent aura ses racines, deux à deux, égales et de signe contraire.

Deuxième cas. — n *est pair*.

L'équation (1) (78), contient alors des puissances impaires du cosinus, et quand on exprime le cosinus en fonction du sinus, on introduit le radical $\sqrt{1-\sin^2 a}$ comme facteur dans tous les termes du second membre. Élevant ensuite au carré les deux membres pour faire disparaître le radical, changeant a en $\frac{a}{n}$ et posant $\sin\frac{a}{n}$ égal à x, on aura une équation du degré $2n$ en x.

On peut voir que, dans le cas actuel, l'équation du problème doit avoir $2n$ racines réelles et, en général, inégales.

En effet, on a toujours les deux suites (1) et (2) de valeurs ; mais il n'arrive plus que les valeurs de la suite (2) sont, respectivement, égales aux valeurs de la suite (1), les équations de condition (3) et (4) ne pouvant pas être satisfaites quand n est pair. On voit, d'ailleurs, comme dans le cas où n est impair, que les racines de chacune des deux suites (1) et (2) sont, en général, inégales.

Le cas des racines égales et celui des racines inégales et de signe contraire se traitent comme lorsque n est pair.

Problème V.

On donne cos a *égal à* c, *et l'on veut trouver cos* $\frac{a}{n}$ *qu'on représente par* y.

Si l'on remplace dans la formule (2) (78) $\sin a$ par $\sqrt{1-\cos^2 a}$, comme dans le second membre, toutes les puissances du sinus sont paires, on obtiendra un polynome rationnel du degré n en $\cos a$. Si ensuite on change dans l'équation a en $\frac{a}{n}$ et qu'on remplace $\cos a$ et $\cos\frac{a}{n}$, respectivement, par c et y, on obtiendra une équation en y du degré n.

On voit facilement que cette équation a n racines réelles. En effet, si l'on appelle α l'un des arcs ayant pour cosinus le cosinus donné c, on a les deux suites de valeurs (1) et (2)

$$(1)\quad \begin{array}{l} \cos\frac{\alpha}{n}, \\ \cos\left(\frac{2\pi}{n}+\frac{\alpha}{n}\right), \\ \cdots\cdots\cdots \\ \cdots\cdots\cdots \\ \cos\left(\frac{(n-1)2\pi}{n}+\frac{\alpha}{n}\right), \end{array} \qquad (2)\quad \begin{array}{l} \cos\left(-\frac{\alpha}{n}\right), \\ \cos\left(\frac{2\pi}{n}-\frac{\alpha}{n}\right), \\ \cdots\cdots\cdots \\ \cdots\cdots\cdots \\ \cos\left(\frac{(n-1)2\pi}{n}-\frac{\alpha}{n}\right). \end{array}$$

Mais les deux premières valeurs des deux suites sont évidemment égales, et la seconde, la troisième, etc., de la suite (1) sont égales à la dernière, l'avant dernière, etc., de la suite (2), parce que la somme des arcs correspondants est égale à 2π : il n'y a donc que n valeurs, et nous pourrons prendre celles de la première suite. On voit, d'ailleurs, comme à l'ordinaire, que ces n valeurs sont, en général, inégales.

On remarque encore que si l'on inscrit dans le cercle trigonométrique un polygone régulier de n côtés dont le premier sommet soit à une distance de l'origine égale à $\frac{\alpha}{n}$, les arcs qui auront pour extrémités les sommets du polygone auront pour cosinus les n valeurs de la suite (1).

On traitera sans difficulté, comme on l'a fait pour le sinus, les cas des racines égales et des racines égales et de signe contraire.

PROBLÈME VI.

On donne $\operatorname{tg} a$ *égale à* d, *et l'on veut trouver* $\operatorname{tg}\frac{a}{n}$ *que l'on désigne par* z.

En changeant dans l'équation (3) (78) a en $\frac{a}{n}$, et remplaçant $\operatorname{tg} a$ et $\operatorname{tg} \frac{a}{n}$, respectivement, par d et z, on obtient immédiatement une équation du degré n en z.

Mais si l'on désigne par α l'un quelconque des arcs dont la tangente est d, on voit que l'équation en z, a n racines réelles qui sont :

$$(1)\quad \operatorname{tg}\frac{\alpha}{n},\ \operatorname{tg}\left(\frac{\pi}{n}+\frac{\alpha}{n}\right),\ \operatorname{tg}\left(\frac{2\pi}{n}+\frac{\alpha}{n}\right) \ldots \operatorname{tg}\left((n-1)\frac{\pi}{n}+\frac{\alpha}{n}\right).$$

Comme la différence de deux quelconques des arcs dont on vient de prendre les tangentes n'est jamais un nombre exact de demi-circonférences, les n racines sont inégales, et même ne peuvent devenir égales pour aucune valeur de α.

Dans le cas où n est pair, on peut démontrer le théorème suivant :

THÉORÈME. — *L'équation qui fait connaître* $\operatorname{tg} \frac{a}{n}$, *en fonction de* $\operatorname{tg} a$, *a ses racines, deux à deux, inverses et de signe contraire lors- que* n *est pair.*

En effet, soient β et β' deux quelconques des arcs qui figurent dans la suite (1) : on exprimera qu'à ces deux arcs correspondent deux valeurs de z inverses et de signe contraire, en écrivant

$$\operatorname{tg}\beta' = -\operatorname{cotg}\beta = \operatorname{tg}\left(\beta - \frac{\pi}{2}\right),$$

les deux arcs β' et $\beta - \frac{\pi}{2}$ ont donc même tangente et, par suite, on aura

$$\beta' - \beta = n\pi - \frac{\pi}{2} = (2n-1)\frac{\pi}{2}.$$

Ainsi la différence de deux quelconques des arcs est un multiple impair de $\frac{\pi}{2}$; mais comme la différence de ces arcs est toujours inférieure à π, on devra la prendre égale à $\frac{\pi}{2}$.

Cela posé, si l'on écrit que les deux arcs dont les rangs sont $p+1$ et $p'+1$ ont pour différence $\frac{\pi}{2}$, on a la relation

$$p'-p=\frac{n}{2}.$$

Par conséquent, si l'on donne à p toutes les valeurs entières depuis 0 jusqu'à $\frac{n}{2}-1$, p' aura pour valeurs tous les nombres entiers consécutifs depuis $\frac{n}{2}$ jusqu'à $n-1$. Il en résulte que, si l'on partage la suite (1) en deux groupes formés d'un égal nombre de termes consécutifs, deux termes, de même rang dans les deux groupes, représenteront deux racines inverses et de signe contraire : le théorème est donc démontré.

Cas des racines égales et de signe contraire. — On sait que deux racines de l'équation en z ne peuvent jamais être égales, mais, comme on va le voir, elles peuvent être égales et de signe contraire En effet, pour que deux racines, dont les rangs sont $p+1$ et $p'+1$, soient égales et de signe contraire, il faut et il suffit que la somme des arcs correspondants soit un multiple entier de π. Or en écrivant qu'il en est ainsi, on trouve

$$\alpha=\frac{kn-(p+p')}{2}\pi,$$

c'est-à-dire, que α doit être un multiple entier de $\frac{\pi}{2}$. Comme α peut toujours être supposé un arc du premier ou du quatrième quadrant on prendra α égal à $\frac{\pi}{2}$ ou à $-\frac{\pi}{2}$.

1° *α est égal à* $\frac{\pi}{2}$. Comme la somme des deux arcs, dont on prend les tangentes, est toujours plus petite que 2π, on écrira que la somme des deux arcs, de rangs $p+1$ et $p'+1$, est égale à π, et l'on aura ainsi

$$(2)\qquad p+p'=n-1.$$

On conclut évidemment de là que, si n est pair, dans la suite (1) les deux valeurs extrêmes et, en général, deux valeurs de z, à égale distance des extrêmes, sont égales et de signe contraire, et que, si n est impair, il en est encore de même, sauf qu'à la racine du milieu ne correspond pas une racine égale et de signe contraire. On prouve, d'ailleurs, facilement, que, dans le cas où n est impair, la racine du milieu est toujours égale à l'infini.

2° *α est égal à $-\frac{\pi}{2}$*. Alors, comme on peut écrire que la somme des deux arcs de rangs $p+1$ et $p'+1$, est nulle ou égale à π, on trouve pour équations de condition

$$(3) \quad p+p'=0, \quad \text{ou} \quad (4) \quad p+p'=n+1.$$

La première ne peut être satisfaite qu'en donnant à p et p' les valeurs 0 et 1 : on en conclut alors que, dans la suite (1), les deux premières valeurs de z sont toujours égales et de signe contraire.

Si maintenant l'on tient compte de la seconde relation, on arrive à la conclusion suivante : ayant mis à part dans la suite (1) les deux premières valeurs de z, les autres, à égale distance des extrêmes, sont, deux à deux, égales et de signe contraire, quand n est pair (c'est la racine qui était primitivement la troisième qui est maintenant l'une des extrêmes). Quand n est impair, il en sera encore de même, en exceptant toutefois la racine du milieu dans le groupe formé des $n-2$ dernières valeurs de la suite (1); cette racine n'aura pas une valeur correspondante qui lui sera égale et de signe contraire, mais on trouve sans difficulté qu'elle est égale à l'infini.

Pour terminer, nous démontrerons encore le théorème suivant :

THÉORÈME. — *Si α est égal à $\pm\frac{\pi}{2}$ et que n soit le double d'un nombre impair, l'équation en z qui donne $tg\frac{a}{n}$ aura toujours une racine égale à 1 et une autre égale à -1.*

On suppose d'abord que α est égal à $\frac{\pi}{2}$. Prenons pour fixer les idées n égal à 6, et soient β, γ, δ les trois premières racines rangées dans l'ordre qu'indique la suite (1).

D'après le théorème démontré en commençant, les trois suivantes seront $-\frac{1}{\beta}$, $-\frac{1}{\gamma}$, $-\frac{1}{\delta}$; mais, comme α est égal à $\frac{\pi}{2}$, les racines, à égale distance des extrêmes, sont égales et de signe contraire : donc la racine $-\frac{1}{\gamma}$ doit être égale à $-\gamma$. Or il ne peut en être ainsi qu'autant que la seconde et la troisième racine ont pour valeurs, l'une 1 et l'autre -1. On voit bien, d'ailleurs, que le raisonnement est général, car ce que nous avons dit ici de la seconde et de la cinquième racine s'appliquera, quand n sera le double d'un nombre impair quelconque, aux deux termes du milieu dans les deux groupes formés d'un égal nombre de termes consécutifs dans la suite (1).

Le cas où α est égal à $-\frac{\pi}{2}$ se traite de la même manière.

Vérification algébrique. — Supposons que dans l'équation (3) (78), on ait changé a en $\frac{a}{n}$, et qu'on ait ensuite remplacé, comme il a déjà été dit, $\operatorname{tg} a$ par d et $\operatorname{tg}\frac{a}{n}$ par z : le premier membre de l'équation sera alors représenté par d, et le second membre sera une fraction, dont le numérateur ne contiendra que des puissances impaires de z et sera du degré n ou $n-1$, suivant que n sera impair ou pair, et dont le dénominateur ne contiendra que des puissances paires de z et sera du degré n ou $n-1$, suivant que n sera pair ou impair. D'ailleurs, les coefficients des différentes puissances de z sont les mêmes, au signe près, que dans le développement de $(1+z)^n$.

Cela posé, considérons, d'abord, le cas où n *est pair*, sans autre condition. On voit, qu'après avoir chassé le dénominateur de l'équation (3) et avoir ordonné par rapport aux puissances décroissantes de z, les coefficients à égale distance des extrêmes, sont égaux et de signe contraire : l'équation a donc ses racines, deux à deux, inverses et de signe contraire.

Supposons maintenant que α *soit égal à* $\pm\frac{\pi}{2}$, d ou $\operatorname{tg}\pm\frac{\pi}{2}$ étant égal à l'infini, on aura la nouvelle équation en égalant à zéro le dénominateur de la fraction qui est le second membre de l'équation (3) (78), après y avoir changé a en $\frac{a}{n}$ et remplacé $\operatorname{tg}\frac{a}{n}$ par z. Alors si n est pair, l'équation obtenue sera du degré n et ne contiendra que des puissances paires de z : ses racines seront donc, deux à deux, égales et de signe contraire, en même temps qu'associées d'une autre manière, elles seront, deux à deux inverses et de signe contraire. Si n est impair, l'équation sera du degré $n-1$, et ses racines auront les mêmes propriétés que dans le cas précédent, mais, comme le coefficient de z^n s'est annulé, l'équation aura, en plus, une racine infinie.

Enfin, si nous supposons n double d'un nombre impair et α égal à $\pm\frac{\pi}{2}$, on aura toujours l'équation du degré n obtenue en égalant à zéro le dénominateur de la fraction précédemment définie, mais comme n est double d'un nombre impair, le nombre des termes de l'équation est pair et les coefficients, à égale distance des extrêmes, sont égaux et de signe contraire : donc quand on remplacera z par $+1$ ou -1, le premier membre de l'équation deviendra nul.

La vérification des résultats trouvés directement par la Trigonométrie est maintenant complète *.

* La note précédente a été rédigée en partie, d'après une leçon de M. *Sturm* au collége Rollin. Dans les *questions d'Algèbre*, ouvrage qui doit prochainement paraître, j'aurai l'occasion de faire de plus fréquents emprunts à l'illustre géomètre.

NOTE II.

INSCRIPTION DES POLYGONES RÉGULIERS.

On peut ne s'occuper que des polygones réguliers d'un nombre de côtés impair, car lorsqu'on connaît le côté d'un polygone régulier, on construit ou l'on calcule facilement le côté du polygone régulier, inscrit dans le même cercle et d'un nombre de côtés double.

Nous allons nous occuper successivement du triangle équilatéral, du pentagone, et des polygones réguliers de 15 et 17 côtés.

Problème I.

Inscrire un triangle équilatéral dans un cercle donné.

Soit pris, pour cercle donné, le cercle trigonométrique. On a vu (problème I, note I) que lorsque l'arc α est nul, l'équation (1) a une racine nulle et les deux autres égales et de signe contraire. Ces racines sont $\sin 0$, $\sin\frac{2\pi}{3}$, $\sin\frac{4\pi}{3}$; mais la seconde est égale à $\sin\frac{\pi}{3}$, et en la doublant on aura le côté du triangle équilatéral.

Faisons maintenant b égal à zéro dans l'équation (1) (problème I de la note précédente), il viendra

$$x(4x^2 - 3) = 0$$

et les trois racines seront 0, $\frac{\sqrt{3}}{2}$, $-\frac{\sqrt{3}}{2}$: le côté du triangle équilatéral sera donc égal à $\sqrt{3}$.

Problème II.

Inscrire un pentagone régulier dans un cercle donné.

Soit toujours pris le cercle trigonométrique pour cercle donné, et soit fait aussi a égal à zéro dans les formules qui servent à résoudre l'équation du cinquième degré d'où l'on tire les valeurs de $\sin\frac{a}{5}$. Les cinq racines seront alors $\sin 0$, $\sin\frac{2\pi}{5}$, $\sin\frac{4\pi}{5}$, $\sin\frac{6\pi}{5}$, $\sin\frac{8\pi}{5}$. La troisième sera égale à $\sin\frac{\pi}{5}$ et en la doublant on aura le côté du pentagone régulier ordinaire; quant au côté du pentagone régulier étoilé il sera évidemment représenté par le double de la seconde racine. On voit, d'ailleurs, que la première racine étant nulle et les deux dernières négatives, les doubles de la plus petite et de la plus grande racine positive représenteront, respectivement, les côtés des pentagones réguliers, convexe et étoilé.

Sin a étant représenté par b, et $\sin\frac{a}{5}$ par x, l'équation du cinquième degré qui donne x se déduit de l'équation générale (1) (78). On obtient

$$(1) \qquad 16x^5 - 20x^3 + 5x - b = 0.$$

En y faisant b égal à zéro, et divisant par x pour enlever la racine nulle, on a l'équation bicarrée

$$(2) \qquad 16x^4 - 20x^2 + 5 = 0,$$

et l'on en tire

$$x' = \frac{\sqrt{10 - 2\sqrt{5}}}{4}, \qquad x'' = \frac{\sqrt{10 + 2\sqrt{5}}}{4}.$$

Les valeurs de $2x'$ et de $2x''$ sont les côtés des pentagones réguliers, convexe et étoilé.

Problème III.

Inscrire un pentédécagone régulier dans un cercle donné.

Faisons b égal à $\sin\frac{\pi}{5}$ dans l'équation (1) du problème I de la note précédente, nous aurons

$$(1) \qquad 4x^3 - 3x + \sin\frac{\pi}{5} = 0,$$

et les racines de cette équation seront

$$\sin\frac{\pi}{15}, \quad \sin\frac{4\pi}{15}, \quad -\sin\frac{2\pi}{5}.$$

Mais la racine $-\sin\frac{2\pi}{5}$ est égale et de signe contraire à la plus grande racine positive de l'équation (2), dans le problème précédent, c'est-à-dire, à la racine que nous avons alors appelée x'' et que nous désignerons maintenant par e. En divisant le premier membre de l'équation précédente par $x+e$, on aura l'équation

$$(2) \qquad 4x^2 - 4ex + 4e^2 - 3 = 0$$

qui admet pour racines, $\sin\frac{\pi}{15}$ et $\sin\frac{4\pi}{15}$.

En la résolvant, on a

$$x' = \frac{e - \sqrt{3(1-e^2)}}{2}, \qquad x'' = \frac{e + \sqrt{3(1-e^2)}}{2};$$

et en mettant pour e sa valeur,

$$x' = \frac{\sqrt{10 + 2\sqrt{5}} - \sqrt{3}\,(\sqrt{5} - 1)}{8},$$

$$x'' = \frac{\sqrt{10 + 2\sqrt{5}} + \sqrt{3}\,(\sqrt{5} - 1)}{8}.$$

Les valeurs de $2x'$ et $2x''$ qui représentent, respectivement, $2\sin\frac{\pi}{15}$ et $2\sin\frac{4\pi}{15}$ sont les côtés du pentédécagone régulier convexe et d'un des pentédécagones étoilés.

On peut obtenir aussi une équation du second degré qui conduise aux valeurs des côtés des deux autres pentédécagones étoilés. Pour cela, changeons $\frac{\pi}{5}$ en $\frac{2\pi}{5}$ dans l'équation (1) : nous aurons

$$(2) \qquad 4x^3 - 3x + \sin\frac{2\pi}{5} = 0,$$

et les racines de cette équation seront : $\sin\frac{2\pi}{15}$, $\sin\frac{\pi}{5}$, $-\sin\frac{7\pi}{15}$.

Si maintenant nous représentons par f la racine $\sin\frac{\pi}{5}$ (c'est la quantité désignée par x' dans le problème précédent), et que nous divisions le premier membre de l'équation (2) par $(x-f)$, nous obtiendrons :

$$4x^2+4fx+4f^2-3=0,$$

et les valeurs absolues des deux racines de cette équation, quand on y aura remplacé f par sa valeur connue, seront les moitiés des côtés des deux autres pentédécagones étoilés.

Remarque. — En généralisant la méthode qui a été employée dans le cas où n est égal à 3 ou 5, on démontre facilement que la question d'inscrire dans un cercle donné un polygone régulier de n côtés, lorsque n est impair, est toujours ramenée à la résolution d'une équation du degré $\frac{n-1}{2}$.

Problème IV

Inscrire dans un cercle donné un polygone régulier de 17 côtés.

En suivant la méthode générale qu'on vient d'indiquer, on serait ramené à résoudre une équation du huitième degré ; mais *Gauss* a montré qu'on peut faire dépendre le calcul des côtés des polygones réguliers de 17 côtés, convexes ou étoilés, d'une suite d'équations du second degré, et que, par conséquent, le problème peut être résolu avec la règle et le compas.

Ne pouvant indiquer ici les méthodes d'Algèbre qui ont conduit à ce résultat, nous nous contenterons de donner une solution *synthétique*.

Soient a l'arc $\frac{2\pi}{17}$, et x_p le cosinus de l'arc pa, p étant un nombre entier qui prend toutes les valeurs depuis 1 jusqu'à 17 : nous prendrons pour inconnus x_1, x_2, x_3, x_4, x_5, x_6, x_7, x_8 qui sont les cosinus des arcs sous-tendus dans le cercle trigonométrique par les côtés des 8 polygones réguliers de 17 côtés.

Il est clair que, si l'on peut construire les valeurs des 8 cosinus, le problème de l'inscription des 8 polygones réguliers pourra être considéré comme résolu.

Posons :

$$(1)\quad \begin{gathered} x_1 + x_2 + x_3 + x_4 + x_5 + x_6 + x_7 + x_8 = s, \\ x_1 + x_2 + x_4 + x_8 = y_1, \quad x_3 + x_5 + x_6 + x_7 = y_2, \\ x_1 + x_4 = z_1, \quad x_2 + x_8 = z_2, \\ x_3 + x_5 = u_1, \quad x_6 + x_7 = u_2. \end{gathered}$$

On remarque, d'abord, que la somme s est égale à $-\frac{1}{2}$. En effet, on sait que la somme des cosinus des arcs, qui ont leurs extrémités aux sommets d'un polygone régulier inscrit dans le cercle trigonométrique, est égale à zéro. Mais comme ici l'un des sommets du polygone convexe de 17 côtés est confondu avec l'origine, l'un des cosinus est égal à 1 et les autres sont égaux, deux à deux, car on a, en général, x_p égal à x_{17-p} : on a donc

$$1 + 2s = 0,$$

et, par suite, la somme s est bien égale à $-\frac{1}{2}$.

Nous pouvons, dès lors, écrire les équations suivantes :

$$(2)\quad y_1 + y_2 = -\frac{1}{2}, \qquad (3)\quad z_1 + z_2 = y_1,$$

$$(4)\quad u_1 + u_2 = y_2.$$

Je dis maintenant que le produit $y_1 y_2$ a pour valeur -1, et que $-\frac{1}{4}$ est la valeur commune des deux autres produits $z_1 z_2$, $u_1 u_2$.

Considérons, d'abord, le produit $y_1 y_2$. Ce produit se composera de 16 termes qui pourront, chacun, être remplacés par la demi-somme de deux cosinus. On aura ainsi 32 termes ; mais en tenant compte de ce que x_p est égal à x_{17-p}, on voit que ces termes sont égaux, quatre à quatre, à chacun des termes de s : le produit $y_1 y_2$ est donc égal à $\frac{4s}{2}$, c'est-à-dire à -1.

On démontre de la même manière que les produits z_1z_2, u_1u_2 ont, tous deux, pour valeur, $-\frac{1}{4}$.

On vérifie aussi facilement que l'on a

$$(5)\quad \begin{aligned} x_1x_4 &= \frac{x_3+x_5}{2} = \frac{u_1}{2}, \\ x_2x_8 &= \frac{x_6+x_7}{2} = \frac{u_2}{2}, \\ x_6x_7 &= \frac{x_1+x_4}{2} = \frac{z_1}{2}, \\ x_3x_5 &= \frac{x_2+x_8}{2} = \frac{z_2}{2}. \end{aligned}$$

On conclut enfin, de tout ce qui précède, que le problème est résolu par le système des équations suivantes :

$$(6)\quad 2y^2+y-2=0,\quad 4z^2-4y_1z-1=0,\quad 4u^2-4y_2u-1=0.$$

$$(7)\quad \begin{aligned} &2X_1^2-2z_1X_1+u_1=0, \quad 2X_2^2-2z_2X_2+u_2=0, \\ &2X_3^2-2u_2X_3+z_1=0, \quad 2X_4^2-2u_1X_4+z_2=0. \end{aligned}$$

La première des équations (6) donne pour valeurs y_1 et y_2, puisque la somme des racines est égale à $-\frac{1}{2}$ et que leur produit est égal à -1. Quand y_1 et y_2 sont déterminés, la seconde des équations (6) fait connaître z_1 et z_2, et la troisième u_1 et u_2, parce qu'on a formé ces équations, en tenant compte des équations (3) et (4), et de ce que les deux produits z_1z_2, u_1u_2 ont, pour valeur $-\frac{1}{4}$.

Si l'on prend maintenant les équations (7) dans lesquelles on a, d'abord, remplacé z_1, z_2, u_1, u_2 par leurs valeurs, la première fera connaître x_1 et x_4, la seconde, x_2 et x_8, la troisième, x_6 et x_7, et la quatrième, x_3 et x_5 : c'est là une conséquence évidente des équations (5). On peut donc, comme nous l'avions annoncé, construire avec la règle et le compas les côtés des 8 polygones réguliers de 17 côtés.

FIN

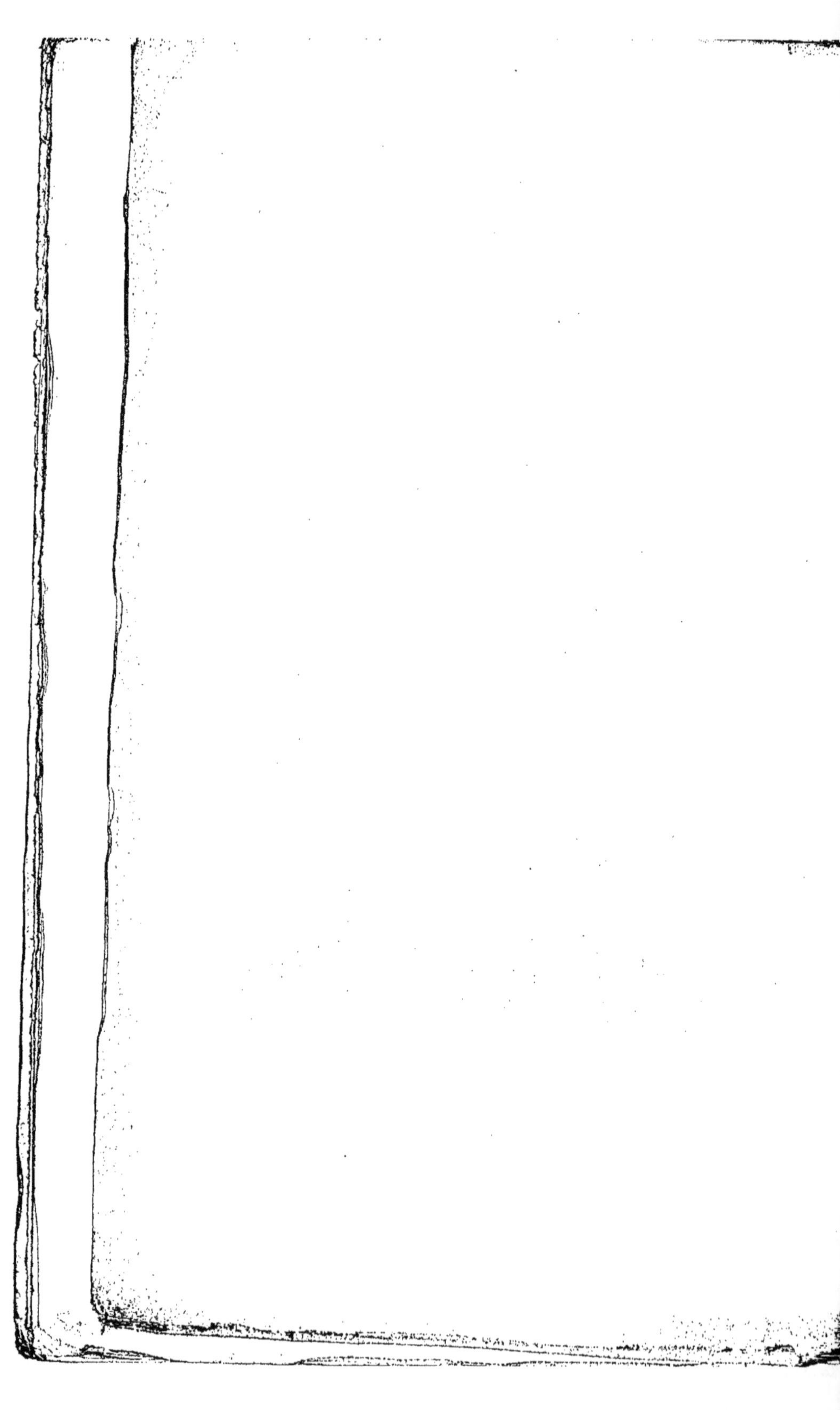

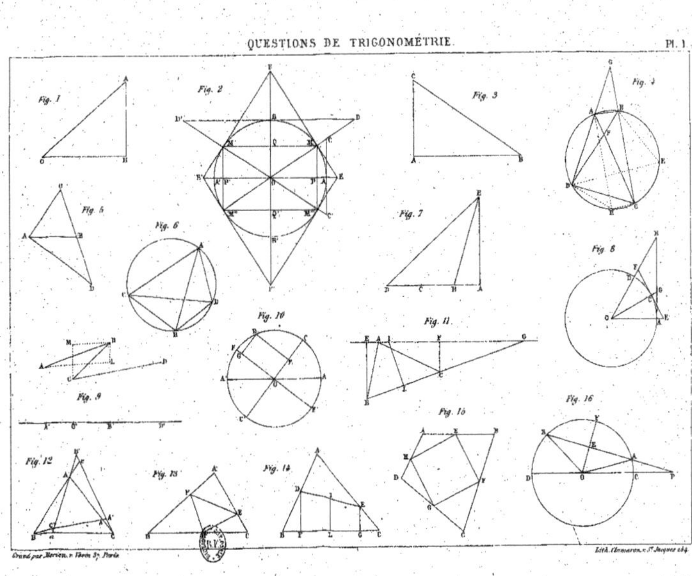

Gravé par Morieu, r. Vavin 3, Paris

Lith. Clamaron, r. S.t Jacques 284.

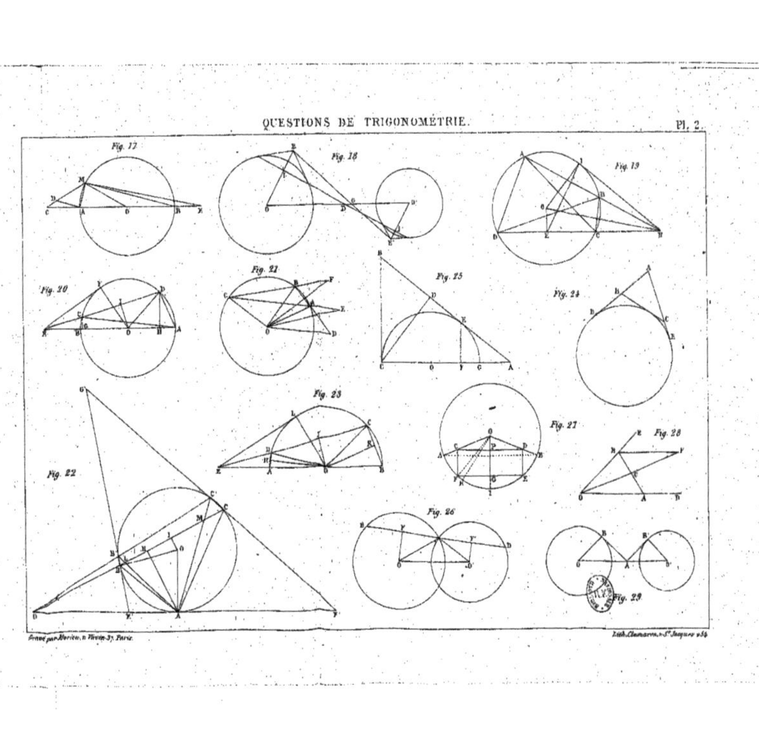

Gravé par Morieu, r. Vivien 37, Paris. Lith. Clamaron, r. S.t Jacques 154.

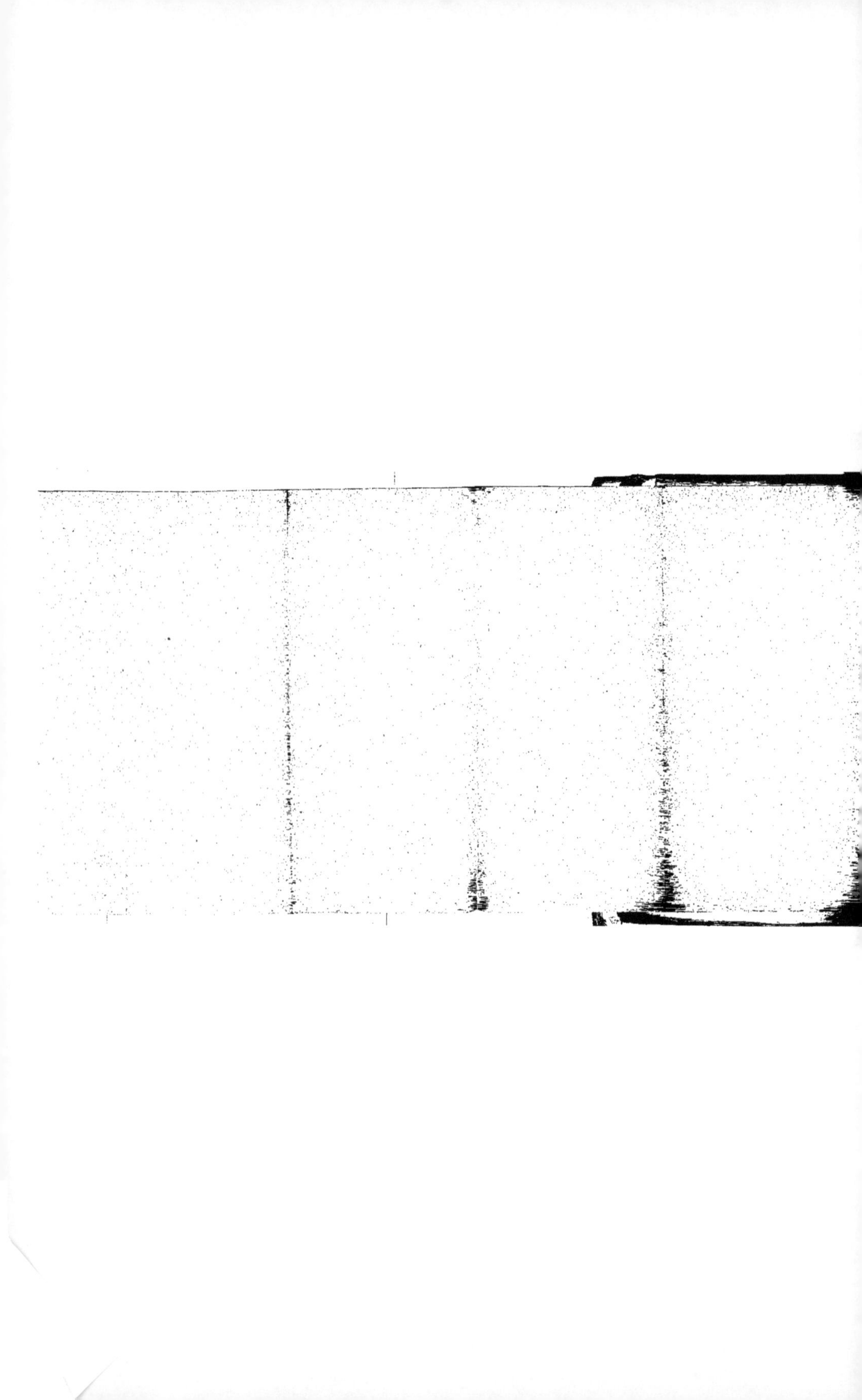

QUESTIONS DE TRIGONOMÉTRIE. Pl. 3.

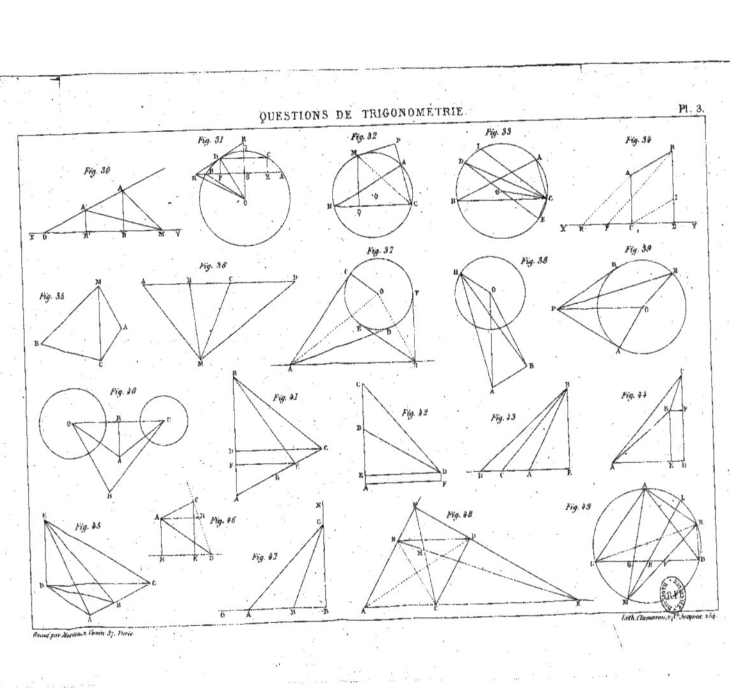

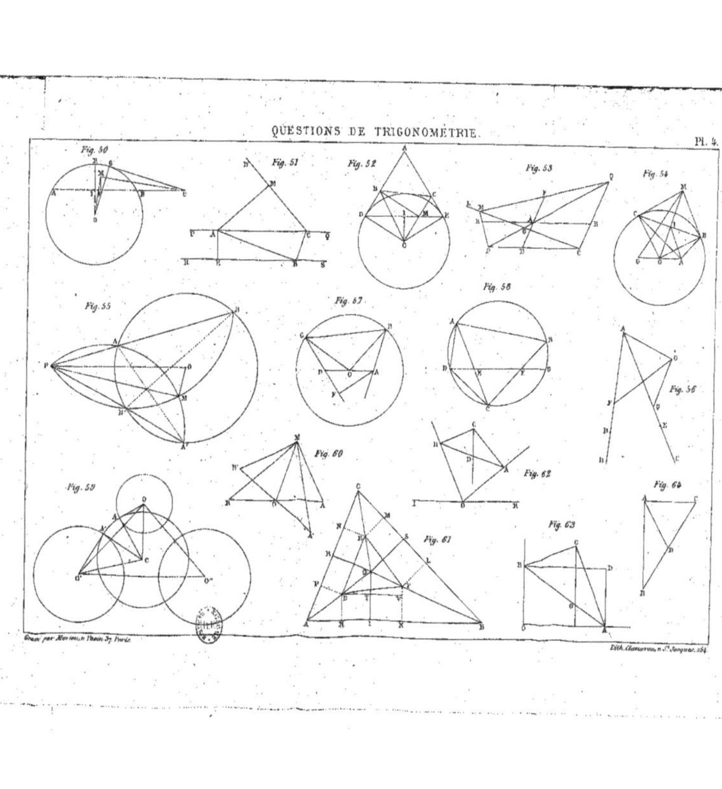

Gravé par Mocquin r. Thouin 37 Paris.
Lith. Clamarou r. St Jacques 254.

www.ingramcontent.com/pod-product-compliance
Ingram Content Group UK Ltd.
Pitfield, Milton Keynes, MK11 3LW, UK
UKHW021101220726
13924UKWH00005B/2187